Par quelle fusée
fut lancée la sonde
Smart 1 ?
p. 78

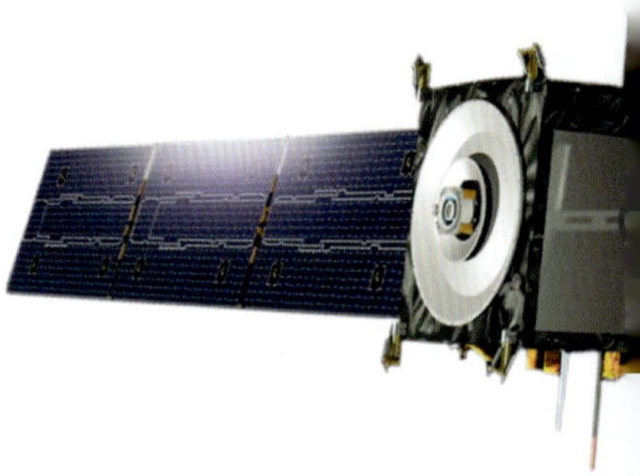

Remerciements
Les auteurs remercient toutes les personnes qui les ont aidés à réaliser ce livre, en particulier Christophe Chaffardon, Olivier Gadal et Serge Gracieux de la cité de l'Espace de Toulouse, pour leur relecture attentive.

à Antonin et Erwan,
nos premiers copains du ciel...
C. M. et J.-M. M.

Éditions Milan
1, rond-point du Général-Eisenhower
31101 Toulouse Cedex 9 – France.

Loi 49-956 du 16 juillet 1949 sur les publications destinées à la jeunesse
ISBN 978-2-7459-6251-5

Cet ouvrage a été réalisé par les éditions Milan
avec la collaboration de Ccil.
Création graphique de l'intérieur : Bruno Douin
Création graphique de la couverture : Jean-François Saada
Mise en page : Graphicat
Relecture et correction : Hélène Duffau
Photogravure : Graphocop 47 Agen

Dépôt légal : 4e trimestre 2016
Imprimé en Roumanie par Canale

COPAIN du CIEL

Claudine et Jean-Michel Masson

Illustrations d'Isabelle Maroger,
André Boos, Jean Grosson, Vincent Jagerschmidt,
Nathalie Locoste et Alexandre Roane

MILAN

Sommaire

Bon voyage dans le ciel !

Quand tu sors ton matériel pour observer le ciel, invite des copains ou ta famille : le spectacle sera encore plus beau !

Direction :

le ciel !

Blanc immaculé, rouge orangé, bleu étoilé ou brillant de tous ses feux, le ciel te fascine et t'intrigue. Lève la tête, rassemble ton matériel et déchiffre cet immense livre : il raconte mille et une histoires fantastiques !

Un ciel dégagé, quelques repères simples sur l'horizon : le début d'une belle nuit !

Pour bien observer

La découverte du ciel est une extraordinaire aventure. Mais comme pour tous les grands voyages, le secret de la réussite est dans la préparation. Où aller pour observer les astres, quand et avec quel matériel ?

Où observer ?

On peut faire de l'astronomie partout, mais pas de la même façon ! De ta fenêtre, des lampadaires ou des lueurs t'empêchent peut-être de voir beaucoup d'étoiles. Les rues et les monuments sont souvent tellement éclairés que le ciel au-dessus d'eux est d'une grisaille désespérante ! Alors, pour trouver un ciel rempli de milliers d'astres, il faut s'écarter des villes et s'aventurer dans la nature. Tu perds en confort mais tu gagnes tellement en observation !

Dans quelle direction ?

Dirige-toi vers un endroit dégagé, de préférence face au sud, car la plupart des astres se lèvent à l'est, culminent au sud et se couchent à l'ouest. Cela est surtout vrai pour les planètes ! Néanmoins, si l'est et l'ouest sont dégagés, toutes tes observations seront meilleures. Selon l'emplacement que tu choisis, la météo est importante. Évite les lieux humides dans lesquels le brouillard et la rosée s'accumulent, car la vision est mauvaise.

Le moment idéal ?

Vaut-il mieux observer le ciel le jour ou la nuit ? Tout dépend de ce que tu veux découvrir car le spectacle est permanent, à toi de choisir ! Le Soleil, la Lune, les planètes... Tu hésites entre le matin et le soir ? Tiens compte de la qualité de l'air : il est plus calme le matin, c'est le moment le plus favorable à l'observation. Le soir, s'il a fait très chaud dans la journée, la chaleur accumulée dans le sol monte vers le ciel. Ce mouvement remue l'air : on voit flou dans un instrument.

Précautions indispensables

- Ne pars jamais seul.
- Ne va pas vers des endroits qui deviennent dangereux la nuit : falaises, carrières, rives de fleuves, sentiers escarpés de montagne, bas-côtés de routes, etc.
- Prépare absolument ta sortie nocturne par un repérage de jour.
- Fais attention aux barbelés ou aux clôtures électriques qui deviennent des obstacles très dangereux la nuit.

Il vaut mieux éviter les endroits ventés, car après plusieurs heures, le vent peut rendre les observations désagréables, même s'il est tiède.

Sous le ciel des vacances !

Dans la région où tu vis, tu vois toujours le même ciel toute l'année. Mais si tu te déplaces, même de quelques centaines de kilomètres, le ciel sera différent. Aussi, n'oublie pas tes cartes du ciel et tes jumelles lorsque tu pars en vacances.

La meilleure saison ?

Le ciel change beaucoup d'une saison à l'autre : les constellations visibles sont différentes, les planètes bougent... Tu préfères sans doute l'été, plus chaud. Pourtant, la nuit est plus longue l'hiver. Les observations sont alors plus faciles et meilleures car le ciel froid est plus clair. Mais à d'autres moments, les nuages d'altitude masquent le ciel. Alors ne te décourage pas, car grâce à ce livre et avec l'expérience, tu vas t'améliorer.

Premier instrument, ton œil !

Ce que tu dois toujours ménager, c'est ta vue. Parmi les rayons du Soleil, les ultraviolets sont les plus dangereux car ils sont puissants, invisibles et indolores : toutes les parties de l'œil peuvent être atteintes de façon définitive. En revanche, la Lune et toutes les autres étoiles sont si lointaines que tu peux les admirer sans danger, pendant des heures. Il est même souvent difficile de les distinguer si leur lumière émise (étoiles) ou réfléchie (planètes), est trop faible.

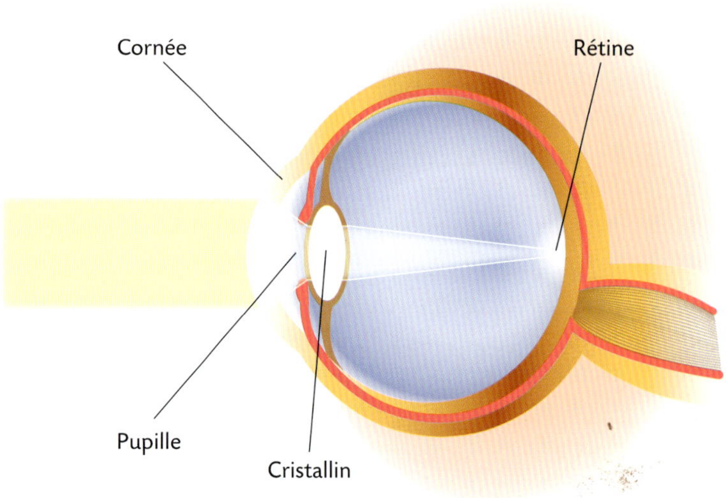

Voici une image « en coupe » de ton œil. La cornée, le cristallin et la rétine peuvent être endommagés gravement par les rayons ultraviolets, car la pupille en se fermant, ne peut pas les arrêter tous.

Nuit étoilée en danger ?

Vue d'un satellite, l'Europe dévoile ses routes et ses grandes villes. Cette luminosité artificielle excessive dans le ciel de nuit s'appelle «pollution lumineuse». Le Canada, novateur, a créé des « réserves de ciel noir » pour lutter contre ce phénomène. Et si, petit à petit, le ciel étoilé, qui appartient à tous, disparaissait ?

La nuit apprivoisée

Commence par éteindre les lumières proches de toi : portail, jardin... Mais souvent, les éclairages publics sont les plus gênants pour la vision nocturne. C'est pourquoi l'Association nationale pour la protection du ciel et l'environnement nocturnes demande qu'on équipe les lampadaires de capuchon, qu'on les arrête à 23 h. Cela économise de l'électricité, évite de perturber les plantes qui respirent la nuit, les animaux qui se cachent ou se nourrissent dans le noir... et les astronomes en herbe, comme toi !

Amateur, mais équipé !

Pour mettre toutes les chances de ton côté, réunis dans un sac à dos ce qu'il faut pour passer une partie de la nuit en plein air et le matériel astro, c'est-à-dire :

- 2 lampes (1 normale et 1 à ampoule rouge) ;
- des vêtements chauds ;
- 1 bâche (pour l'isolation du sol et de l'humidité) ;
- 1 couverture ;
- carte du ciel, boussole ;
- carnet, crayon ;
- boisson chaude, gâteaux, chocolat, etc.

Et peut-être une petite tente, pour abriter le matériel, et les gros dormeurs.

Pour voir dans le noir

Tes yeux sont performants mais ils ont besoin de temps pour s'adapter. Si tu restes dans le noir au moins 10 min, ta pupille s'ouvre largement. Puis, après environ 30 min, la moindre lueur lointaine impressionne ta rétine. Mais si une lumière forte t'éblouit, tu dois recommencer cette opération.

Ne perds pas le nord !

Indispensable, la boussole t'aide à te repérer sur une carte et à t'orienter. Son aiguille aimantée montre le nord, car elle s'aligne sur les lignes du champ magnétique terrestre qui vont du pôle Nord au pôle Sud.
La direction opposée à l'aiguille est le sud, la meilleure orientation pour l'astronomie.

Fabrique une astro-torche

La lumière rouge est celle qui gêne le moins la vision nocturne. Grâce à cette torche, tu verras dans le noir sans être ébloui.

- **1 lampe torche**
- **Vernis à ongles rouge**

1. Avec l'aide d'un adulte, démonte ta lampe pour sortir l'ampoule.

2. Peins-la uniformément avec le vernis, et laisse bien sécher.

3. Remonte la lampe.

À l'œil nu, les astres ne sont que des points lumineux, mais avec des jumelles, tu les identifies : Mars la rouge, Jupiter et ses satellites, une comète, etc.

Les jumelles, amies fidèles

Tu as tout réuni : des copains, ton matériel… Alors prends tes cartes, ton *Copain du ciel* et tes jumelles : elles vont te donner un sacré coup de pouce pour mieux voir les astres !

Le secret des jumelles

Les jumelles sont composées de 2 systèmes optiques parallèles, dont l'écartement est réglable. La mise au point se fait grâce à une molette centrale (1) et une bague de réglage sur l'oculaire droit (2). La lumière passe à travers les lentilles (3), elle est déviée par les prismes (4) vers les oculaires (5) protégés par des œilletons.

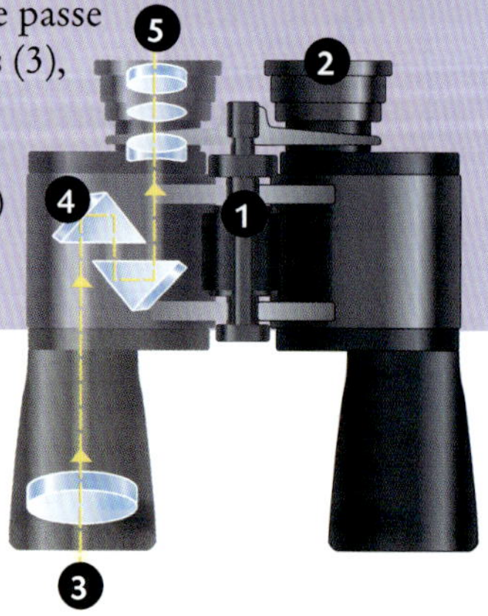

Les jumelles : indispensables !

Pour l'astronome amateur, seules les jumelles permettent d'observer le ciel tout de suite, partout, sans installation compliquée. Dans ce livre, on te propose des centaines d'objets à regarder aux jumelles, de jour comme de nuit, à toutes les saisons. Grâce à elles, tu distingues mieux les couleurs. Et certains objets comme les comètes, la Voie lactée, les nébuleuses et les amas d'étoiles sont plus faciles à voir avec des jumelles qu'avec un télescope.

La bonne taille

Les jumelles sont définies par 2 chiffres, par exemple 6 x 30 ou 7 x 50. Le premier indique le grossissement mais le second est plus important. Il donne le diamètre (en millimètres) des lentilles d'entrée des jumelles, les objectifs. Plus ce diamètre est grand, plus les jumelles reçoivent de lumière : elles permettent alors de voir davantage des astres peu lumineux dans le ciel (mais attention, elles sont plus lourdes !). Pour l'astronomie, il faut au moins des 30 mm ou, mieux, des 40 mm.

Il te faut des jumelles de bonne qualité, mais faciles à transporter et à utiliser. Si tu les choisis bien et si tu en prends soin, elles t'accompagneront toute ta vie !

Pour observer aux jumelles, il te faut les tenir à bout de bras. Si elles sont trop lourdes, tu te fatigues vite et tu ne peux plus contrôler les mouvements de tes bras.

Bons trucs !

Un bateau gonflable est idéal pour appuyer la tête et les bras. Équipé d'une couverture et d'un coussin, c'est un observatoire super ! Tu peux aussi fixer, sur les montants d'une chaise longue, un tasseau destiné à caler tes jumelles.

Apprivoise tes jumelles

Le plus petit de tes mouvements est amplifié par le grossissement des jumelles. Alors, si tu vois comme des « spaghettis » :

- sois calme, respire doucement ;
- cale-toi contre un tronc, un mur, ou appuie tes bras sur les genoux ;
- ne marche jamais les jumelles sur les yeux : mal de mer et chute garantis !
- règle-les à ta vue : ferme l'œil droit, tourne la molette centrale pour voir net. Puis ferme l'œil gauche, tourne la bague de l'oculaire droit pour voir net. Quand tu changes de sujet d'observation, il te suffit d'ajuster avec la molette centrale.

Histoire de prix !

À taille égale, les écarts de prix s'expliquent par la différence de qualité optique. On utilise 2 types de verre pour fabriquer les lentilles des jumelles. Celles en verre BaK-4 sont meilleures, mais coûtent très cher. Les lentilles dont les surfaces sont traitées se repèrent facilement : elles ont un reflet bleu pour les traitements monocouche, vert ou violet pour les multicouches. Elles sont plus performantes, mais plus fragiles.

La lunette, un super œil

Là, les choses sont sérieuses : tu as reçu en cadeau une lunette astronomique ! Fais sa connaissance et pour lui faire bon accueil, choisis avec soin ta prochaine sortie « astro », avec un projet précis !

Attention, danger !
Pour observer le Soleil, il faut toujours utiliser un filtre qui se place sur l'objectif de la lunette ou sur la face avant du télescope. Les prétendus filtres solaires qui se vissent dans l'oculaire, vendus avec des matériels à bas prix, sont très dangereux et doivent être jetés.

Le ciel, quelles nouvelles ?

Chaque jour, les astres se lèvent, culminent et se couchent. La Lune et les planètes sont parfois absentes. Consulte une carte du ciel et des éphémérides astronomiques (journaux, Internet). Choisis quelques objets (galaxies, étoiles doubles, amas...) visibles à l'heure où tu as prévu d'observer. Fais-en une liste, choisis un « itinéraire », qui va d'un objet à l'autre, en te repérant sur des astres connus. Si la Lune illumine le ciel, adapte-toi, observe-la, car le reste du ciel sera pâle tant qu'elle ne sera pas couchée !

La lunette : comment ça marche ?

Une lunette possède 2 lentilles : un objectif et un oculaire. La lumière, collectée par l'objectif, est concentrée au niveau de l'oculaire pour restituer une image de quelques millimètres de diamètre. L'image est renversée et inversée (comme dans un miroir). Toutes les lunettes présentent un halo coloré autour des étoiles. Cela s'appelle l'aberration chromatique, plus ou moins corrigée selon la qualité des optiques. Évite les lunettes avec des lentilles en plastique : ces jouets sont inutilisables pour l'astronomie. Et à un prix équivalent, les jumelles sont 100 fois meilleures !

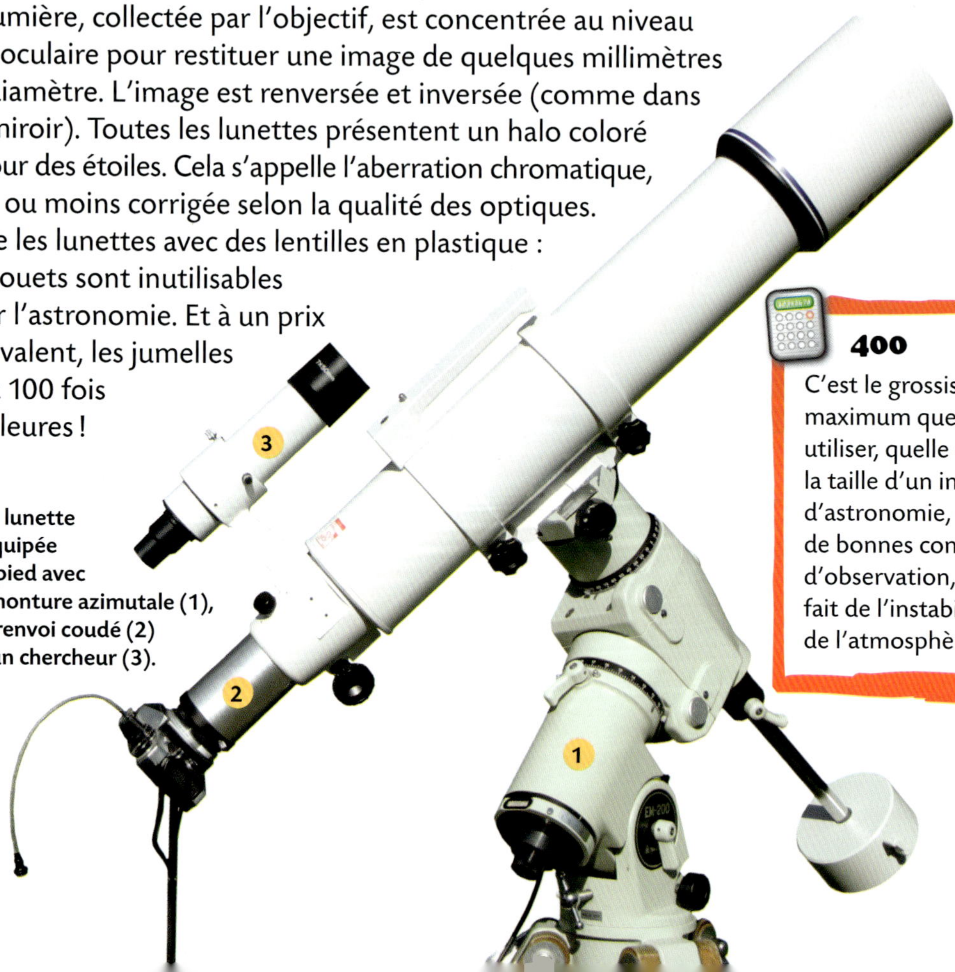

Cette lunette est équipée d'un pied avec une monture azimutale (1), d'un renvoi coudé (2) et d'un chercheur (3).

400
C'est le grossissement maximum que l'on peut utiliser, quelle que soit la taille d'un instrument d'astronomie, dans de bonnes conditions d'observation, du fait de l'instabilité de l'atmosphère.

Galilée, un grand inventeur !

Au XVIIe siècle, Galilée enseigne les mathématiques en Italie. Informé qu'un opticien flamand a inventé une lunette grossissante, il en construit plusieurs, et fait en 1609 d'importantes découvertes : montagnes sur la Lune, satellites de Jupiter, etc., devenant ainsi le fondateur de l'astronomie moderne.

Les oculaires

Les lunettes, comme les télescopes, sont munies d'oculaires interchangeables qui permettent toute une gamme de grossissements, destinés à des astres de luminosité et de taille différentes. Si tu ajoutes à l'oculaire une lentille spéciale (de Barlow), tu doubles le grossissement. Donc, il vaut mieux posséder 2 ou 3 oculaires de bonne qualité et une seule lentille de Barlow, que de nombreux oculaires : à prix identique, le résultat est meilleur.

Il existe de nombreux oculaires, différents selon le type et le nombre de lentilles qu'ils contiennent.

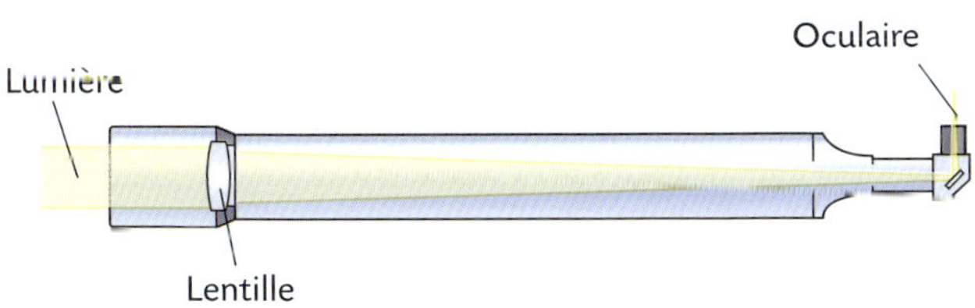

Schéma de fonctionnement de la lunette.

Grossir l'image ?

Le grossissement de ton instrument s'obtient en divisant sa longueur focale par celle de l'oculaire : s'il a 900 mm de longueur focale et un oculaire de 15 mm, il grossit donc 60 fois. En pratique, on ne peut pas grossir plus de 2,5 fois l'équivalent du diamètre de l'objectif : l'image serait grise et floue. (Pour 100 mm de diamètre, ne pas dépasser 250 fois.)

Le télescope, un rêve

Le télescope impressionne tous les passionnés d'astronomie par sa taille, son poids, et surtout par ses capacités techniques extraordinaires. Sa manipulation est assez simple, mais il reste cher !

Le télescope de Newton

Isaac Newton construit le premier télescope vers 1668. Comme dans une lunette, l'image obtenue est renversée. C'est un appareil polyvalent, moins cher qu'une lunette, surtout pour les grands diamètres. Il n'y a pas d'aberration chromatique mais les étoiles sur le bord du champ sont déformées, cela s'appelle le coma. La présence du miroir secondaire entraîne une légère perte de contraste par rapport à la lunette, et le fait qu'il soit ouvert le rend sensible à la poussière et aux différences de température de l'air.

Les indispensables

Le renvoi coudé permet d'observer confortablement des objets, même haut dans le ciel. Il remet l'image d'aplomb (mais elle reste inversée). Et le chercheur aide à viser les astres. Sur les télescopes, le chercheur est une lunette à faible grossissement, ou un viseur projetant un cercle ou un point rouge dans le ciel.

Un télescope se définit par le diamètre du miroir principal et sa longueur focale (en mm). Celui-ci est équipé d'une monture équatoriale (1) et d'un chercheur (2).

Un bon compromis

Le télescope catadioptrique allie les qualités d'une lunette et d'un télescope : grande longueur focale et excellente qualité d'image. De plus, il est très compact donc facilement transportable. Seul défaut : son miroir secondaire réduit le contraste. Souvent doté d'un renvoi coudé, il donne une image inversée droite/gauche. Les plus populaires sont le Schmidt-Cassegrain et le Maksutov-Cassegrain (du nom de leurs inventeurs).

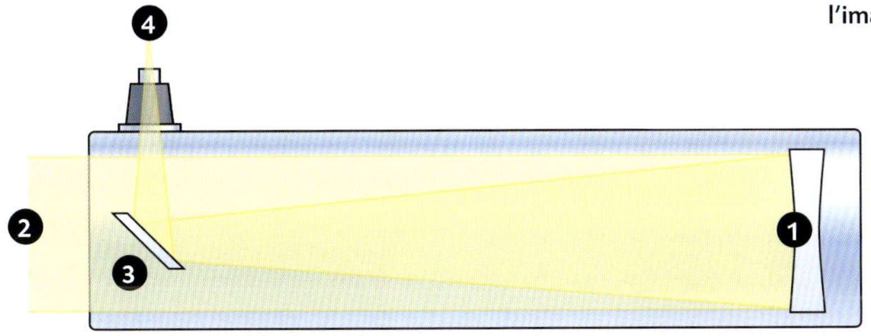

Le télescope de Newton comprend un miroir parabolique (1) qui renvoie la lumière (2) sur un 2e miroir (3), plus petit et oblique, qui renvoie l'image vers l'oculaire (4).

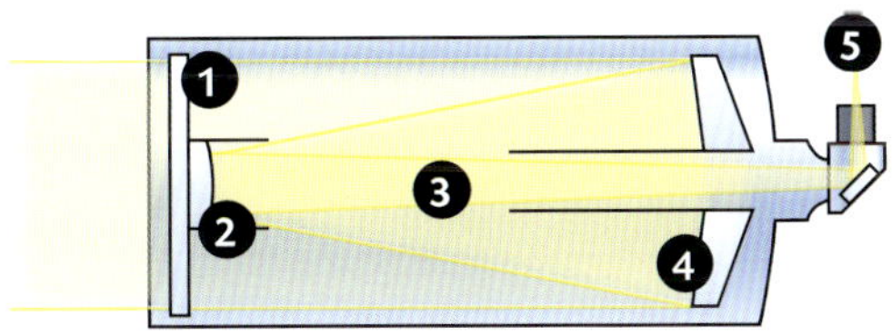

Sur ce télescope catadioptrique, une lentille (1) ferme l'avant et porte le miroir secondaire (2). La lumière collectée (3) par le miroir primaire (4) est renvoyée au miroir secondaire (2), puis vers l'oculaire (5).

Le secret de la stabilité

La monture est le plateau où est posé le télescope ou la lunette. Motorisée ou manuelle, de sa qualité dépend la stabilité de l'instrument, la précision des déplacements, donc celle de l'image. La monture azimutale fait pivoter l'instrument verticalement et horizontalement par rapport au sol. Pour suivre les astres, il faut sans cesse le bouger. La monture équatoriale est inclinée par rapport au sol. On suit facilement les astres en faisant une rotation, mais il faut faire auparavant une « mise en station », un réglage délicat qui rebute souvent les débutants.

Un filtre, ça aide !

Des filtres de couleur renforcent les contrastes : le jaune et le rouge pour Mars, le vert et le bleu pour Jupiter. Le filtre antipollution lumineuse bloque la lumière électrique, aidant à voir les étoiles, même en ville. Le filtre lunaire améliore l'image de la Lune, souvent trop brillante.

Voici une énorme éjection de gaz de la couronne solaire (montage photo).

Le Soleil est ton

De toutes les étoiles, c'est la plus belle, la plus brillante, la plus fidèle. Chaque jour de ta vie, elle est là. Généreuse, elle te réchauffe, t'éclaire, te donne de l'énergie. C'est vraiment ta bonne étoile !

étoile

Les éruptions de gaz sont très fréquentes à la surface du Soleil, contrairement aux énormes bulles de gaz éjectées dans l'espace depuis la couronne, qui sont rares et violentes.

Une étoile qui a du cœur !

Quand l'Univers s'est formé, il y a environ 13,7 milliards d'années, le Soleil n'existait pas. Puis 9 milliards d'années plus tard, cette étoile apparaît, simple petite boule de gaz dans l'immensité...

Un cœur chaud

L'été, si tu restes immobile sous les rayons du Soleil, tu sens sa chaleur, et pourtant il est très loin de toi. Quand le thermomètre monte à 40 °C, c'est la canicule et tu te caches à l'ombre. Alors, imagine ce qui se passe dans son centre... Il y fait sans doute 15 millions de degrés ! Par contre, à sa surface, la température n'est plus (si l'on peut dire !) que de 6 000 °C ! Si bien que l'énergie dégagée par chaque mètre carré pourrait faire rouler en continu plus de 900 voitures !

500 000 km !

C'est la hauteur à laquelle les filaments de gaz chauds peuvent monter lors des éruptions solaires, soit plus de ⅓ du diamètre du Soleil !

Un cœur qui fait boum !

Le Soleil est une boule de gaz ordinaire. Mais son cœur est très dense, et il s'y produit des choses étranges : des réactions nucléaires énormes comme dans les bombes atomiques, ce qui a pour effet d'envoyer beaucoup d'énergie dans l'espace. Ainsi, petit à petit, le Soleil se consume en brûlant son cœur. Mais pas de panique ! Cela dure depuis maintenant 5 milliards d'années et on a calculé que cela continuera encore autant ! Puis le Soleil disparaîtra, pour toujours...

Carte d'identité

Distance moyenne de la Terre : 149 631 000 km
Diamètre : 1 392 000 km
Masse : 330 000 fois celle de la Terre
Volume : 1 300 000 fois celui de la Terre
Pesanteur : 28 fois celle de la Terre (Tu pèserais 28 fois plus lourd si tu te promenais à sa surface !)
Composition : hydrogène (¾), hélium (¼) et des proportions infimes d'autres éléments comme le sodium

Sur le Soleil, ça bouge !

Le Soleil semble toujours le même. Pourtant, les astronomes qui l'observent depuis des siècles ont remarqué que la quantité d'énergie qu'il dégage est très variable. Pendant un cycle d'environ 11 ans, elle augmente, puis elle diminue, et tout recommence. Quand elle est à son maximum, on voit de nombreuses taches sombres à sa surface. Cela se produit lorsque des gaz bouillonnants plus froids entrent en contact avec les gaz plus chauds de la surface. C'est ce remue-ménage qui réchauffe beaucoup la Terre.

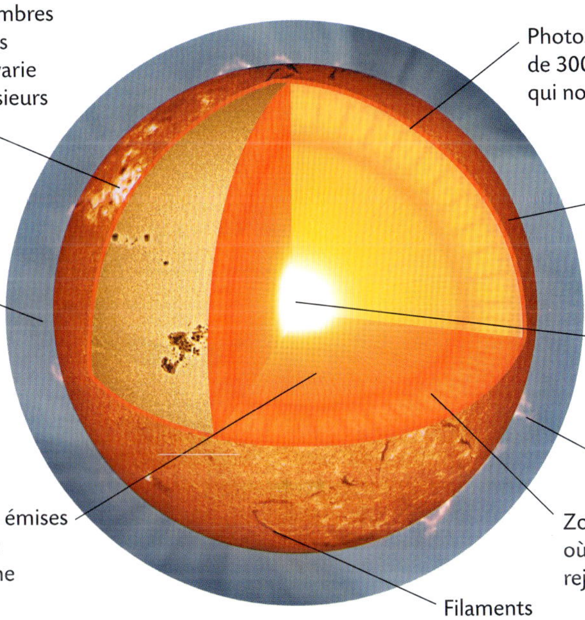

La naissance d'une étoile

De gros nuages de gaz et de poussières se sont attirés et contractés pour donner naissance, en 1 milliard d'années, à une étoile, le Soleil, entourée d'un disque.

C'est ensuite dans ce disque de matières en mouvement que sont nées les planètes du système solaire.

L'observer sans danger

Pas question de regarder le Soleil « droit dans les yeux », que ce soit à l'œil nu ou avec un instrument ! Sa lumière est si puissante que tu risquerais de t'abîmer les yeux. Plusieurs méthodes permettent de l'observer sans danger, avec, impérativement, la présence d'un adulte.

Si tu regardes à l'œil nu

Tes lunettes de soleil ne suffisent pas ! Il faut mettre un bon filtre entre les rayons du Soleil et tes yeux. Tu peux utiliser :

- du Mylar, un film en plastique métallisé, ou un filtre solaire en polymère. Une seule épaisseur devant tes yeux suffit car ce matériau ne laisse passer que 1 rayon sur 10 000 à 100 000. Tu en trouveras dans les boutiques d'astronomie ou dans les clubs d'astronomie ;
- des lunettes de Mylar ou en polymère.

Danger ! Danger !

Pour regarder le Soleil avec une lunette, un télescope ou une paire de jumelles, ajoute impérativement un filtre solaire acheté dans le commerce. N'observe jamais sans filtre : tu risquerais de graves brûlures définitives aux yeux. Et si tu n'utilises pas d'instrument optique, achète des lunettes de protection spéciales ou fabrique un filtre solaire pour protéger tes yeux.

Un bon truc : observer par projection

Dans ce cas, tu ne regardes pas le Soleil directement, mais tu projettes son image sur un mur blanc ou un écran. Cette méthode permet de voir les taches et la surface du Soleil. Le danger n'est pas pour tes yeux, mais pour ton matériel. Une trop grande chaleur risque de décoller les objectifs. Choisis un moment où le Soleil n'est pas trop violent.

Fabrique ton filtre solaire

Ce filtre permet de regarder le Soleil sans instrument : il peut remplacer des lunettes spéciales.

- **Ciseaux**
- **1 feuille de Mylar**
- **1 raccord de PVC mâle/mâle de diamètre 40 mm**
- **1 élastique solide**

1. Découpe un carré de 8 cm de côté dans la feuille de Mylar sans le rayer, ni y mettre tes doigts.

2. Pose-le sur le raccord en le tendant pour qu'il n'y ait pas de plis.

3. Fixe-le autour du raccord avec l'élastique et vérifie que ton montage est bien étanche à la lumière, devant une ampoule électrique.

4. Quand tu regardes le Soleil, n'oublie pas de bien fermer l'œil qui n'est pas protégé !

Aménage une chambre noire

- **1 vieux drap**

1. Fais le noir dans une pièce de préférence exposée au sud.

2. Masque la fenêtre avec un vieux drap et perces-y un petit trou.

3. Observe l'image du Soleil qui se projette sur le mur avec peut-être quelques taches solaires.

Suis les taches solaires

- **Carton**
- **1 lunette astronomique**
- **Papier millimétré collé sur un carton**

1. Place un morceau de carton derrière l'oculaire d'une lunette astronomique (ou d'une paire de jumelles dont tu obtures l'un des côtés).

2. Dessine un cercle de 14 cm de diamètre sur du papier millimétré. Là, 1 cm représente 100 000 km sur le Soleil.

3. De jour en jour, compare l'emplacement des taches, leur nombre, etc.

Quand le Soleil se cache...

Là encore, comme à chaque fois que tu observes le Soleil, protège-toi les yeux avec un filtre solaire et ne regarde ce phénomène que par épisodes de quelques secondes seulement.

Cette image montre des étapes d'une éclipse de Soleil. Avec filtre, il est orangé. Sans filtre, il est noir et sa couronne est visible : c'est la phase de totalité, qui peut durer 7 min 30 s à l'équateur.

Folle partie de cache-cache !

Dans ce cache-cache, qui s'appelle une éclipse solaire, il y a trois joueurs : la Terre, la Lune et le Soleil. Tous les trois tournent, chacun à son rythme, tranquilles... Mais, tous les 2 ou 3 ans, la Lune passe exactement entre la Terre et le Soleil. Petit à petit, le disque de la Lune masque alors le Soleil, et une partie de la Terre est dans l'ombre. Puis la Lune s'éloigne et le Soleil réapparaît.

Collectionneurs d'éclipses

Des amateurs passionnés d'astronomie parcourent toute la planète, pour être « au bon endroit, au bon moment » : dans un désert africain, en Mongolie, au milieu des océans, etc. Le moment de la totalité est très émouvant : l'obscurité et le silence s'installent, la température baisse… Magique !

Éclipse de Soleil

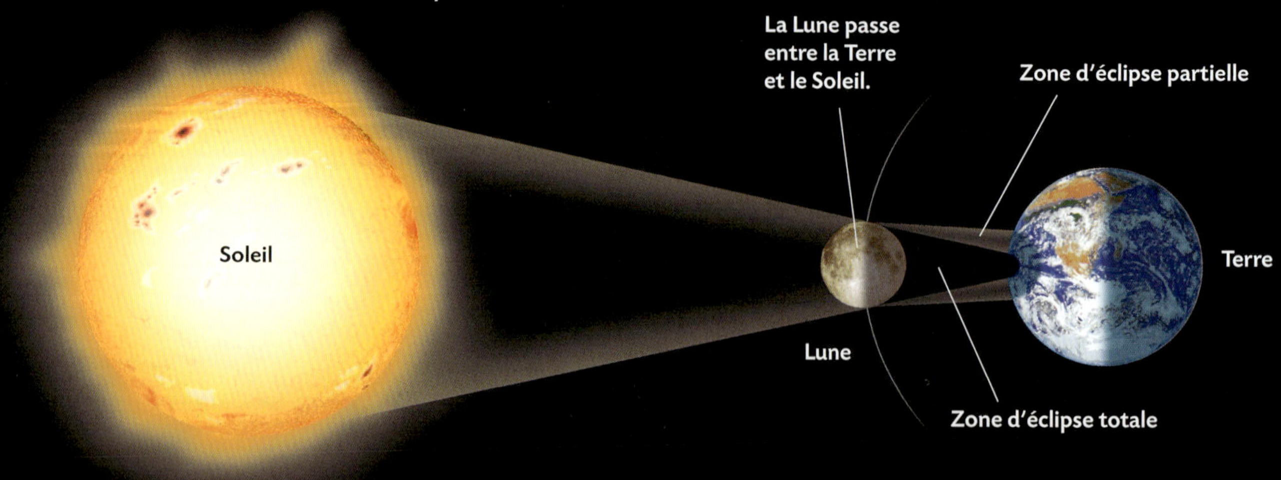

Observe sans danger une éclipse

- **1 boîte à chaussures**
- **1 aiguille**
- **Jumelles**
- **1 feuille de carton**

Avec une boîte en carton

1. Prends une boîte à chaussures. Au milieu de l'un des petits côtés, perce un trou avec une aiguille.

2. Oriente ce côté face au Soleil, de façon à voir sur l'autre côté, à l'intérieur de la boîte, l'image du Soleil. Elle sera inversée comme dans un télescope.

Avec des jumelles

1. Dos au Soleil, oriente le grand côté de tes jumelles vers le Soleil.

2. Prends une feuille de carton blanc et cherche la distance où l'image projetée du Soleil sera la plus nette.

Prochaines éclipses

Les éclipses ne se produisent pas au hasard. Il faut qu'il y ait une nouvelle Lune, et qu'elle traverse le plan orbital de la Terre, appelé pour cette raison : plan de l'écliptique. Il est donc possible de les prévoir avec précision. Pour connaître les dates des prochaines éclipses, renseigne-toi dans les clubs d'astronomie, auprès de l'Association française d'astronomie (AFA) ou de la Société astronomique de France (SAF).

Fausse éclipse

En 1930, Bernard Lyot, astronome de l'observatoire du pic du Midi, dans les Pyrénées, inventa le coronographe. C'est un disque noir que l'on fixe à l'intérieur d'un télescope. Il sert d'écran entre le Soleil et l'observateur, comme la Lune le fait lors d'une éclipse. Cette « fausse éclipse » permet d'étudier la couronne solaire et d'observer les trajectoires des comètes près du Soleil. On a donné le nom de Bernard Lyot au plus grand télescope du pic du Midi et à deux cratères d'impact, sur la Lune et sur Mars.

Cette photo du satellite *Soho* montre, grâce à son coronographe, la couronne solaire ainsi qu'une comète, Soho-6, qui s'écrase sur le Soleil. Le petit cercle blanc central représente le disque solaire.

L'astre du jour

La Terre ne reçoit qu'une infime partie de toute l'énergie libérée par le Soleil. Pourtant, cette énergie a complètement transformé la planète.

Sans Soleil : nuit et froid !

Si tu imagines une nuit d'hiver sans Lune, dans un désert, tu n'auras qu'une très petite idée de ce que serait la Terre si le Soleil n'existait pas : un caillou sans vie, dans un froid glacial de – 273 °C, dérivant à l'infini dans l'espace, éclairé seulement par des étoiles lointaines... Sinistre !

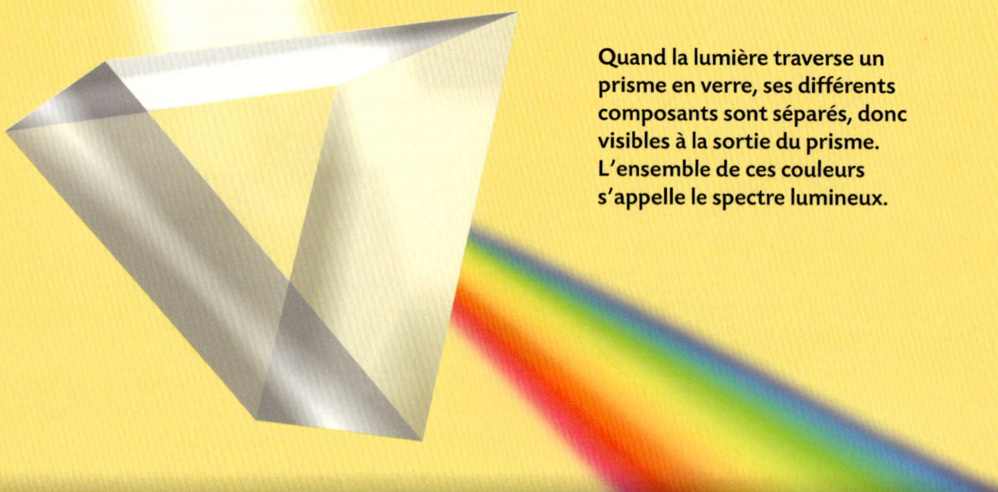

Quand la lumière traverse un prisme en verre, ses différents composants sont séparés, donc visibles à la sortie du prisme. L'ensemble de ces couleurs s'appelle le spectre lumineux.

Compare le son et la lumière

- **1 casserole**
- **1 lampe torche**
- **1 louche**
- **1 chronomètre**

1. Choisis un endroit dégagé et place-toi à 300 m d'un copain qui tiendra la casserole entre les genoux, la lampe torche dans la main gauche et la louche dans la main droite.

2. Il faut qu'il allume la lampe quand il tape avec la louche sur la casserole.

3. À l'aide de ton chronomètre, compte le temps qui s'écoule entre le moment où tu vois la lumière et celui où tu entends le bruit.

4. Comme le son se déplace aux alentours de 300 m/s, ton chronomètre marque 1 s. Quant à la lumière, elle va si vite, 300 000 km/s, que tu as l'impression que c'est instantané. En fait, elle a mis un millionième de seconde.

Fabrique un disque de Newton

Grâce à ce disque, Newton (mathématicien anglais du XVIIe siècle) prouve, à l'âge de 23 ans, que la lumière blanche est le mélange de toutes les couleurs.

- **Carton**
- **Feutres**
- **1 crayon**

1. Répartis sur un disque de carton de 12 cm de diamètre, les 7 couleurs de l'arc-en-ciel : rouge, orange, jaune, vert, bleu, indigo, violet.

2. Passe un crayon au milieu du carton.

3. Fais-le tourner, comme une toupie. Avec la vitesse, ton cerveau ne distingue plus les couleurs, il les mélange : tu vois du blanc.

Qu'est-ce que la lumière ?

Si tu peux percevoir la lumière, c'est parce qu'elle se dirige jusqu'à ton œil sous forme d'une infinité d'ondes. Rapides, elles se déplacent à la vitesse de 300 000 km/s et n'ont pas besoin de support matériel pour voyager (c'est d'ailleurs ce qui fait rêver les auteurs de science-fiction qui imaginent l'homme chevauchant dans l'espace ces ondes ultrarapides !). Ainsi, quand la lumière est déviée par un miroir, elle reste intacte. Mais lorsqu'elle traverse l'atmosphère, elle « perd » certaines de ces ondes, ce qui donne au ciel sa belle couleur bleue !

500 secondes, ou 8 min et 20 s !

C'est le temps que met la lumière du Soleil pour parvenir à la Terre, distante de 150 millions de km.

Einstein et sa célèbre équation

En 1905, Albert Einstein a démontré la relation qui existe entre la vitesse de la lumière (c), la matière (m) et l'énergie (E). Le résultat est la fameuse équation $E = mc^2$ qui a révolutionné la physique moderne. Cela explique, par exemple, que lors des réactions nucléaires, au cœur des étoiles, une partie de la masse des atomes d'hydrogène se transforme en énergie, sous forme de rayonnement lumineux. C'est l'une des raisons pour lesquelles les étoiles brillent.

C'est par le calcul qu'Einstein a démontré que la lumière ne peut pas dépasser, dans le vide, la vitesse de 300 000 km/s.

Jeux de lumière

En plein jour, des couleurs et des lueurs bizarres apparaissent parfois dans le ciel. Étranges phénomènes qui permettent de percer les mystères de la lumière du Soleil.

L'arc-en-ciel

Il fait beau. Le ciel se couvre, une petite averse tombe, puis le Soleil revient. Alors, un immense arc multicolore apparaît : c'est un arc-en-ciel. Magique ? Pas tout à fait ! Pour le voir, plusieurs conditions doivent être réunies. Il faut que le Soleil soit à mi-chemin entre l'horizon et le zénith, dans cette partie du ciel qui est juste au-dessus de toi. Et surtout, il faut de la pluie, avec ses milliards de gouttelettes d'eau en suspension dans le ciel. Ce sont elles qui réussissent parfois à décomposer la lumière du Soleil.

Quand une partie de la lumière du Soleil rebondit dans les gouttes de pluie, un second arc apparaît au-dessus du premier. Souvent peu visible, il est deux fois plus large, ses couleurs sont inversées et plus pâles.

Arc-en-ciel lunaire

La lumière de la Lune peut donner elle aussi de beaux arcs-en-ciel. Mais il faut qu'elle brille beaucoup et que le ciel soit très pur. Ce phénomène est rare.

Des gouttes et des couleurs

Les sept couleurs de l'arc-en-ciel sont : violet, indigo, bleu, vert, jaune, orange, rouge. Plus les gouttes sont petites, plus les couleurs sont différenciées :

- 1 à 2 mm : violet et vert vif, rouge très pur, peu de bleu ;
- 0,5 mm : le rouge est plus faible ;
- 0,2 à 0,3 mm : toutes les couleurs sont plus pâles, mais l'arc est large, et toutes les couleurs sont visibles.

Le halo

Le ciel est pâle, d'un blanc laiteux à cause de quelques nuages situés très haut dans le ciel. Et puis, un cercle gigantesque parfait, appelé halo, apparaît tout autour du Soleil pendant quelques dizaines de minutes. Il vient de la lumière du Soleil, bien sûr, mais seulement lorsqu'elle a pénétré les minuscules cristaux de glace qui naviguent dans les nuages.

Le halo est le reflet du Soleil à travers des millions de cristaux de glace situés entre 5 et 10 km d'altitude, ou plus bas s'il fait très froid.

Crée un arc-en-ciel dans ton jardin

- **1 tuyau d'arrosage**

1. Place-toi dos au Soleil. Pulvérise l'eau d'un tuyau d'arrosage équipé d'une lance en la réglant sur la position où les gouttes d'eau sont les plus petites.

2. Devant toi, un arc-en-ciel apparaît. Si rien ne se passe, bouge légèrement la direction de l'eau ou recommence un jour où le Soleil est plus fort.

Les couleurs du ciel

De quelle couleur est le ciel ? Bleu, bien sûr, le plus souvent ! Mais sache, petit Terrien, que ce n'est pas le cas partout, loin de là !

Sur Terre, le ciel est bleu !

Regarde les photos prises sur la Lune : au-dessus des astronautes, le ciel est... noir, et le restera, quelle que soit l'heure. Cela serait différent si la Lune possédait, comme la Terre, cet épais manteau gazeux : l'atmosphère. En effet, elle seule est capable, grâce aux gaz qu'elle contient (azote, oxygène, dioxyde de carbone, vapeur d'eau), de disperser les rayons lumineux du Soleil. Plus le ciel de la Terre contient de vapeur d'eau, plus les couleurs de la lumière sont éparpillées, le ciel perd un peu sa belle couleur bleue et il blanchit !

Cet astronaute est en plein Soleil, et projette son ombre sur le sol. Pourtant, le ciel lunaire reste d'un noir d'encre !

La belle lumière rouge du Soleil est à son maximum 15 à 30 min après son coucher. Elle est très intense en cas d'éruption volcanique récente.

Le ciel rouge, une farce ?

Parfois, le soir, le Soleil est rouge. En descendant sur l'horizon, ses rayons passent en biais dans l'atmosphère et traversent une plus grande épaisseur de gaz. La couleur rouge est la seule à réussir ce parcours d'obstacles : le Soleil semble alors changer de couleur. Le ciel rougit, cela s'appelle la « lumière pourpre ». Elle est due à la réflexion du Soleil sur les poussières volcaniques qui tournent à plus de 10 km de la Terre.

Sépare le bleu et le rouge

- 1 aquarium
- Lait
- 1 lampe de poche

1. Remplis l'aquarium d'eau et ajoute quelques gouttes de lait.

Mesure le bleu du ciel

Avec cet astucieux cyanomètre (en grec, *cyan* signifie bleu), compare l'intensité du bleu du ciel, d'une heure à l'autre et/ou d'une région du ciel à l'autre.

- **1 feuille de papier à dessin**
- **1 pinceau**
- **Gouache : bleu cyan et blanc**
- **1 miroir**

1. Découpe une bande de papier de 10 cm.

2. Laisse une marge de 4 cm et peins des bandes bleues, numérotées de 1 à 10, les unes au-dessus des autres en y ajoutant de plus en plus de blanc.

3. À l'aide d'un miroir, compare le bleu du ciel à ta gamme de bleus, et note tes résultats.

Photographie le coucher du Soleil

L'été, par beau temps, lorsque le Soleil se couche au-dessus de l'océan ou d'un lac, il paraît de plus en plus gros et il semble s'aplatir.

- **1 appareil photo**
- **1 feuille**
- **1 stylo**

1. Prends une photo du Soleil couchant, aussitôt que tu peux le regarder en face sans être ébloui.

2. Photographie souvent le coucher du Soleil, au même endroit, quand le temps est différent. Inscris les conditions locales de température, de pluie, de vent, etc.

3. Compare tes photos et tes notes. La forme des images du Soleil varie car, à basse altitude, lorsque des couches d'air de température différente se forment, elles réfractent la lumière du Soleil et modifient son image.

2. Demande à un copain de tenir la lampe contre l'une des parois, du côté le moins large.
Si tu regardes à l'autre extrémité, la lumière est légèrement rose, alors que si tu te places sur le grand côté de la cuve, elle est bleutée.

L'eau laiteuse agit comme l'atmosphère : si elle est mince, les rayons bleus te parviennent.
Si elle est épaisse, seuls les rayons rouges arrivent jusqu'à ton œil.

Des rayons par millions...

Quand le Soleil t'éclaire, c'est qu'il t'envoie des rayons lumineux. S'il te réchauffe, c'est grâce aux rayons infrarouges. Mais il en existe de nombreux autres, très mystérieux et souvent dangereux !

Des rayons très précieux

Les responsables de la chaleur solaire, ce sont les rayons infrarouges. Tu ne les vois pas, mais tu les sens sur ta peau : ça chauffe ! Indispensables, ils réchauffent l'atmosphère et le sol : la température permet alors aux végétaux, aux animaux et aux hommes de vivre. Mais les plantes utilisent aussi la lumière solaire. Captée dans leurs feuilles, elle leur sert d'énergie pour transformer en sucre l'eau et le dioxyde de carbone puisés dans le sol et dans l'air. Ce mécanisme, la photosynthèse, nourrit toute la plante.

Lorsque le Soleil se cache derrière les nuages, certains rayons s'arrêtent tandis que d'autres s'étirent jusqu'au sol. Souvent, on y voit une sorte de couronne céleste. Les Anglo-Saxons parlent alors de *glory*, mot qui évoque la gloire !

Icare, victime du Soleil

Selon la légende, Icare s'évade de sa prison grâce aux ailes que son père Dédale lui fixe sur le dos, avec de la cire. Malgré les conseils de prudence de celui-ci, Icare vole de plus en plus haut. La cire fond et Icare tombe, victime de son audace démesurée… et des rayons infrarouges du Soleil !

Bronzage : danger !

Pour se défendre contre les rayons ultraviolets, ta peau fabrique de la mélanine. Cette substance la protège en la colorant : tu bronzes. Mais attention ! S'exposer souvent et longtemps sans protection à ces rayons provoque des brûlures graves ou même des cancers de la peau !

Des rayons invisibles

Les plus connus sont les rayons ultraviolets. Si tous arrivaient jusqu'à toi, ils pourraient te griller en une minute ! Mais, fort heureusement, ils sont en partie filtrés par un gaz contenu dans l'atmosphère, l'ozone. C'est pour cela que sa disparition, même minime, à certains endroits, inquiète le monde entier. D'autres rayons, gamma et X, ne parviennent pas jusqu'à toi. Invisibles, ils transportent tellement d'énergie qu'ils seraient mortels ! On ne les détecte et les mesure qu'avec des ballons-sondes ou des satellites.

L'échelle des rayonnements

De gauche à droite, voici tous les rayonnements qui existent, classés du plus faiblement énergétique (onde ample) jusqu'au plus puissant (onde courte). Ils transmettent leur énergie, d'un endroit à un autre, sans déplacer de matière.

Des rayons de toutes les forces

Le Soleil, comme les autres étoiles, possède sa signature personnelle : c'est le spectre des rayonnements qu'il émet. Certaines étoiles, par exemple, diffusent beaucoup de rayonnements peu énergétiques, comme les ondes radio, tandis que d'autres envoient des rayons X ou gamma très énergétiques. Entre les deux, la lumière visible est de plus en plus énergétique, du rouge vers le bleu. Les rayons X sont même si puissants que les médecins s'en servent pour voir tes os, à l'intérieur de ton corps, car ils sont capables de traverser tes muscles.

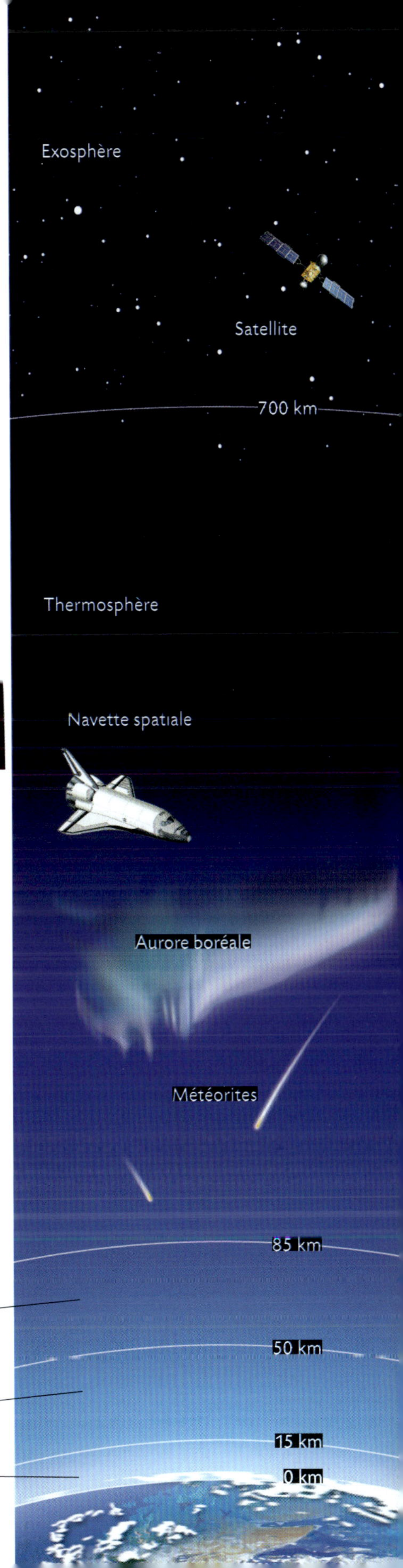

L'atmosphère, au-dessus de la Terre, est composée de différentes couches. C'est un bouclier efficace contre les rayons les plus dangereux émis par le Soleil. La troposphère arrête les rayons gamma, X, et la plupart des ultraviolets. Une partie des infrarouges et presque toute la lumière visible atteignent le sol de ta planète.

Des trésors d'énergie !

La Terre possède trois sources d'énergie : celle qui vient de son noyau, celle des mouvements de la Lune et du Soleil, et surtout celle qu'elle reçoit chaque jour de son étoile, le Soleil !

Fossile ou renouvelable ?

Sur Terre, les matières organiques (végétaux, algues) se sont lentement transformées pendant des millions d'années en charbon, en pétrole ou en gaz. Les hommes en ont fait leurs principales sources d'énergie. Inégalement réparties sur la planète, en quantité et en qualité, ces énergies fossiles ne peuvent pas se reconstituer et vont rapidement s'épuiser.
Le Soleil, par contre, est très généreux : il continue de fournir son énergie à la Terre, et le fera encore pendant quelques milliards d'années.
Son énergie, quand on la capte, est donc bien « renouvelable ».

Énergie, si j't'attrape !

À l'échelle individuelle, on peut utiliser l'énergie du Soleil en chauffant l'eau dans des capteurs solaires, installés sur les toits des maisons. Ce procédé est utile mais il a plusieurs inconvénients : il exige la fourniture d'une autre énergie (gaz, par exemple) pour les périodes sans soleil. Il fournit de l'eau chaude (sanitaire et chauffage) mais ne produit pas l'électricité indispensable pour les autres appareils d'une maison. De plus, cette énergie renouvelable et non polluante est intransportable. En passant à l'échelle industrielle, ce procédé est néanmoins capable de transformer la chaleur en électricité, dans les fours solaires ou dans les centrales thermo électriques.

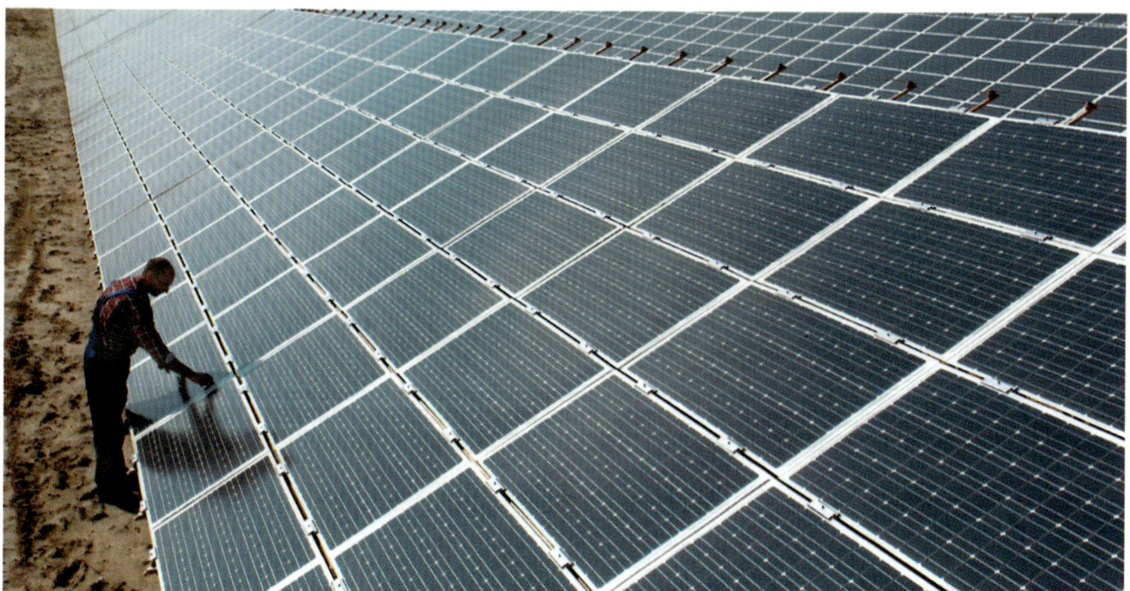

Près de Leipzig, en Allemagne, la société Shell a construit cette centrale photovoltaïque qui comprend 33 500 modules de 1,3 m^2 chacun. Elle produit 5 mégawatts d'électricité, de quoi alimenter environ 2 000 foyers.

Alerte ! La Terre chauffe !

Dans notre atmosphère, c'est principalement un gaz, le CO^2 (dioxyde de carbone) qui fait monter la température de la planète en empêchant la chaleur de sortir vers l'espace, comme dans une serre. Ce mécanisme, l'effet de serre, est responsable du réchauffement climatique, de plus en plus préoccupant.

Un four pour la recherche

À Odeillo, dans les Pyrénées-Orientales, un miroir parabolique de 40 m de haut et 54 m de large, composé de 9 500 petits miroirs, concentre les rayons du Soleil. La température dépasse 3 500 °C. Des chercheurs y étudient les matériaux des engins spatiaux qui subissent de hautes températures en entrant dans l'atmosphère.

D'un coup de baguette magique ?

Et s'il était possible de produire directement de l'électricité, à partir de l'énergie du Soleil ? Longtemps un rêve, cette grande transformation est maintenant réalisable, sans baguette magique, mais avec des panneaux solaires contenant un grand nombre de cellules spéciales, les cellules photovoltaïques. À l'intérieur de chacune d'elles, deux couches de matériaux semi-conducteurs (généralement du silicium) ont la propriété de créer un champ électrique, à leur jonction. L'électricité obtenue suit ensuite des câbles ou est stockée dans des batteries. Cette énergie est polyvalente et facile à utiliser.

Piège l'énergie du Soleil

L'air devient vite plus chaud, de 10 à 20 °C, à l'intérieur de cette boîte qu'à l'extérieur. La chaleur est piégée par la vitre, comme dans les capteurs solaires.

- **1 boîte en polystyrène**
- **Plastique noir**
- **1 thermomètre**
- **1 vitre**

1. Tapisse l'intérieur de la boîte de plastique noir. Mets-la au soleil quelques minutes et mesure la température.

2. Laisse le thermomètre à l'intérieur et pose la vitre sur la boîte. Que fait le thermomètre ? (Dans cette boîte, un œuf est cuit en 1 h !)

Étoile sous haute surveillance

Les éruptions solaires sont dangereuses pour les hommes et le matériel électronique présents dans l'espace. Aussi, de nombreuses missions analysent l'activité du Soleil pour les anticiper et s'en protéger.

Le vent solaire

Chaque seconde, le Soleil envoie 1 000 000 t de matière dans l'espace. C'est le « vent solaire », une sorte de gaz dilué à très haute température et circulant à une vitesse folle ! Éjecté en moyenne à près de 2 millions de km/h, il dépasse parfois les 4 millions de km/h lors d'explosions violentes à la surface du Soleil. Le vent traverse alors tout le système solaire et ne ralentit que bien au-delà de l'orbite des planètes, quand il rencontre le plasma issu des autres étoiles, dans l'espace intergalactique.

Le bouclier de la Terre

La rotation du noyau métallique liquide de la Terre génère de puissants courants électriques. Ils sont à l'origine de champs magnétiques qui, comme des aimants, possèdent deux pôles. Ils vont du pôle Nord au pôle Sud terrestres, ce qui forme une enveloppe tout autour de la Terre, appelée la magnétosphère. Elle représente un véritable « bouclier » magnétique qui s'étend jusqu'à 70 000 km dans l'espace. Efficace, elle protège la Terre en déviant les particules du vent solaire, ce qui les empêche de la percuter.

Les ceintures de Van Allen

Par chance, les particules très dangereuses sont déviées par le champ magnétique terrestre vers 2 zones : les ceintures de Van Allen (physicien américain qui les a découvertes). Les particules les plus énergétiques atteignent l'une des ceintures, à 400 km de la Terre alors que le vent solaire alimente surtout l'autre, qui va de 12 000 à 65 000 km.

Parfois, les éruptions de vent solaire sont si violentes qu'elles colorent le ciel au-dessus des pôles. Ce sont les aurores boréales, au nord, ou australes, au sud.

Des ouragans puissants

En temps normal, le vent solaire, dispersé rapidement dans l'espace, est très ténu et peu dangereux. Mais quand se produisent de gigantesques explosions à la surface du Soleil, d'énormes bulles de plasma sont éjectées de la couronne solaire. Ce sont les « éjections de masses coronales » ou EMC. Si une telle bulle est éjectée en direction de la Terre, les particules qu'elle contient, 100 000 fois plus nombreuses que dans le vent solaire habituel, vont percuter le champ magnétique terrestre.

Le champ magnétique solaire déforme la magnétosphère terrestre, comprimant la partie tournée vers le Soleil, et l'étirant de l'autre côté. Une éjection coronale se dirige vers la Terre. L'EMC la perturbera encore plus.

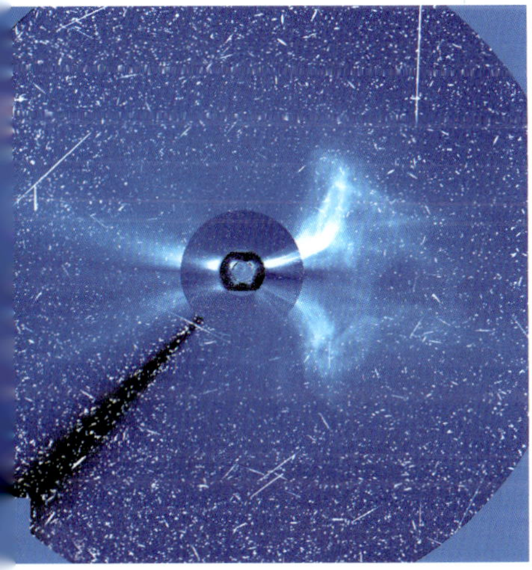

Il y a danger !

Si les particules réussissent à pénétrer le long des lignes de la magnétosphère, elles provoquent de superbes aurores, inoffensives. Mais ce n'est pas tout ! Cela déclenche parfois un orage magnétique capable d'endommager les systèmes de communication radio et de provoquer des coupures de courant dans un pays entier. Ces particules peuvent aussi freiner les satellites, provoquer des courts-circuits et détraquer leurs ordinateurs. Et elles sont très dangereuses pour les astronautes qui sont en orbite autour de la Terre !

Lors de l'EMC du 9 novembre 2000, le coronographe du satellite *Soho* a été submergé par un véritable déluge de particules ionisées, les points blancs sur cette image.

Soho, un géant très costaud !

Haut de 4 m, le satellite *Soho* orbite autour du Soleil avec 12 instruments, dont 2 coronographes. Plus de 2 500 chercheurs du monde entier exploitent les informations qu'il collecte. Il a été construit par l'ESA (Agence spatiale européenne) et lancé par la NASA (Agence spatiale américaine) en 1995. Sa mission est prolongée au moins jusqu'en 2014.

Cluster, la bande des 4

Cluster est le nom d'un ensemble de satellites qui volent en formation. Ils envoient des images en 3 dimensions du vent solaire, mesurent ses effets sur la Terre et l'évolution de la magnétosphère terrestre en fonction de l'activité solaire. Leur mission continuera jusqu'en 2014.

Bricolages solaires

Si, comme Robinson Crusoé, tu échoues sur une île déserte, utilise astucieusement l'énergie du Soleil : pour te laver à l'eau chaude, boire de l'eau douce et même faire des tours de magie… mais, devant qui, au fait ?

Dessale l'eau de mer

Ce montage te permet d'obtenir de l'eau douce à partir d'eau de mer.

- **1 boîte en polystyrène**
- **1 récipient métallique**
- **Plastique noir**
- **1 verre (avec une pierre dedans)**
- **Plastique transparent**
- **Adhésif**
- **1 pierre**

1. Dans une boîte en polystyrène (1), installe un récipient métallique (2) recouvert de plastique noir.

2. Verse de l'eau de mer dans le récipient, pose le verre au fond.

3. Recouvre le tout de plastique transparent en le collant avec de l'adhésif. Mets une pierre dessus et verse un peu d'eau pour le refroidir.

C'est encore le Soleil qui, grâce à l'effet de serre, fait évaporer l'eau salée. Quand elle se condense sur la paroi froide du plastique, elle n'entraîne pas le sel avec elle, elle n'est donc plus salée. Mais attention, grosse soif urgente, s'abstenir !

Coupe un fil sans le toucher !

- **Fil de coton**
- **1 boulon**
- **1 bouteille en verre**
- **1 bouchon de liège**
- **1 loupe**

1. Suspends à un fil de coton un boulon dans une bouteille en verre vide. Ferme-la avec un bouchon de liège.

2. À l'aide d'une loupe, oriente les rayons du Soleil vers le fil.

Ces rayonnements sont dirigés vers un point très petit par la loupe. Résultat : le fil chauffe, brûle et casse. Magique ! De la même façon, quand le Soleil tape fort sur des tessons de bouteille, les herbes très sèches, en dessous, s'échauffent parfois tellement qu'elles s'enflamment !

Dresse une plante

Voici une expérience simple, pour comprendre à quel point l'énergie du Soleil est indispensable aux plantes.

- **1 boîte à chaussures**
- **1 pomme de terre**
- **1 pot de fleur**

1. Dans une boîte à chaussures, où tu auras disposé des demi-cloisons successives, comme sur le croquis, plante une pomme de terre dans un petit pot, à l'extrémité opposée au trou.

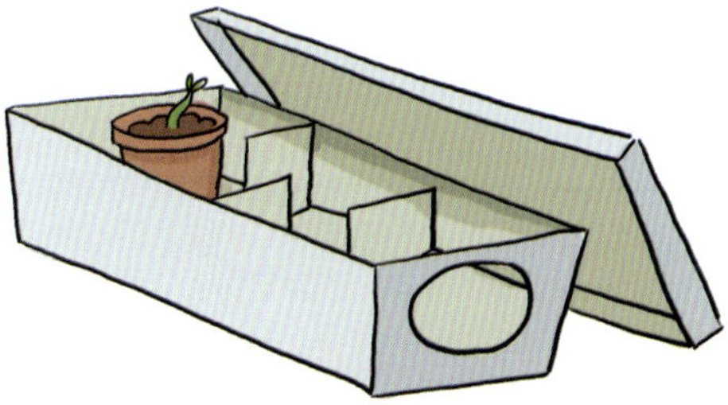

2. Ferme bien le couvercle. Tu verras, quelques jours plus tard, que la plante a trouvé son chemin vers la lumière, malgré les obstacles !

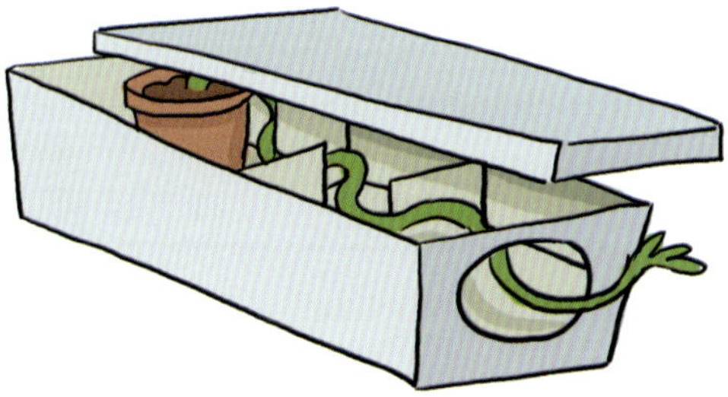

Chauffe l'eau de ta douche

- **Bois**
- **Papier d'aluminium**
- **Peinture noire**
- **1 tuyau souple**
- **1 vitre**

1. Avec l'aide d'un adulte, fabrique un coffre en bois d'environ 40 cm de côté. Fais 2 encoches, de chaque côté, pour que le tuyau puisse entrer et sortir du coffre.

2. Tapisse le fond avec du papier aluminium peint en noir. Dispose en colimaçon le tuyau de caoutchouc peint en noir.

3. Pose une vitre dessus en la collant avec un adhésif noir.

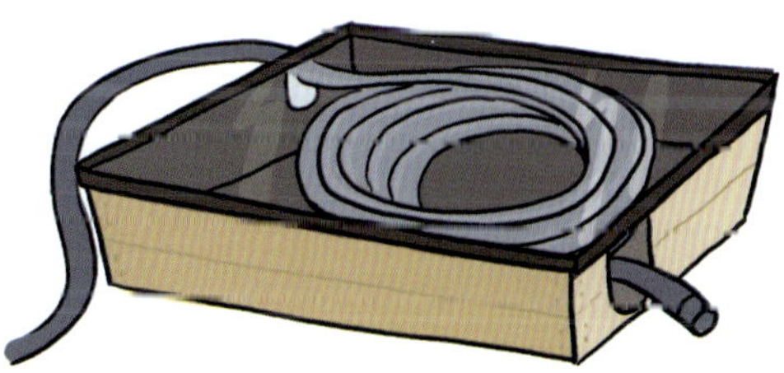

4. Place ton coffre au soleil. Branche le tuyau sur un robinet. Si tu laisses couler l'eau tout doucement : elle sera tiède.

5. Pour avoir de l'eau très chaude, arrête l'eau en pliant le tuyau en deux avec une pince à linge, attends quelques minutes.
Enlève la pince, mais fais attention, tu pourrais te brûler !

Comment ça fonctionne ?

- L'aluminium, comme tous les métaux, capte et répartit la chaleur sur tout le tuyau.
- La couleur noire de l'aluminium et du tuyau absorbe les rayonnements et les transforme en chaleur.
- La vitre accumule la chaleur dans ton chauffe-eau.

Le maître du temps

Chaque jour, le Soleil traverse le ciel, plus ou moins haut, plus ou moins longtemps. Les hommes observent ces mouvements pour mesurer le temps qui passe, grâce à des horloges, des calendriers...

Le maître du jour et de la nuit

Quand le Soleil bouge dans le ciel, le monde entier règle sa montre sur ses déplacements. Et pourtant, en réalité, c'est la Terre qui déroule toute sa surface devant le Soleil. Il faut 24 h pour que ses rayons effleurent la Terre entière. Il y a donc une face de la Terre qui est éclairée par le Soleil quand la face opposée est dans l'ombre : c'est le jour et la nuit.

Dans le sud de l'Angleterre, à Stonehenge, un anneau de pierres montre le lever du Soleil depuis plus de 4 000 ans ! Ce monument néolithique a sans doute servi de calendrier pour les travaux agricoles.

Ensoleille la Terre

Une face de la Terre est éclairée par le Soleil tandis que l'autre est dans l'ombre, comme le montre cette petite mise en scène.

- **1 orange**
- **1 aiguille à tricoter**
- **1 feutre**

1. Perce l'orange (c'est la Terre) avec l'aiguille à tricoter. Dessine une ligne avec un feutre au milieu de l'orange (l'équateur).

2. Fais tourner l'orange devant la lampe (c'est le Soleil). Une face est éclairée tandis que l'autre ne l'est pas.

Le maître de l'année

Si tu étais sur le Soleil, il te faudrait attendre une année entière (365 jours plus quelques heures) pour revoir la Terre exactement à la même place. Alors comment diviser l'année en parts égales ? De nombreuses civilisations se sont aidées des phases de la Lune mais avec des calculs différents, ce qui explique la variété des calendriers utilisés sur Terre. Par exemple, les Chinois fêtent la nouvelle année, qui dure 354/355 jours ou 383/384 jours car leur calendrier tient compte à la fois de la Lune et du Soleil.

Quand la nuit égale le jour...

Deux fois par an, le jour est égal à la nuit, à la seconde près : c'est l'équinoxe, le 21, 22 ou 23 mars et le 21, 22 ou 23 septembre. Entre deux équinoxes de printemps, il y a 365 jours 5 h 48 min et 46 s. Cela ne simplifie pas les calculs... mais on sait de combien ils sont faux ! Alors, en 46 av. J.-C., Jules César décida, sur les conseils d'un mathématicien d'Alexandrie, de créer un nouveau calendrier : 12 mois de 30 et 31 jours, avec un jour de plus les années bissextiles, tous les 4 ans. Mais pour ajuster les calculs, l'année précédente fut celle de la « confusion ». Elle dura... 445 jours !

L'année zéro, c'est quand ?

Pour tout arranger, selon les religions, on ne commence pas à compter les années à partir du même moment ! Quand c'est la première année pour les catholiques, celle de la naissance de Jésus-Christ, que se passe-t-il pour les autres ? Les juifs sont déjà en 3761 après la création du monde. Les musulmans ne commencent que 622 ans plus tard, quand leur prophète a été chassé de La Mecque.

Mesure le décalage quotidien du Soleil

Les heures de lever et de coucher du Soleil varient lentement d'un jour à l'autre

- **1 montre**
- **1 calendrier du facteur**

1. Choisis un élément fixe du paysage : arbre, toit...

2. Avec la même montre, note à la seconde près l'heure où le Soleil le touche, plusieurs jours de suite (de préférence au coucher du Soleil, tu seras moins ébloui).

3. Chaque jour, le décalage est d'environ 2 min, comme dans le calendrier.

Quelle heure est-il ?

Le Soleil se lève à l'est, puis il se couche à l'ouest. Bref, il bouge tout le temps ! Alors pour te repérer, trouve le zénith, la position où le Soleil est au plus haut : à ce moment, c'est midi, heure solaire.

Il court, il court, le Soleil !

Le Soleil traverse chaque jour le ciel à la même vitesse, car la Terre tourne régulièrement sur elle-même. Pour le vérifier, observe le déplacement de l'ombre d'un objet. D'une heure à l'autre, l'ombre se déplace toujours de la même distance. Chaque jour, la Terre fait un tour complet (360 °C) sur elle-même. Donc en une heure, le Soleil parcourt 15 degrés d'est en ouest dans le ciel (360 : 24) et l'ombre pivote de 15 degrés en sens inverse.

Le méridien : ligne imaginaire

Sur la Terre, toute ligne imaginaire qui va du pôle Nord au pôle Sud est un méridien. Le long de cette ligne, il est la même heure au Soleil, on est à la même longitude. Elle se mesure en degrés (vers l'est ou vers l'ouest) par rapport au méridien de référence tracé au sol à l'observatoire de Greenwich.

Questions d'heures

Autrefois, il n'y avait que l'heure donnée par la position du Soleil : l'heure solaire. Maintenant, il y a, en plus, celle de la loi : l'heure légale. En France, il y a 2 h d'écart entre les deux en été et 1 h en hiver. Ainsi, lorsqu'il est 22 h l'été, heure légale, il n'est que 20 h, heure solaire. Mais une prochaine loi peut changer ce décalage.
Et pour tous les habitants de la Terre ? Il y a le temps universel (TU), c'est-à-dire l'heure donnée par le Soleil quand on se trouve sur le méridien de Greenwich, en Angleterre. Cette heure sert de repère pour les astronomes du monde entier.

Lis l'heure avec tes mains

• 1 crayon

1. Prends un crayon et coince-le entre ton pouce et ta paume, main ouverte à plat, comme sur l'illustration.

2. Le matin, utilise ta main gauche et oriente-la vers l'ouest.

3. L'après-midi, utilise ta main droite et oriente-la vers l'est.

4. Incline ton crayon de 45° (la moitié d'un angle droit) vers le centre de la paume (45° est la latitude moyenne, en France).

5. Tes doigts t'indiquent l'heure solaire comme ci-dessous.

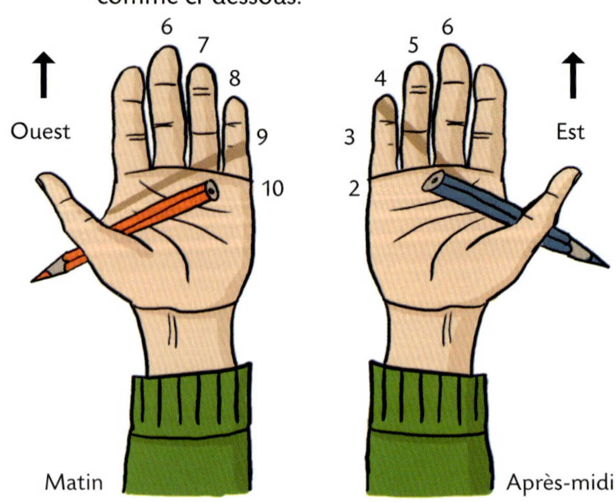

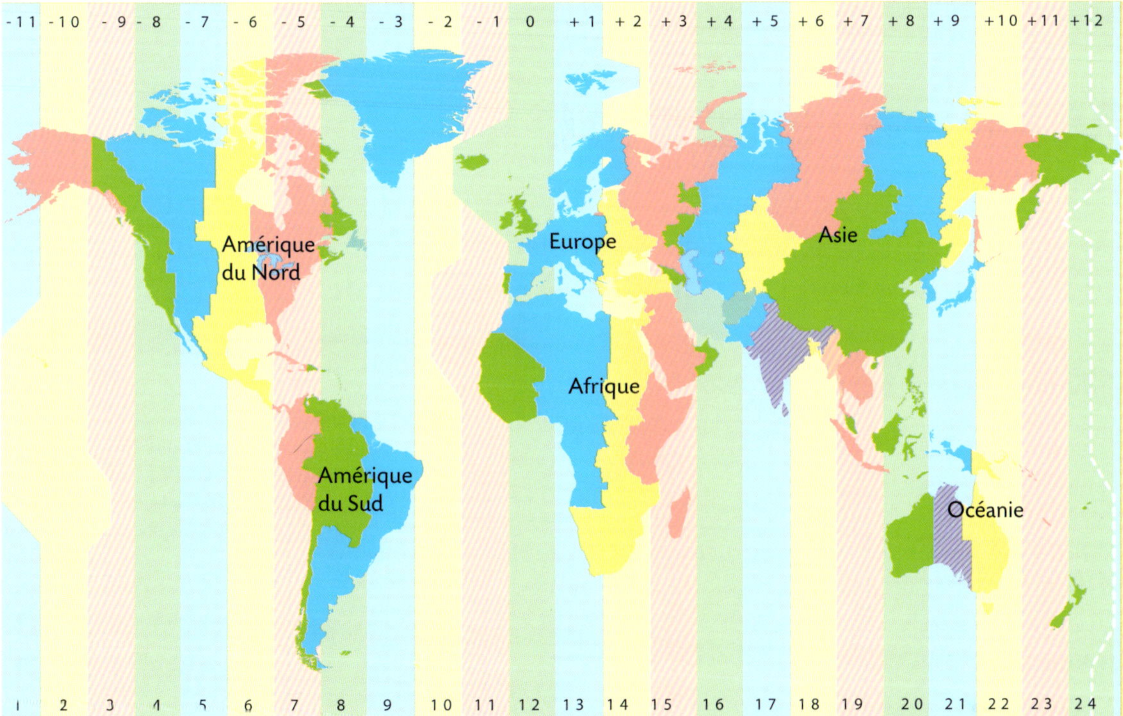

Comme il n'était pas pratique pour les habitants d'un pays à cheval sur 2 fuseaux horaires d'avoir des heures différentes, on a « triché » un peu, en déviant les limites de certains fuseaux. On a même créé des zones (hachurées sur la carte) avec des fractions de fuseaux horaires : ½, ¾…

Les fuseaux horaires

Quand il fait jour chez toi, il fait nuit de l'autre côté de la Terre. Oui, mais alors quelle heure est-il ? Tout dépend de l'endroit. Pour que ce soit simple, on a divisé la Terre en 24 zones où l'heure est la même du nord au sud : ce sont les fuseaux horaires. Ainsi, à intervalles réguliers, on avance d'une heure en se déplaçant vers l'est. Quand il est midi à Paris, quelle heure est-il ailleurs dans le monde ? Facile ! Il suffit de savoir dans quel fuseau horaire on se trouve et de faire un rapide calcul.

Naviguer au Soleil

La latitude est l'angle entre un point du globe et l'équateur : 90° aux pôles, 0° à l'équateur. Le sextant, inventé à la Renaissance, permet aux navigateurs de calculer la latitude (en mesurant la hauteur du Soleil à midi) et de repérer leur position sur les cartes marines (s'ils connaissent la longitude).

Oriente-toi avec ta montre

• **1 montre**

1. Règle ta montre (à aiguilles, c'est impératif !) à l'heure solaire (*voir* plus haut).

2. Vise le Soleil avec la petite aiguille. Le sud se trouve au milieu de l'angle formé par la petite aiguille et le 12.

Mesure le temps

Grâce à ces 3 objets, tu vas mesurer la hauteur du Soleil dans le ciel ou l'ombre qu'il projette. Tu auras l'heure solaire. À condition qu'il fasse jour et qu'il y ait un peu de soleil tout de même !

Fabrique un bâton de Jacob

Ce simple bâton est l'ancêtre du sextant. Grâce à lui, tu peux mesurer la hauteur de n'importe quel objet du ciel : étoiles, Soleil...

• 4 tasseaux de 12 mm de section : 1 de 50 cm (le grand est H), 1 de 33,7 cm (le petit est V) et 2 petits de 1,2 cm (cales)
• 1 morceau de carton blanc
• 1 punaise

1. Trace, de préférence au crayon, sur le grand tasseau H, les indications ci-dessous :

4 cm	5,5	7	8,6	10,5	12,6	15	17,9	21,4	26	32,2	41,2
75°	70°	65°	60°	55°	50°	45°	40°	35°	30°	25°	20°

2. Écris « nuit » à côté de la marque à 4 cm, et « jour » à l'autre bout.

3. Sur le petit tasseau V, colle les 2 cales à 15 cm de chaque bord. Entre les 2 cales, H doit pouvoir coulisser.

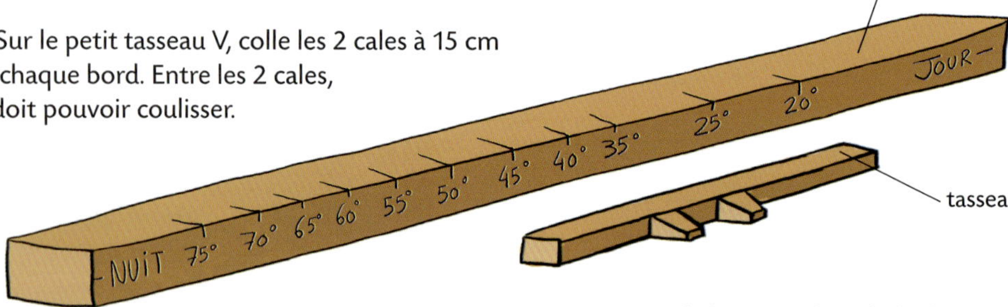

4. Pour mesurer la hauteur d'une étoile : tiens H du côté « nuit » à hauteur de ton œil, en visant l'horizon. Fais coulisser V jusqu'à ce que son extrémité soit alignée avec l'étoile. Le bord de la cale montre la hauteur de l'étoile en degrés.

5. Pour mesurer la hauteur du Soleil, place-toi dos au Soleil et tiens H côté « jour » à hauteur de l'œil, en visant l'horizon. Mets le carton avec une punaise à son extrémité. Fais coulisser V jusqu'à ce que son ombre se projette sur le carton. Recule V doucement jusqu'à ce que le haut de son ombre arrive au ras de H. Le bord de la cale indique la hauteur du Soleil en degrés.
(Plus le nombre de degrés est élevé, plus le Soleil est haut dans le ciel. Cette hauteur change d'une saison à l'autre. Elle est à son maximum chaque jour à 12 h, c'est donc le midi heure solaire.)

Fabrique un cadran solaire

Quand le Soleil éclaire un bâton, une ombre se forme derrière lui. Sur le sol, l'ombre se déplace tout au long de la journée et permet de lire l'heure.

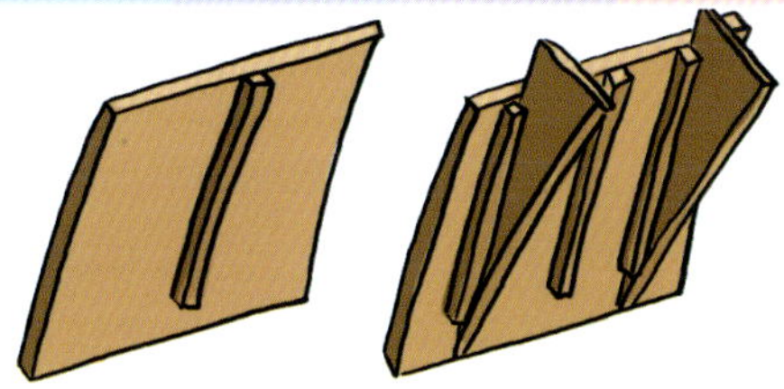

- **2 plaques de contreplaqué de 20 x 20 cm**
- **5 petits tasseaux de 15 cm de long**
- **1 crayon**
- **1 rapporteur**
- **Colle**
- **1 grand clou**

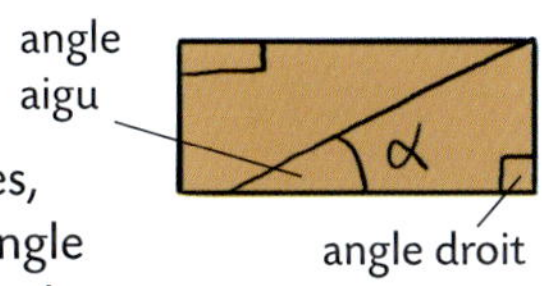

1. Sur l'une des plaques, trace un triangle rectangle dont l'angle aigu est égal à la latitude du lieu où tu te trouves (à chercher sur la carte routière de ta région). Dessines-en un second identique en vis-à-vis et scie-les.

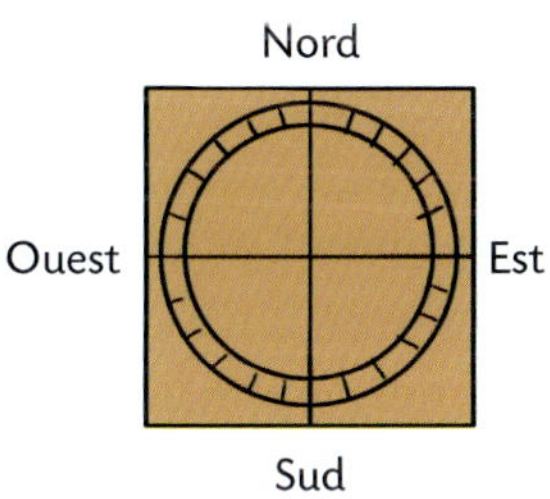

2. Sur l'autre plaque, trace, de préférence au crayon, 2 axes perpendiculaires, comme sur le dessin. Dessine un cercle et partage-le en 24 secteurs égaux de 15°. Fais une marque pour chacun.

3. Dessous, colle 1 tasseau le long de l'axe nord-sud, et les 4 autres pour tenir les triangles en les alignant.

4. Dessus, plante le clou au centre, à angle droit.

5. Colle dessous les 2 triangles comme sur le dessin (la pointe inférieure ne doit pas dépasser).

6. Pose le cadran sur un endroit plat, le clou dirigé vers le nord. L'ombre du clou indique alors l'heure solaire.

Fabrique un gnomon à fente

Ce curieux nom vient du grec, qui signifie « indicateur ». Le gnomon est le premier instrument utilisé en astronomie. C'est la lumière du Soleil, et pas son ombre, comme dans le cadran solaire, qui laisse une trace visible et mesurable.

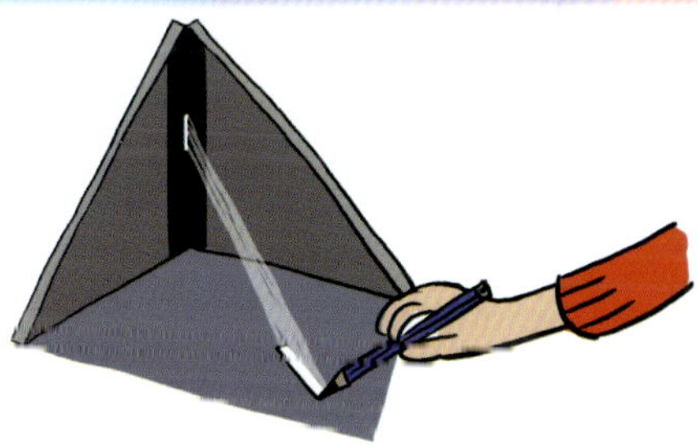

- **Carton fort**
- **1 équerre**
- **Ruban adhésif noir**

1. Fabrique 2 équerres en carton fort de 20 cm de haut.

2. Relie-les sur l'un des côtés droits par un ruban adhésif noir, en laissant au milieu une fente de 5 cm de long.

3. Place-les sur une feuille de papier en orientant la fente vers le sud.

4. Trace la position du rai de lumière à chaque heure.

5. À midi, heure solaire, ce rai est très court et il varie avec les saisons. Trace-le chaque début de mois sur une feuille de papier et tu pourras suivre le parcours du Soleil.

Fleurs : ouvrez-vous !

Obéissantes, les fleurs attendent le Soleil pour s'ouvrir ou se fermer, chaque jour à la même heure. Lire l'heure avec les fleurs, est-ce possible ? Oui, mais à condition d'être un bon jardinier !

Dans un champ de tournesols, le matin, toutes les fleurs sont orientées vers l'est. Le soir, elles le sont vers l'ouest. Ce mouvement provoqué par la lumière se nomme un phototropisme.

L'horloge végétale

Un botaniste suédois du XVIIIe siècle, Carl von Linné, a noté pendant des années ses observations sur les plantes, dans la nature et en laboratoire. Il a identifié de nombreuses plantes et a inventé une manière de les regrouper selon une classification encore utilisée aujourd'hui. Puis il a noté l'heure précise à laquelle chacune s'ouvrait et se fermait. Il a créé ainsi ce qu'on a appelé l'« horloge végétale de Linné ».

À 3 h, le liseron des haies : sa fleur ne va pas vivre longtemps, une journée seulement ! Alors, elle s'ouvre tôt, lorsque le Soleil est à peine levé.

À 9 h, le souci : pas pressé, il fait presque la grasse matinée !

À 11 h, la dame d'onze-heures : cette petite fleur blanche en forme d'étoile se lève à... 11 heures, bien sûr !

À 17 h, la belle-de-nuit : timide, elle attend que le Soleil se cache pour ouvrir sa corolle et embaumer le jardin.

Extrait de l'horloge végétale de Linné

Blé

La lumière, ça fait grandir !

Les plantes ont besoin de plus ou moins de lumière pour bien se développer. Le blé, par exemple, a besoin de 12 à 14 h de lumière par jour. C'est ce qu'on appelle une plante de « jour long », comme le seigle, l'avoine, etc. Chez les plantes à fleurs, c'est la même chose. Aussi les producteurs peuvent-ils optimiser leur développement en les éclairant à la lumière artificielle.

Les plantes rebelles

Certaines plantes n'aiment pas le Soleil, elles le fuient ! Les fougères, par exemple, vivent souvent dans les sous-bois, dans une obscurité presque totale. Ce sont des plantes dites de « jour court ». C'est le cas du maïs ou des chrysanthèmes. Cela signifie que si on limite l'éclairement de ces plantes, on aide leur croissance. D'autres plantes « refusent » d'obéir au Soleil et à son cycle annuel de floraison. Ces rebelles, comme le bambou, ne fleurissent, par exemple, que tous les 30 ou 70 ans. Ce qui est parfois dramatique pour des animaux, comme les pandas, qui s'en nourrissent !

Bambou

La plante, une usine chimique

Grâce au mécanisme de la photosynthèse, la plante transforme l'énergie du Soleil (sa lumière et sa chaleur) en sucre, indispensable à sa survie, à celle de tous les animaux qui la mangent, et donc à la tienne ! De plus, elle absorbe le dioxyde de carbone, le principal responsable de l'effet de serre.

L'horloge de la vie

Au premier rayon du Soleil, le coq lance son « cocorico ». Ensuite, les animaux diurnes (qui vivent le jour, comme toi !) se réveillent et quittent leur abri. Comme si une horloge avait donné le signal !

L'horloge des oiseaux

Connaître l'heure à laquelle chantent les oiseaux est un indice précieux pour t'aider à identifier leur chant, donc l'espèce de chacun. Les oiseaux qui vivent dans ta région toute l'année se font entendre surtout au printemps. À cette saison, ils doivent séduire une femelle, puis construire leur nid. Par son chant, le mâle défend son territoire, surtout au lever du jour, moment où il y a peu de bruits dans la nature. De cette façon, il a plus de chance d'être reconnu par les siens, et il sera peut-être le premier à faire sa cour !

6 h : le rossignol (houit, houit)

7 h : le coucou (coucou)

7 h : le rouge-gorge (tzik, tzik)

7 h 30 : le pinson (pink)

7 h 30 : la mésange charbonnière (tzikzidèh)

8 h : le geai (schrrek)

8 h : le pic-vert (glukglukgluk)

L'homme, un animal ?

Comme les animaux, les hommes ont un besoin vital de Soleil : de sa lumière, de sa chaleur, de ses rayons qui font brunir la peau...Tout d'abord, la lumière du Soleil aide à grandir. Elle aide la peau à fabriquer la précieuse vitamine D qui solidifie les os du squelette. Et surtout, cette lumière permet au corps de produire (dans une glande située sous le cerveau, la glande pinéale) une substance spéciale : la mélatonine. C'est elle qui gouverne ce qu'on appelle l'horloge interne. Lorsqu'elle est déréglée, on est malade.

Le Soleil a dit : « Pondez ! »

Beaucoup d'activités animales liées à la reproduction, comme la ponte, sont « commandées » par la présence du Soleil. Aussi, les producteurs d'œufs simulent des cycles jour/nuit plus nombreux, grâce à la lumière artificielle, pour que leurs poules pondent davantage !

Crée ton horloge « musicale »

Comme Linné l'a fait pour les plantes, amuse-toi à inventer ton « horloge musicale ».

- **1 magnétophone avec micro (ou parabole)**
- **1 guide des oiseaux**

1. Au lever du Soleil, enregistre chaque chant d'oiseau.

2. Écoute l'enregistrement pour identifier les oiseaux avec ton guide.

3. Note l'heure à laquelle tu les entends pour la 1re fois.

4. Note d'autres bruits habituels : avion, camion poubelle, voisin matinal, etc.

5. Refais cette horloge à une autre saison.

Parfois, on soigne les gens déprimés, ou souffrant du décalage horaire, avec un éclairage intense, plusieurs heures par jour. On pense que cette luminothérapie rétablit leur horloge interne perturbée.

Et si l'homme vit dans le noir ?

Enfermé dans une grotte, par exemple, l'homme, grâce à sa glande pinéale, continue de rythmer le sommeil et la veille. Après plusieurs mois, il semble que les deux périodes s'allongent. De plus, le Soleil fait varier la composition chimique du sang, de l'urine, etc. Il influe donc sur l'effet des médicaments. C'est pourquoi les médecins tiennent de plus en plus compte de la longueur du jour pour traiter les malades. Ils déterminent le meilleur moment pour que le médicament soit le plus efficace.

Le Soleil, un guide de voyage

C'est la diminution de la durée du jour qui décide les oiseaux à partir vers les pays chauds. Le temps de se gaver pendant quelques semaines et bye-bye ! Des expériences montrent que la plupart des oiseaux migrateurs s'orientent en partie grâce au Soleil.

Le patron des saisons

Pour comprendre ce qui se passe entre la Terre et le Soleil pendant un an, au fil des saisons, il faut se déplacer par la pensée au-dessus de cette belle mécanique céleste !

À l'équateur, pas de saisons

Près de l'équateur, le Soleil passe à la verticale tous les jours de l'année, à midi. Les jours et les nuits ont la même durée : 12 h. Il n'y a pas de saison du tout ! Dans la zone tropicale, il n'y a que 2 saisons, une saison sèche et une saison humide, mais pas de saison intermédiaire. Il fait toujours chaud dans ces régions.

Dans les zones intermédiaires

Plus on monte vers les pôles, plus la hauteur du Soleil varie au cours des saisons. Les différences entre les saisons sont donc très marquées : l'été, il fait chaud ; en automne, les arbres perdent leurs feuilles ; l'hiver, il fait froid, alors qu'au printemps, il fait doux.

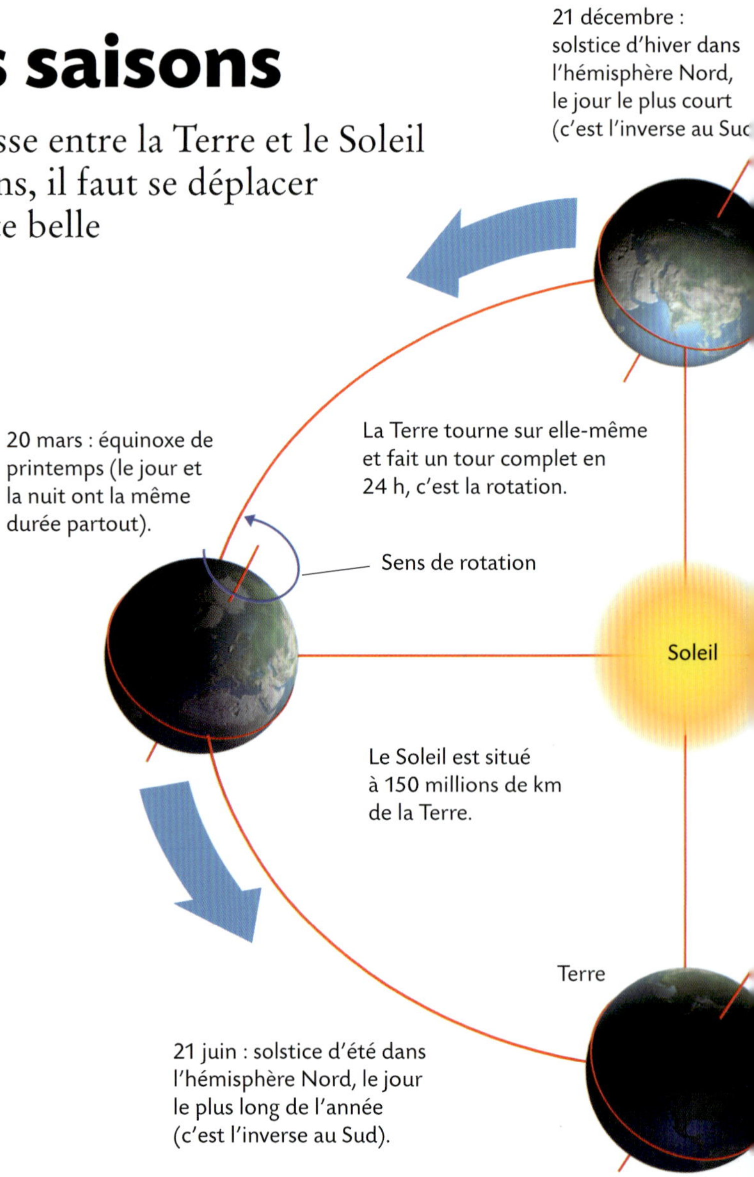

Quand les pôles sont inclinés vers le Soleil, il fait jour durant 3 mois. C'est la période du Soleil de minuit. Ce montage photo montre son chemin dans le ciel, heure par heure, pendant 24 h.

Une année avec
la Terre et le Soleil

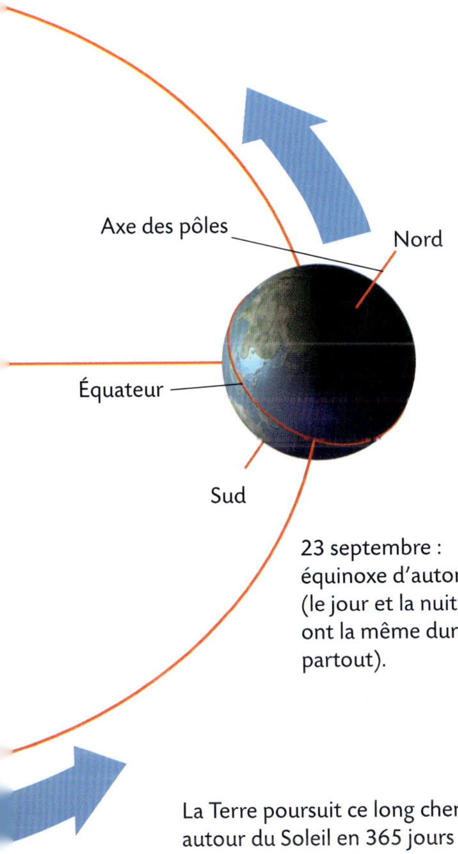

23 septembre : équinoxe d'automne (le jour et la nuit ont la même durée partout).

La Terre poursuit ce long chemin autour du Soleil en 365 jours environ, c'est la révolution.

Le secret des saisons

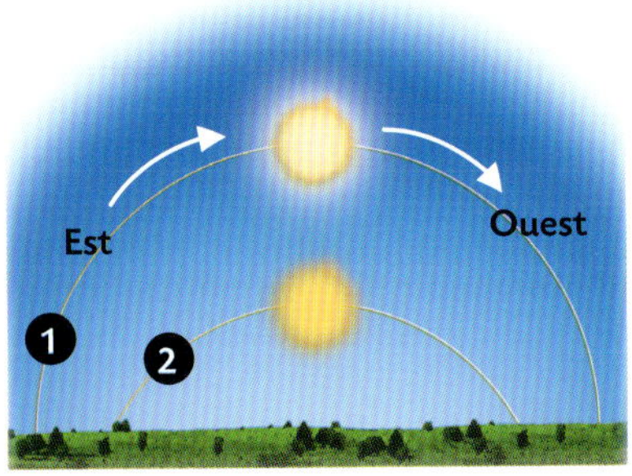

L'été (1), le Soleil passe haut dans le ciel, le jour dure plus longtemps. Les rayons arrivent droit sur le sol. La couche d'atmosphère traversée est moins épaisse. Le Soleil réchauffe davantage l'air et le sol, il fait chaud. L'hiver (2), la course du Soleil est basse, donc elle est plus rapide. La durée du jour est plus courte. Les rayons du Soleil arrivent en biais. Ils traversent une couche épaisse d'atmosphère. Ces 3 éléments diminuent la quantité de chaleur reçue au sol par mètre carré : il fait froid.

Mesure l'éclairement

- 1 lampe de poche
- 1 feuille de papier
- 1 crayon

1. Éclaire une feuille de papier verticalement avec une lampe de poche. Dessine le cercle éclairé.

2. Sans modifier la distance de la lampe, éclaire la feuille de biais. Dessine l'ovale éclairé.

3. Compare les 2 surfaces. Plus tu éclaires en biais, plus la lumière sur la feuille devient diffuse, très faible (comme aux pôles). Et plus tu t'approches de la verticale, plus la lumière est forte (comme à l'équateur).

Le temps qu'il fait

Le Soleil est si puissant qu'il remue l'eau et l'air de la Terre, ces masses énormes réparties sur toute sa surface. Si bien que le climat de ta planète doit tout à cette étoile, ou presque…

Même Soleil, même climat ?

Puisque l'Alsace et la Normandie sont à la même latitude, leurs saisons doivent être identiques ? Non ! Ce serait trop simple. D'autres éléments compliquent tout : en Normandie, la mer adoucit le climat. Quand il fait froid, sa masse d'eau absorbe l'énergie solaire et réchauffe l'air froid du continent. Les nuages apparaissent, la température est plus douce. Par contre, l'été, l'eau de mer rafraîchit l'air, alors que la terre garde la chaleur qu'elle reçoit. Ce qui fait que l'Alsace reste étouffante quand la Normandie frissonne...

Dans les régions polaires, les hivers secs et froids durent 10 mois. Il fait rarement au-dessus de 0 °C et les vents sont violents et froids.

Avec le Soleil, tout bouge !

Ce n'est pas tout ! Le Soleil, grâce à sa fantastique puissance, fait bouger des montagnes... d'air, les courants aériens, ou... d'eau, les courants marins. L'eau de mer, par exemple, s'évapore vite sous la chaleur de l'équateur. Puis, l'air chaud marin redescend vers les tropiques et ces vents bouleversent le climat des continents. Pour connaître le climat d'un pays, il ne suffit donc pas de connaître sa latitude ! Il faut regarder sa situation par rapport aux océans, aux vents, aux montagnes, aux déserts, etc. Car, à chaque fois qu'il le peut, le Soleil brouille les cartes...

Dans les régions tropicales, il fait chaud toute l'année, en moyenne 26 à 28 °C, avec une saison sèche et une saison humide.

Quelques dictons sur le temps

En mars, quand il fait beau, prends ton manteau.
En avril, ne te découvre pas d'un fil.
En mai, fais ce qu'il te plaît.
Juin froid et pluvieux, tout l'été sera grincheux.

Pas simples, les climats !

Cette carte n'aurait pu montrer que des bandes parallèles de l'équateur jusqu'aux pôles où le climat serait le même ! Mais la réalité est plus compliquée, on distingue les climats :

- équatorial : il fait très chaud, il n'y a pas de saisons et il pleut tous les jours ;
- aride : les pluies sont rares ; le jour, les températures sont très élevées ;
- méditerranéen : les étés sont chauds et secs, les hivers doux et humides ;
- océanique : les pluies sont fréquentes, les étés frais, et les hivers doux ;
- continental : les hivers sont longs et rudes, les étés courts et chauds ;
- de montagne : les vents glacials et la neige rendent la vie difficile ;
- polaire ;
- tropical.

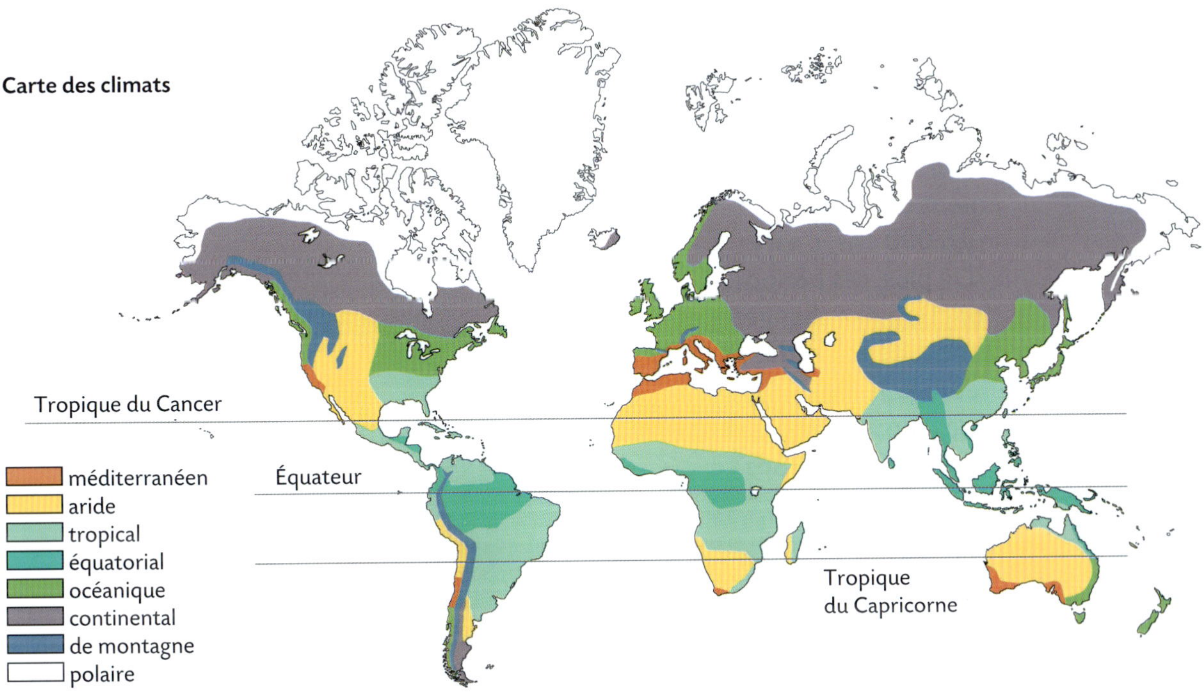

El Niño : l'enfant terrible !

En temps normal, les vents soufflent d'est en ouest au-dessus du Pacifique, de l'Amérique du Sud vers l'Indonésie, poussant les eaux chaudes de surface. Environ 2 fois tous les 10 ans, les vents s'affaiblissent ou même s'inversent, et les eaux chaudes circulent alors vers l'est, apportant des orages et des pluies catastrophiques sur les côtes d'Amérique du Sud. C'est ce phénomène qu'on appelle El Niño (l'enfant, pour l'Enfant Jésus) car il se produit aux environs de Noël.

Les satellites *MetOp* sont des satellites polaires européens dédiés à la météorologie. Passant près des pôles, ils suivent une orbite quasi circulaire : ils font le tour de la Terre en 100 min et couvrent la totalité du globe en 24 h.

Le Soleil à travers les âges

Alternant des périodes chaudes et froides, le climat de ta planète a très souvent changé, obéissant à des cycles de longueurs très différentes. Le responsable, c'est le Soleil, son activité et ses changements de trajectoire.

Les grands cycles

Au cours du dernier million d'années, la Terre a connu quatre périodes glaciaires. Ces périodes dépendent de la position de l'axe de la Terre par rapport au Soleil, c'est-à-dire de son inclinaison (période de 41 000 ans : *voir* l'encadré) et de son mouvement de rotation (période de 26 000 ans, c'est la précession). De plus, ces périodes varient en fonction des changements de forme de l'orbite terrestre. Elle passe en effet régulièrement de la forme d'une ellipse à celle d'un cercle (période de 100 000 ans).

Des hauts et des bas !

Il y a 125 000 ans, la Terre a le climat typique d'une période interglaciaire, comme le nôtre. À – 21 000 ans, (5 °C de moins qu'actuellement), il fait si froid que les Alpes sont recouvertes d'un glacier. À – 11 000 ans, le Soleil est au plus près de la Terre. Vient ensuite la période la plus chaude. Les grandes civilisations apparaissent, l'agriculture se développe. Le Sahara est verdoyant. Il fait 1 °C de plus que maintenant. De nos jours, la température diminue petit à petit : son minimum sera atteint lors de la prochaine période glaciaire, dans plusieurs milliers d'années.

L'inclinaison de la Terre

L'axe de la Terre n'est pas vertical. Son inclinaison varie régulièrement de 21,60 à 24,60°. À son maximum, les saisons sont très marquées : étés très chauds, hivers très froids. Entre chaque maximum, il s'écoule 41 000 ans.

Climat, une vérité brûlante !

Le refroidissement prévu du climat de la Terre ne compensera pas le réchauffement dû à l'effet de serre. Pour éviter des catastrophes naturelles (sécheresse…), il faut diminuer la production des gaz à effet de serre (dioxyde de carbone, méthane) qui empêchent la Terre de renvoyer vers l'espace la chaleur du Soleil. C'est la responsabilité de tous !

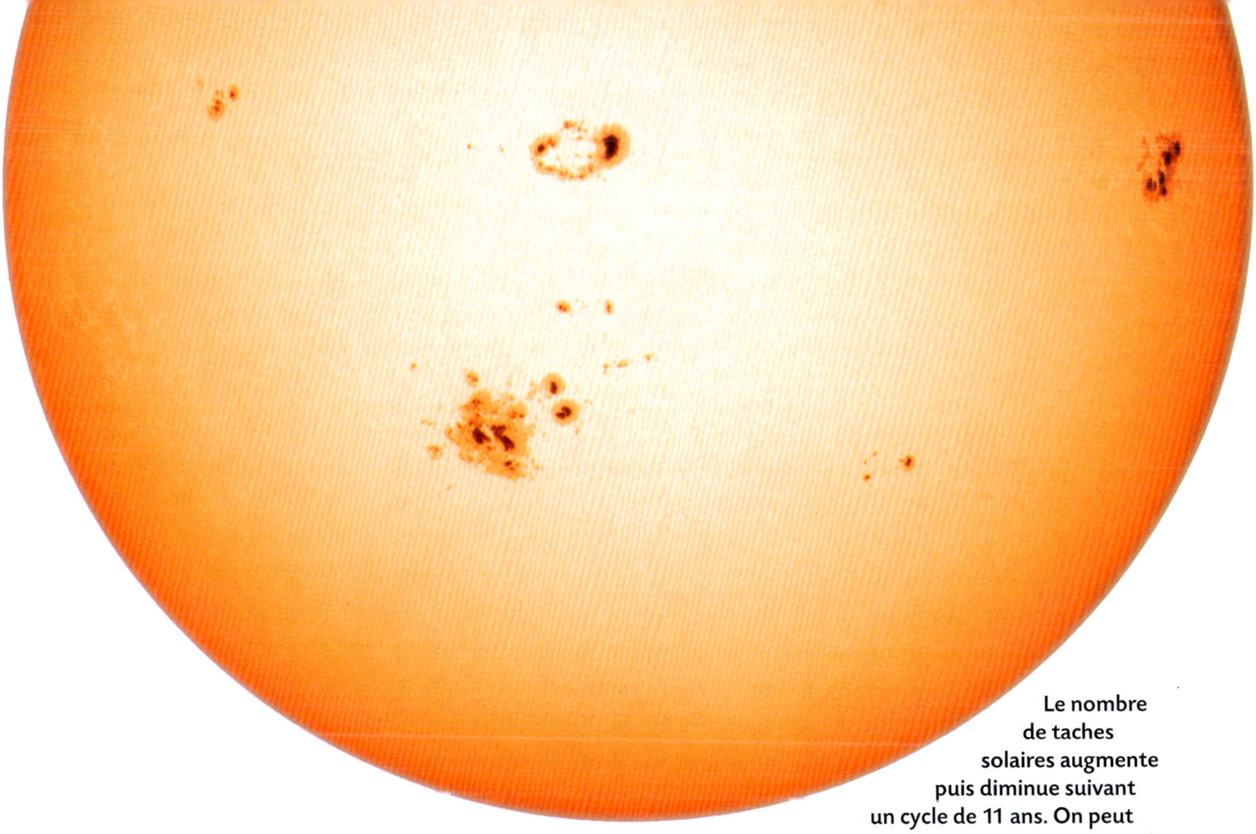

Le nombre de taches solaires augmente puis diminue suivant un cycle de 11 ans. On peut les observer par projection (*voir* p. 25).

Les petits cycles

Le Soleil, seul, est lui aussi directement responsable des changements climatiques. En effet, contrairement à ce que l'on croit observer, le Soleil ne brille pas toujours de la même façon. Quand les taches solaires sont abondantes, l'activité solaire est importante. Cela se produit tous les 11 ans et on remarque alors un réchauffement (peu important) du climat. Par contre, on a constaté que l'activité solaire, et donc le climat, change fortement sur une période de 300 ans. Au cours d'une période chaude, au XIIe siècle, les Vikings ont pu, par exemple, coloniser le Groenland et de là atteindre l'Amérique.

600 litres !

C'est la quantité de méthane que produit quotidiennement une vache laitière lorsqu'elle rumine. Comment le récupérer ?

La petite glaciation

Entre 1645 et 1715, les astronomes remarquent que les taches solaires ont presque disparu. Pendant cette « petite glaciation », il fait très froid, la moyenne de température chute de 1 à 2 °C. Ce qui a permis, comme le montre ce tableau, l'installation d'une foire sur la Tamise gelée, pendant l'hiver 1684-1685.

En 1972, l'astronaute Harrison Schmitt, premier scientifique sur la Lune, prélève des échantillons du sol.

La Lune, voisine de

Tes ancêtres l'ont vue tourner, rougir, illuminer la nuit ou disparaître sous leurs yeux. Des hommes en ont fait une déesse, d'autres sont allés lui rendre visite. La Lune sera toujours là pour te faire rêver...

la Terre

Rendez-vous avec la Lune

Observe souvent la Lune, à l'œil nu ou avec des jumelles. Parfois, elle est très éblouissante car c'est le Soleil qui l'éclaire, mais cela est sans danger. Au fil des nuits, tu iras de surprise en surprise : tu verras qu'elle se promène ou change de forme.

Le diamètre de la Lune représente le quart du diamètre terrestre.

Le satellite de la Terre

La Lune est le corps céleste qui tourne autour de la Terre, c'est son satellite. Le chemin (l'orbite) que suit la Lune a la forme d'un cercle un peu aplati, appelé ellipse. Quand la Lune tourne, elle est donc plus ou moins près de la Terre à une distance moyenne de 384 400 km (cela représente environ 9 fois le tour de la Terre), avec un minimum de 356 400 km et un maximum de 406 700 km. Ce n'est pas la porte à côté, d'accord ! Les hommes ont mis 4 jours pour l'atteindre, mais on peut tout de même l'appeler « voisine », car la planète la plus proche de la Terre, Vénus, est plus de 100 fois plus éloignée !

Carte d'identité

Âge : 4,6 milliards d'années
Diamètre : 3 476 km
Volume : 49 fois plus petit que celui de la Terre
Masse : 81 fois plus petite que celle de la Terre
Températures extrêmes relevées : de 117 °C (côté ensoleillé) à – 173 °C (côté ombre)
Atmosphère : néant

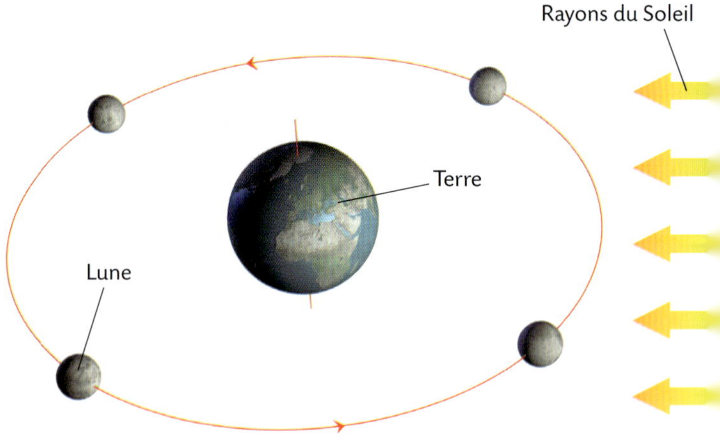

Orbite lunaire

La Lune fait sa coquette !

La Lune est une sacrée coquine ! Comme elle ne veut pas laisser voir tous ses charmes, elle a trouvé un bon moyen : elle suit la Terre dans ses mouvements. Pour cela, elle tourne sur elle-même (c'est sa rotation) et se déplace autour de la Terre (c'est sa révolution) exactement en même temps. Résultat : tu vois toujours le même côté de la Lune. Celui que tu ne vois pas s'appelle la face cachée.

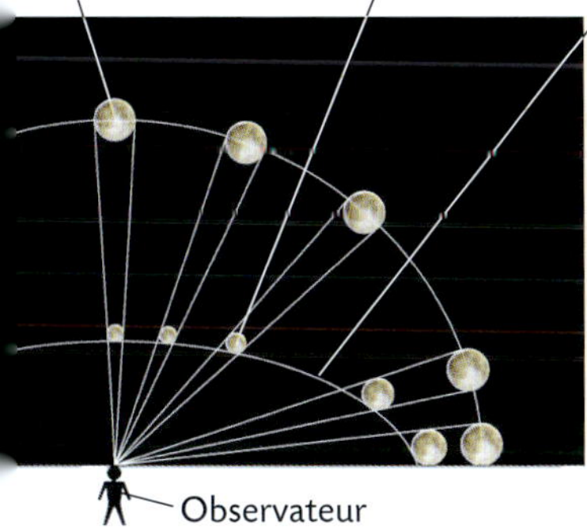

Illusions d'optique

Tu as sans doute déjà eu l'impression que la Lune était plus grosse à l'horizon qu'au zénith. Eh bien, tu as tort, c'est une illusion d'optique ! La preuve : regarde la Lune à travers un tube en carton, elle reprend sa taille habituelle ! Cela vient du fait qu'on imagine la voûte céleste aplatie.

Joue à faire la Lune

Il faut être deux. L'un fait la Terre, assis sur un tabouret. L'autre fait la Lune et reste debout, bras écartés, à deux pas du premier.

- **1 tabouret à vis**

1. Celui qui est la Terre tourne sur son tabouret.

2. Pendant ce temps, celui qui est la Lune se déplace pour rester toujours en face de la Terre. Il va donc parcourir un cercle sur le sol.

Mesure la distance Terre-Lune

Une nuit de pleine Lune, essaie de la masquer avec une pièce que tu tiens à bout de bras. Quelle pièce te faut-il ? 2 €, 1 €, 20 centimes, ou encore moins ?

- **1 calculette**
- **1 mètre ruban**
- **1 double décimètre**
- **Pièces de monnaie**

1. Mesure le diamètre de ta pièce, que l'on appelle X, puis la distance entre ta pièce et ton œil : c'est Y.

2. Divise Y par X, et multiplie le nombre obtenu par le diamètre de la Lune, qui est 3 476 km.

Résultat : la distance Terre-Lune est d'environ 400 000 km.

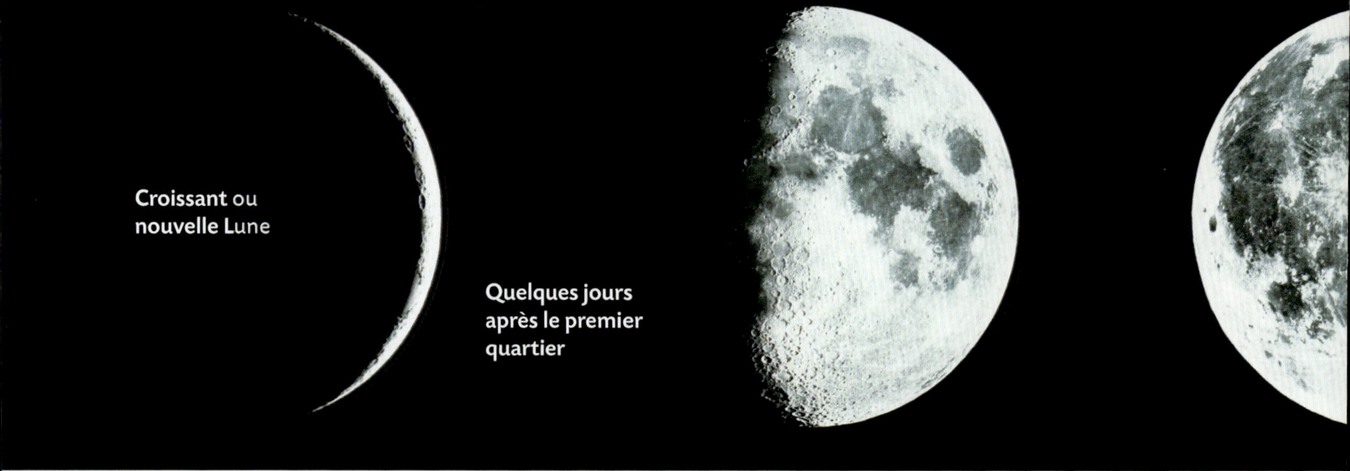

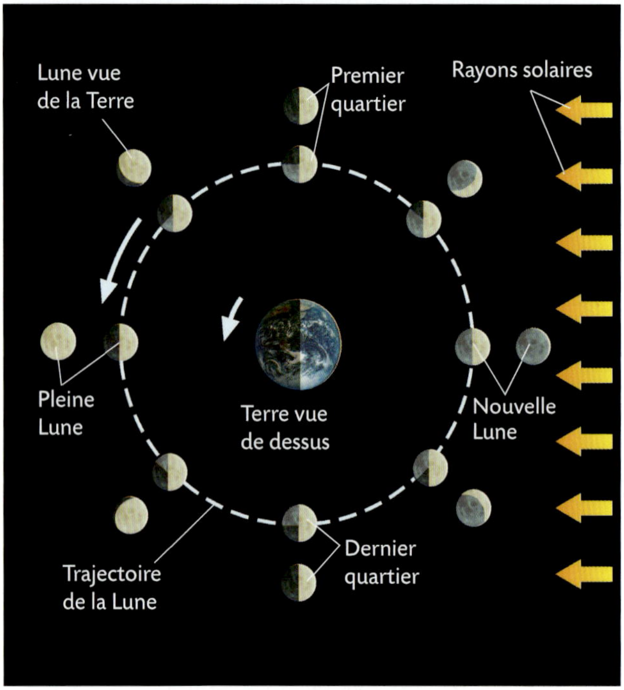

Les phases de la Lune

Le Soleil éclaire la Lune. Comme sa position change petit à petit par rapport au Soleil, la partie éclairée de la Lune, vue de la Terre, change de forme elle aussi, si bien qu'elle se rétrécit ou s'arrondit, nuit après nuit. Ce sont les phases de la Lune. Donc ce n'est pas la Lune qui change de forme, mais toi qui ne la vois pas de la même façon.

Retrouve les phases de la Lune

Sur beaucoup de calendriers, d'agendas et sur tous les almanachs, les phases de la Lune sont indiquées. Encore faut-il savoir les lire ! Elles sont représentées par de petits symboles :

● un rond noir pour la nouvelle Lune (quand on ne la voit pas) ;

☺ une face souriante pour la pleine Lune (quand on la voit entière) ;

☽ un croissant pour le premier quartier ;

☾ un croissant dans l'autre sens pour le dernier quartier.

Petit truc pour prévoir les phases de la Lune

Au premier quartier, tu peux dessiner un p (comme premier) en ajoutant une barre vers le bas, sur le côté de la Lune.
Et au dernier quartier, tu peux dessiner un d (comme dernier) en ajoutant une barre vers le haut.

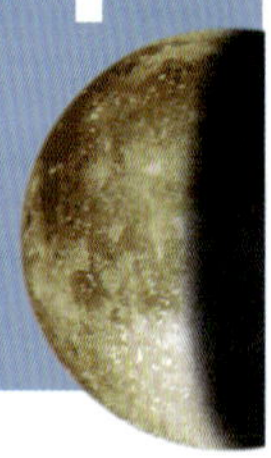

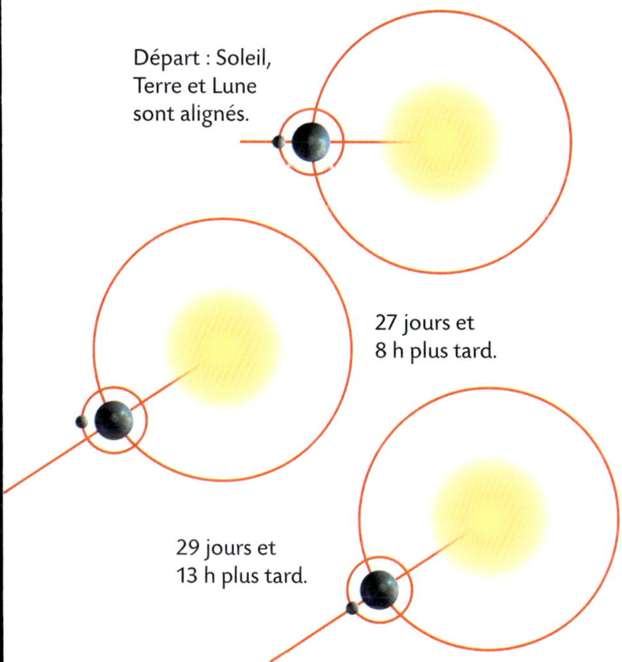

La Lune est... lunatique !

La Terre fait un tour sur elle-même en 24 h. La Lune met plus longtemps pour faire le tour de la Terre : il lui faut 27 jours et 8 h ! C'est ce qu'on appelle le mois sidéral. Mais comme la Terre se déplace par rapport au Soleil, la Lune doit parcourir encore plus de chemin pour retrouver la même place entre ces deux géants. Il lui faut 29 jours et 13 h, c'est le mois synodique (qui signifie « de rencontre ») ou mois lunaire.

Donne rendez-vous à la Lune !

- **1 calendrier lunaire**
- **1 crayon**
- **Papier**

1. Choisis une phase sur ton calendrier lunaire, par exemple la pleine Lune.

2. Place-toi de manière à voir la Lune et un objet fixe situé à proximité (cheminée, antenne...). Dessine la Lune, le décor, en indiquant l'heure et le jour sur ton dessin.

3. Reviens au même endroit, 29 jours et 13 h plus tard : la Lune sera au rendez-vous, avec exactement la même forme. Si cela tombe en plein jour, et que la Lune n'est pas visible, réessaie 29 jours et 13 h plus tard.

Partie de cache-cache

Deux fois par an environ, une nuit où la Lune est toute ronde et blanche, elle change de couleur, rougit et fonce de plus en plus jusqu'à devenir presque invisible.

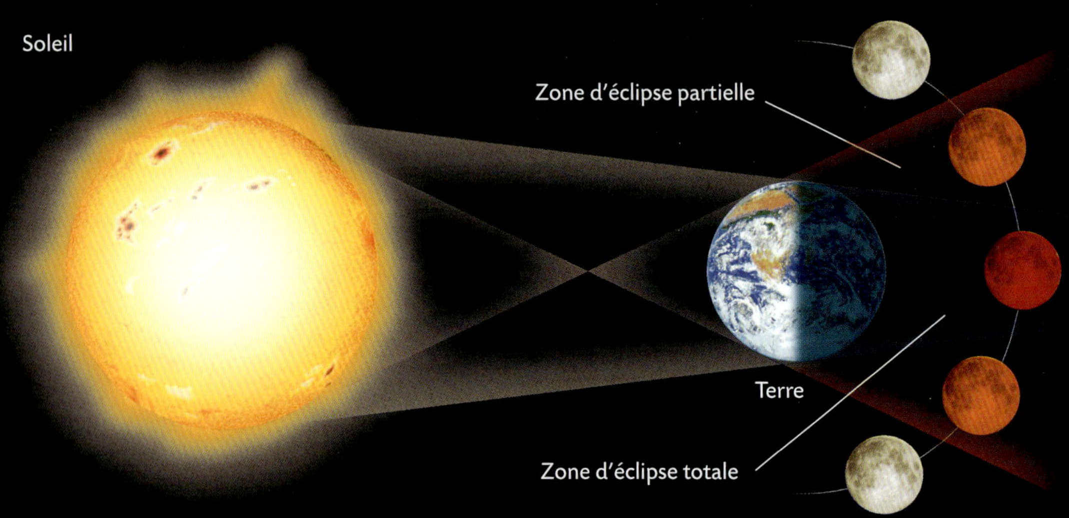

Que se passe-t-il ?

Au cours de son grand voyage autour du Soleil, la Terre s'interpose parfois entre le Soleil et la Lune. Si bien qu'elle fait de l'ombre à la Lune qui n'est plus éclairée par le Soleil. Petit à petit, sa couleur brunit. On appelle ce phénomène spectaculaire une éclipse de Lune. Comme l'ombre que fait la Terre dans l'espace est 5 fois plus grosse que le disque lunaire, cette éclipse est visible partout où la pleine Lune est là. La Lune reste alors cachée plus d'une heure alors qu'une éclipse de Soleil ne dure jamais plus de quelques minutes !

Les éclipses, encore appelées « lunes de sang », ont toujours beaucoup impressionné les hommes. Elles ont permis de dater précisément des événements historiques importants. Comme par exemple, le vendredi 3 avril 33, jour de la crucifixion du Christ.

La ruse de Colomb

Comme les Indiens lui refusaient des vivres pour son équipage, Colomb leur annonça (après avoir consulté ses tables d'astronomie !) qu'il allait éteindre la lumière de la Lune, en représailles. La nuit suivante, les Indiens, terrorisés devant la disparition de la Lune, cédèrent à Colomb et celui-ci, bon prince, ralluma la Lune !

Photographie une éclipse

• **1 appareil photo**

1. Cale bien ton appareil contre un mur ou avec un pied.

2. Prends 2 ou 3 clichés en variant le temps de pose, au fur et à mesure de l'éclipse, tous les quarts d'heure, par exemple. L'idéal est de faire varier ces temps de pose de 1/250e de seconde (avant l'éclipse) à 30 secondes quand l'éclipse est totale, donc la Lune très sombre.

Sur cette image, la Lune a été photographiée à intervalles réguliers pendant toute la durée de l'éclipse, c'est-à-dire plusieurs heures.

Totale ou partielle ?

Lorsque la Lune traverse l'ombre de la Terre, l'éclipse est totale, mais si la Lune traverse une zone encore un peu éclairée par le Soleil, l'éclipse est partielle. La Lune garde alors une belle couleur claire. Pourtant les couleurs que prend la Lune, dans l'un ou l'autre cas, ne viennent pas du satellite lui-même, mais de l'atmosphère de la Terre. C'est elle qui dévie les rayons du Soleil et modifie leur couleur.

L'échelle des éclipses

Grâce à l'échelle établie par l'astronome A. Danjon en 1921 (après avoir réuni des observations commencées en 1583), les astronomes amateurs notent les éclipses de 0 à 4 :
0. Lune très sombre : elle est invisible ou presque, toute la durée de l'éclipse. Pas de couleurs ;
1. Lune sombre, grise ou brune, surface peu visible ;
2. Lune rouge foncé, parties centrales de l'ombre très sombres, contours plus clairs ;
3. Lune rouge brique, contours assez clairs, gris ou jaunes ;
4. Lune brillante, orangée, contours bleutés ou verdâtres, reliefs de la surface visibles dans l'ombre.

Éclipse totale

Éclipse partielle

La Lune donne la vie !

Quand la Lune illumine la nuit, sa tendre lumière bleutée te donne parfois envie d'écrire des poèmes… Mais toi, comme tous les êtres vivants de la planète Terre, tu lui dois beaucoup plus qu'une douce rêverie : tu lui dois tout, c'est-à-dire la vie, rien de moins ! Merci la Lune !

Elle stabilise la Terre

En tournant autour de la Terre, la Lune lui sert de stabilisateur : elle ralentit ses mouvements de balancement et l'aide à tourner régulièrement sans trop se laisser influencer par les autres corps célestes. Alors le couple Terre-Lune est comme un couple de danseurs : l'un suit l'autre, en tournant dans l'espace le temps d'une valse infinie... Les planètes sœurs de la Terre, Mars et Vénus, n'ont pas eu cette chance ! Conséquence : leur climat rend toute vie impossible !

1 sur 81 !

C'est le rapport de masse entre la Lune et la Terre : la masse de la Terre est en effet 81 fois plus élevée que la masse de la Lune !

Elle équilibre la Terre

Pour mieux comprendre les forces en présence dans les mouvements de la Lune autour de la Terre, prends l'exemple d'une discipline sportive, le lancer de marteau. Suppose que le lanceur de marteau représente la Terre, alors que le marteau est la Lune. Pour lancer loin son marteau, le lanceur tourne très vite comme une toupie, il réussit alors à garder son équilibre grâce au poids du marteau qui le retient. Mais quand le lanceur le lâche, il a besoin de toute sa force musculaire pour rester debout. C'est le poids du marteau qui tourne (la Lune) qui permet au lanceur (la Terre) de rester en équilibre : il fait contrepoids, il compense le poids du lanceur.

L'influence de la Lune sur la nature

Des animaux sont sensibles à l'attraction de la Lune. Une espèce d'huître, par exemple, suit la position de la Lune. Si on la déplace à l'autre bout de la planète, elle règle son heure d'ouverture sur la Lune de son nouveau domicile. Quant aux plantes, certains jardiniers croient que la Lune influence leur croissance, mais il n'y a aucune preuve scientifique.

Elle rend la vie possible sur Terre

Quand la Terre penche son axe vers le Soleil (pendant la précession), d'un côté ou de l'autre, cela change son climat. Si ces mouvements avaient été amples et fréquents, les variations de climat auraient été brutales et importantes. La vie n'aurait sans doute pas pu se développer ; mais heureusement la Lune est là ! Elle « retient » la Terre qui ne se balance presque plus. Comme le Soleil caresse doucement et régulièrement le sol de notre planète : les variations de climat sont modérées. La vie a donc pu s'installer sur Terre.

Fabrique une toupie

En fabriquant cette toupie, qui représente la Terre tournant sur son axe autour du Soleil, tu vas comprendre comment la Lune aide la Terre.

- **1 bouchon de liège**
- **1 cure-dent**

1. Coupe une rondelle de liège de 1 cm d'épaisseur. Transperce-la au milieu avec un cure-dent coupé en deux.

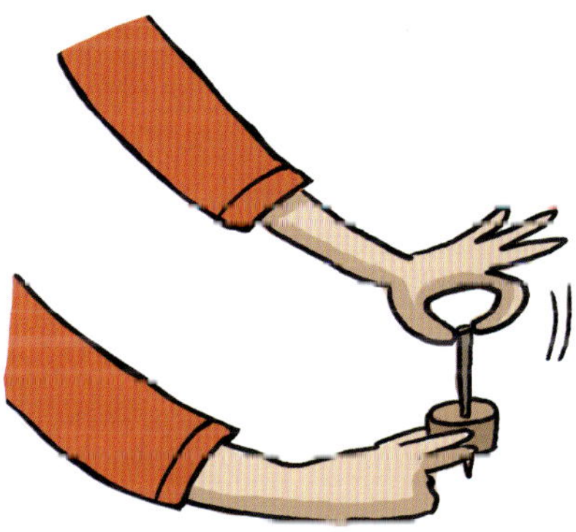

2. Fais tourner ta toupie. Rapidement, elle ralentit, se balance puis tombe. C'est normal ! Elle est freinée par l'air et le frottement sur le sol. La Terre, elle, n'est gênée ni par le sol ni par l'air, car il n'y en a pas dans l'espace ! Par contre, elle subit les forces d'attraction du Soleil et des autres planètes.

3. Si tu observes la toupie du dessus, tu vois son axe (le cure-dent) faire des cercles de plus en plus grands. Ce mouvement de l'axe s'appelle la précession.

La mère des marées

La Terre et la Lune sont inséparables. Elles s'attirent l'une l'autre si fort, que les océans de la Terre entière se lèvent vers la Lune. Attention, voici les marées !

Dans la baie du Mont-Saint-Michel, la mer se retire parfois très loin, jusqu'à 12 km au large, car le relief est très plat.

À marée haute, la mer remonte très vite, à la vitesse d'un cheval au galop, dit-on ! C'est sans doute exagéré, mais ces marées sont les plus importantes d'Europe.

La marée, comment ça marche ?

L'eau de la planète bouge en permanence. Alors, comme la Lune est proche de la Terre, elle attire l'eau des océans, qui monte, monte... Si bien qu'au milieu des mers, le niveau de l'eau s'élève tellement que les vagues n'arrivent plus aussi près des rivages : ce sont les marées descendantes. Et puis, splatch ! l'eau retombe et revient au galop vers les plages : ce sont les marées montantes.

4 cm !

Sous l'effet des marées, la Lune ralentit la rotation de la Terre. Cela provoque un éloignement progressif de la Lune, de 4 cm par an !

L'horaire des marées

Il existe un tableau (facile à trouver dans les villes proches de la mer) qui fournit des informations utiles. Chaque jour, il y a un chiffre qui varie de 20 à 120 : c'est le coefficient des marées. Il est calculé d'après les positions de la Lune et la forme de la côte. Les grandes marées sont proches de 120 et correspondent aux périodes où la Lune est nouvelle. Chaque jour, l'horaire de la pleine mer se décale de 50 min, retard que prend la Lune d'un jour à l'autre pour revenir à la même place dans le ciel. L'écart entre 2 marées (hautes ou basses) est d'environ 12 h : le temps que la Terre met pour faire un demi-tour.

Petites et grandes marées

Selon la position relative de la Lune et du Soleil, les marées de la Terre seront plus ou moins fortes.

1. Nouvelle Lune : quand le Soleil et la Lune s'unissent pour tirer sur les océans, ce sont les grandes marées, appelées vives-eaux.

2. Premier quartier : le Soleil et la Lune tirent sur des axes opposés. Les marées sont faibles, ce sont les mortes-eaux.

3. Pleine lune : le Soleil et la Lune tirent de chaque côté de la Terre, sur le même axe, mais dans la direction opposée. Là aussi, c'est une grande marée.

4. Dernier quartier : chacun tire de son côté. La marée est faible.

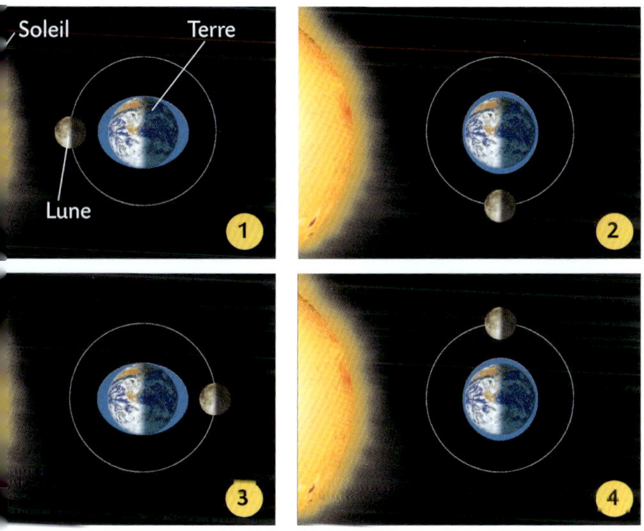

Influence du relief

La marée dépend de la forme de la côte et des fonds marins. Dans les mers intérieures comme la Méditerranée, ou encore dans la mer des Caraïbes, il n'y a pas de marée. Il peut aussi n'y avoir qu'une seule marée par jour, par exemple, comme à Pondichéry en Inde, ou au Viêt Nam.

Imite une marée

- **1 ballon de baudruche**
- **Ficelle**
- **1 feutre**
- **Carton**
- **Scotch**

1. Remplis le ballon d'eau (c'est la Terre), fais un nœud pour le fermer et attache une ficelle.

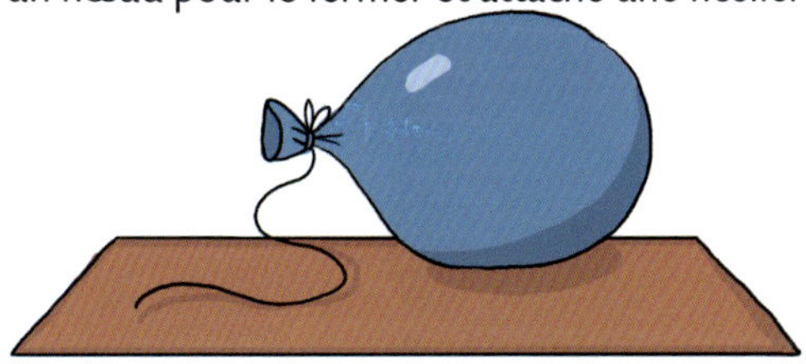

2. Dessine sur un côté le contour d'un océan.

3. Découpe un cercle en carton de 3 cm de diamètre. Attache-le avec du Scotch sur la ficelle, à 10 cm du ballon. C'est la Lune.

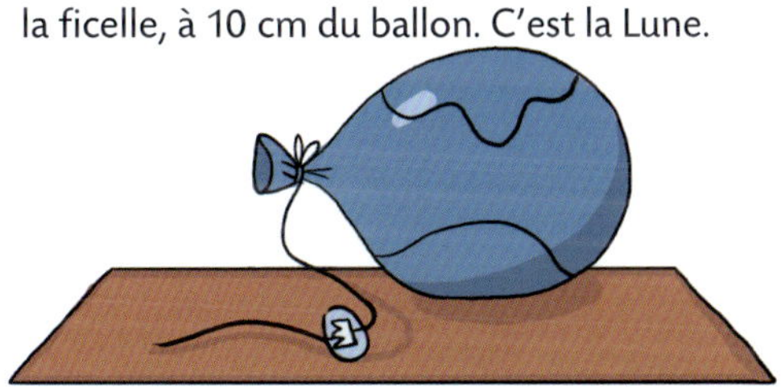

4. Tire la ficelle d'un coup sec. Le ballon se déforme du côté où tu tires, mais aussi du côté opposé. De la même façon, les marées montent de chaque côté de la planète, quel que soit le côté où la Lune se trouve. Cela se produit 2 fois par jour.

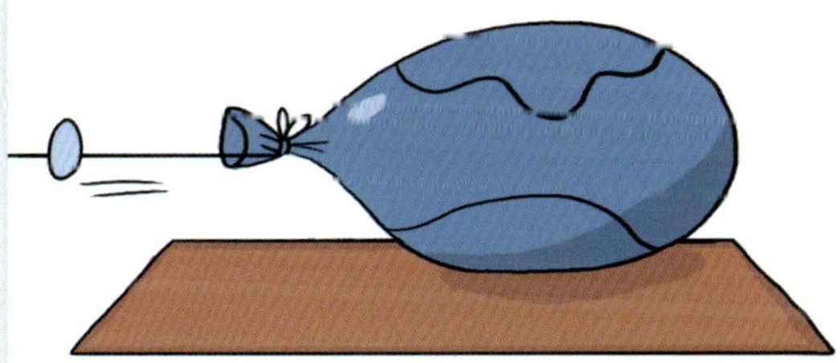

Destination Lune

La Lune est toujours très belle même si tu ne la regardes qu'à l'œil nu. Mais pour rendre tes observations encore plus passionnantes, suis ces quelques conseils et mets toutes les chances de ton côté !

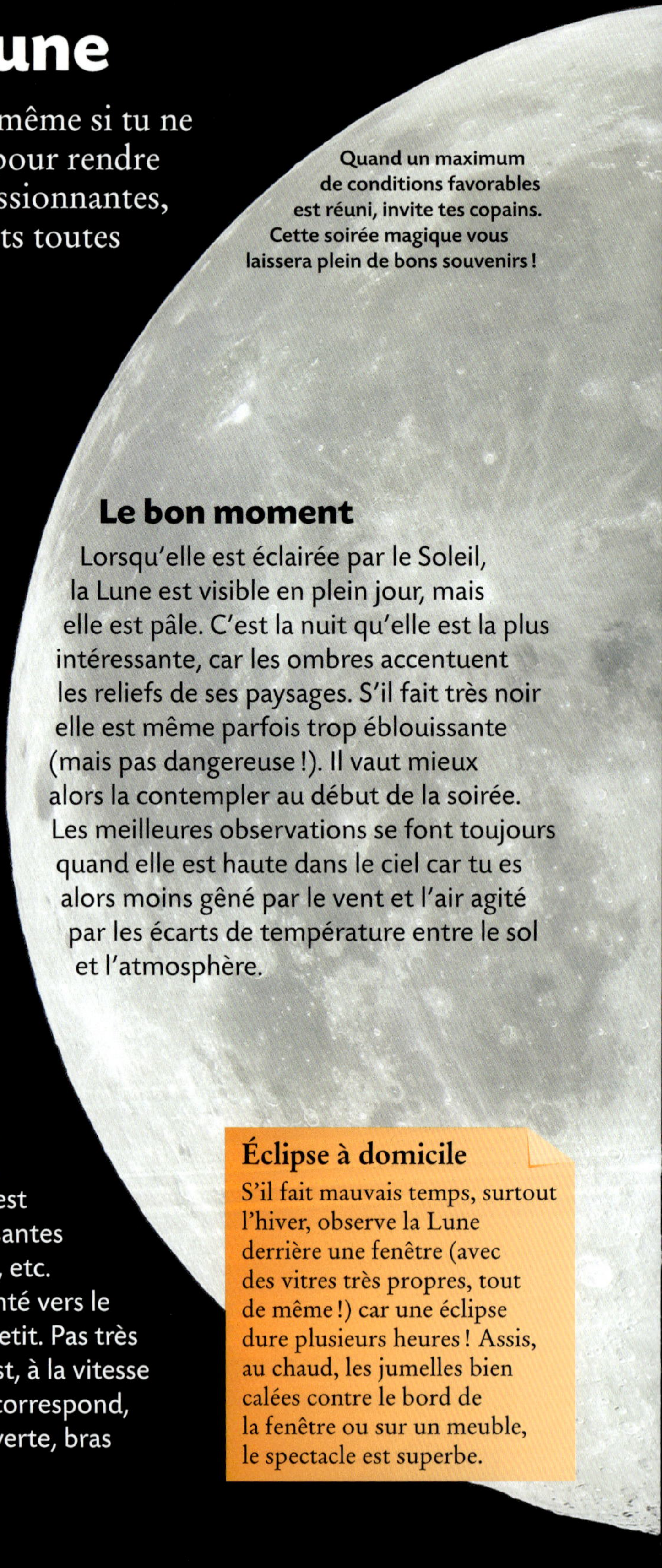

Quand un maximum de conditions favorables est réuni, invite tes copains. Cette soirée magique vous laissera plein de bons souvenirs !

Chaque jour est différent !

Comme l'heure de lever de la Lune se décale quotidiennement, ses différentes phases vont finir par être visibles à une heure où tu es disponible. L'idéal est donc de regarder la Lune le plus souvent possible, tout au long de l'année. Influencés par la lumière du Soleil, ses paysages sont très changeants.

Le bon moment

Lorsqu'elle est éclairée par le Soleil, la Lune est visible en plein jour, mais elle est pâle. C'est la nuit qu'elle est la plus intéressante, car les ombres accentuent les reliefs de ses paysages. S'il fait très noir elle est même parfois trop éblouissante (mais pas dangereuse !). Il vaut mieux alors la contempler au début de la soirée. Les meilleures observations se font toujours quand elle est haute dans le ciel car tu es alors moins gêné par le vent et l'air agité par les écarts de température entre le sol et l'atmosphère.

Le bon endroit

La Lune est suffisamment lumineuse pour qu'il soit possible d'y faire de très belles découvertes, même si tu habites en pleine ville. La condition principale est de tourner le dos aux lumières éblouissantes des réverbères, des immeubles éclairés, etc. Un endroit dégagé, de préférence orienté vers le sud, convient très bien, même s'il est petit. Pas très rapide, la Lune se déplace d'est en ouest, à la vitesse d'environ 15 degrés par heure : ce qui correspond, dans le ciel, à la largeur d'une main ouverte, bras tendu.

Éclipse à domicile

S'il fait mauvais temps, surtout l'hiver, observe la Lune derrière une fenêtre (avec des vitres très propres, tout de même !) car une éclipse dure plusieurs heures ! Assis, au chaud, les jumelles bien calées contre le bord de la fenêtre ou sur un meuble, le spectacle est superbe.

Pas de voyage sans carte

Au chapitre 10, des cartes de la Lune sont regroupées pour te repérer et t'indiquer les sites remarquables. Plusieurs cartes sont vendues dans le commerce, en poster ou pliantes, type carte routière. N'oublie pas ta lampe à ampoule rouge, indispensable pour les lire dans le noir.

À quelle phase ?

De toutes les phases de la Lune, la meilleure pour l'observation n'est pas, comme on pourrait le croire, lorsqu'elle est pleine, car la lumière solaire est si forte sur tout le sol, qu'il n'y a pas d'ombres, donc pas de reliefs. Tous les autres moments sont préférables. Examine surtout la limite entre la partie éclairée et la partie à l'ombre. On appelle cette zone « le terminateur ». Tout le long de cette bande, les différences de contrastes sont impressionnantes entre les zones montagneuses et les zones plates.

Par quel temps ?

Un temps clair est évidemment préférable à un temps nuageux. Mais sois patient, car un ciel couvert en début de soirée peut se dégager rapidement. En effet, les nuages nocturnes sont souvent poussés par un vent d'altitude qui n'est pas perceptible du sol. Donc, une surveillance constante de l'état du ciel s'impose. Et comme pour toute observation, il vaut mieux un temps sec et froid : l'humidité ou la chaleur de l'atmosphère terrestre perturbent toujours la visibilité.

Paysages lunaires

En réunissant tes observations faites à l'œil nu ou aux jumelles, tu devrais pouvoir établir une carte de la Lune. Ce dessin montre des détails que tu as peut-être réussi à voir.

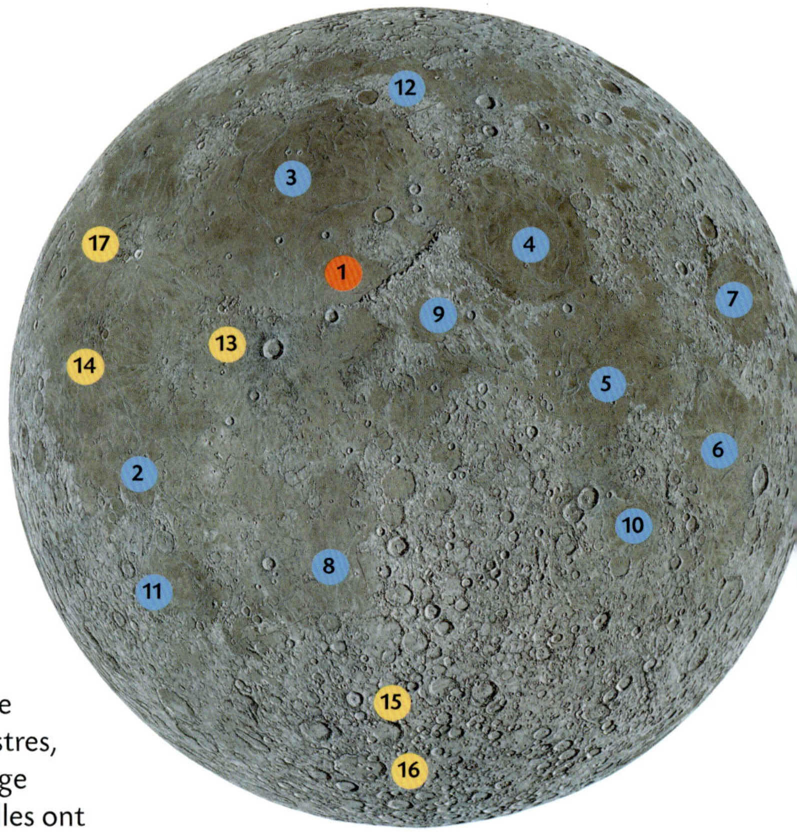

Carte de la Lune (*voir* cartes plus détaillées dans le chapitre 10)

Des montagnes d'ombre

Les montagnes de la Lune, de taille comparable aux montagnes terrestres, ont l'air très escarpé sous l'éclairage rasant du Soleil. Mais en réalité, elles ont été usées par le bombardement continu des météorites et sont toutes arrondies et en pente douce, comme l'ont montré les photos prises par les astronautes. Une chaîne de montagnes est visible sur le terminateur juste après le premier quartier : les Apennins (1). Ces montagnes culminent à 5 500 m et projettent une ombre de plus de 150 km !

Drôles de noms !

Ce sont des astronomes italiens du XVIIe siècle, Grimaldi et Riccioli, qui ont attribué ces curieux noms aux mers lunaires. Le plus souvent, on a donné aux reliefs lunaires des noms d'astronomes célèbres ou de massifs terrestres.

Des mers de lave

Les mers ont toutes plus de 3 milliards d'années. Elles ne contiennent pas d'eau, mais sont formées d'une roche volcanique noire, le basalte. Cette lave fluide a rempli des cavités formées par des cratères plus anciens. La mer des Pluies (3) est la plus grande. La mer des Crises (7), isolée et bien ronde, est encerclée par les mers de la Sérénité (4), de la Tranquillité (5) et de la Fécondité (6). La mer du Froid (12) est la plus au nord ; au centre on voit la mer des Vapeurs (9), tandis qu'au sud on trouve la mer du Nectar (10) et deux autres mers, la mer des Nuées (8) et la mer des Humeurs (11) qui sont prolongées à l'ouest par l'océan des Tempêtes (2).

Des cratères par milliers

De forme ronde, avec ou sans piton central, on a compté 300 000 cratères de plus d'1 km de diamètre sur la face visible de la Lune ! Parmi les plus grands : Clavius (16) mesure 225 km de diamètre ! Ils sont tous le résultat d'impacts de météorites plus ou moins violents. Les parois des plus grands se sont effondrées pour former des gradins, comme dans le cratère Copernic (13), profond de 4 000 m. Les matières éjectées lors de l'impact forment parfois des raies très brillantes comme celles d'Aristarque (17) ou de Kepler (14), et immenses comme celles de Tycho (15) qui s'étendent sur 3 000 km !

Voici quelques formes que tu pourras retrouver assez facilement lors de la pleine Lune.

La lumière cendrée

Parfois la Terre brille si fort qu'elle réussit à éclairer la partie de la Lune qui devrait rester sombre. Toute la Lune est alors visible et seul un croissant est fortement éclairé. Ce phénomène assez rare s'appelle la lumière cendrée. Elle se voit bien quand la Lune est jeune, c'est-à-dire entre 2 et 5 jours après la nouvelle Lune.

Observe en dessinant

Dessine la Lune plusieurs jours de suite.

- **Feuilles**
- **1 crayon**

1. Reproduis la forme générale de la Lune : quartier, demi-cercle, etc.

2. Dessine les contours des principales mers, plus foncées.

3. Du côté est, repère la mer des Crises.

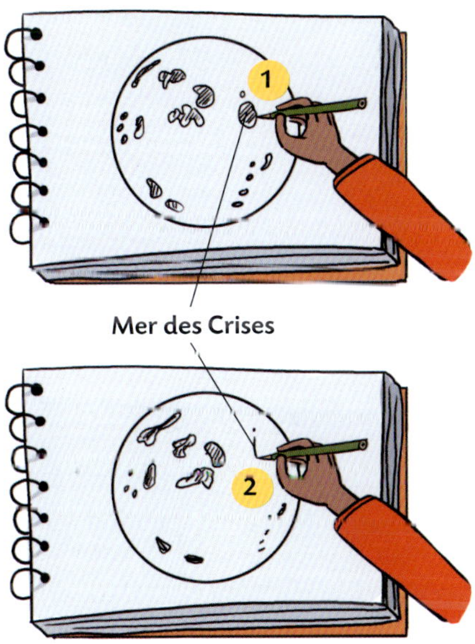

4. Au fil des jours, tu constates que sa forme passe d'un ovale (1) à une mince ligne (2). Elle s'élargit de nouveau (1), et ainsi de suite, tout au long des phases. Ces changements de forme résultent de la libration. C'est le balancement (de gauche à droite et de bas en haut) effectué par la Lune pour suivre la Terre. Au total, la Lune montre 59 % de sa surface.

Un passé agité

Il y a 4,5 milliards d'années, la Terre, tout juste née, n'est pas encore solidifiée. De nombreux corps célestes vagabondent en tous sens dans le système solaire et les collisions sont fréquentes. C'est l'une d'elles qui donne naissance à la Lune.

Les étapes de la naissance de la Lune

Une naissance brutale !

Venant de l'espace, une planète de la taille de Mars percute la Terre si fort qu'elle se désintègre sous la violence du choc (1). Son noyau est absorbé par le noyau encore mou de la Terre (2). Le reste de sa matière est éjecté et tourne autour de la Terre (3). En se collant les uns aux autres, ces morceaux de planètes donnent naissance à la Lune. Ensuite, les éléments les plus lourds forment le manteau de la Lune et les plus légers forment la croûte, qui se cristallise très vite (4). La Lune est née (5) !

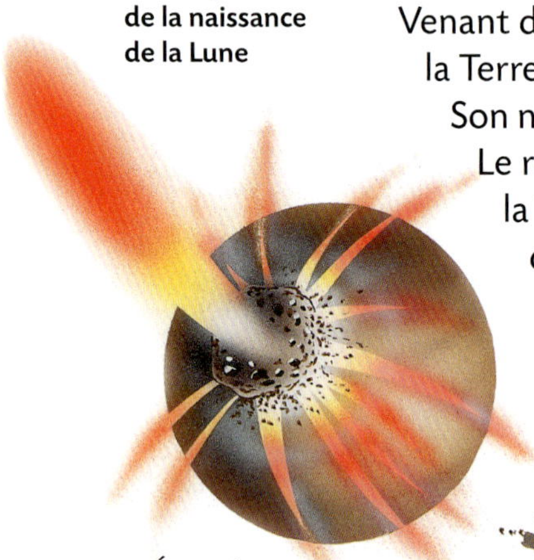

Étape 1

Étape 2

Étape 3

Une enfance avec plaies et bosses...

Pendant 1,5 milliard d'années, se succèdent éruptions volcaniques et bombardements de météorites. La preuve ? La surface de la Lune est pleine de cicatrices qui ressemblent à des vallées, des montagnes, des canyons, des plissements, etc. Mais depuis 3 milliards d'années, c'est plus calme. La Lune semble morte. Sa surface ne reçoit désormais que quelques météorites, de-ci de-là...

La Lune tremble

Les tremblements de Lune ont deux origines : les météorites qui tombent brutalement sur le sol lunaire (car il n'y a pas d'atmosphère sur la Lune pour les amortir) et l'activité sismique (faible : 2 sur l'échelle de Richter) qui occasionne environ 1 000 tremblements de Lune par an, dus à l'attraction de la Terre.

Reconstitue un piton lunaire

- **Plâtre**
- **1 bille métallique**
- **1 bol en plastique**

1. Prépare du plâtre très épais en suivant la notice du paquet.

2. Fais tomber la bille au milieu du bol.

3. La bille tombe au fond et, dans sa chute, fait remonter un peu de plâtre. Cela forme un piton au centre du bol.

C'est le même phénomène qui se produit lorsqu'une météorite vient frapper la surface lunaire. De multiples cratères lunaires ont donc un piton central encore visible. Ceux qui n'en possèdent pas sont plus anciens.

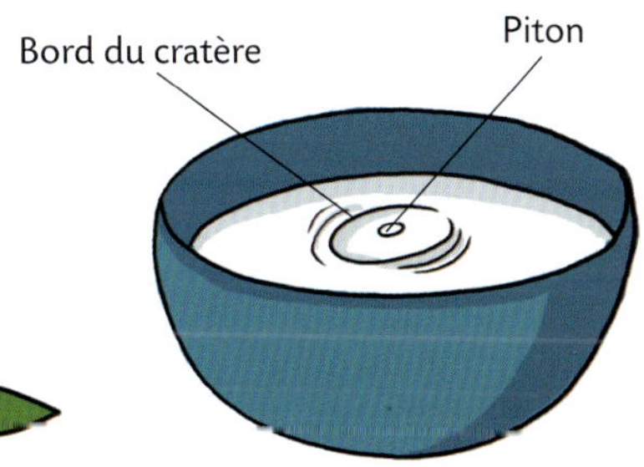

La face cachée de la Lune

En 1994, la sonde américaine *Clementine* a photographié la face cachée de la Lune. Là, surprise ! On a découvert le plus grand cratère d'impact connu de tout le système solaire : 2 500 km de diamètre et 12 km de profondeur ! On n'ose pas imaginer la taille de la météorite responsable de ce cratère !

Étape 4

Étape 5

Sur toute cette face cachée, il y a beaucoup plus de traces de météorites, mais pas de mers. Pourquoi ? Mystère...

Prêt pour l'alunissage ?

Quand les hommes sont partis vers la Lune, ils n'allaient pas vraiment dans l'inconnu. Les astronomes savaient déjà qu'ils allaient rencontrer un environnement hostile, très différent de celui de la Terre.

Sans vent ni eau, il n'y a pas d'érosion du sol lunaire. Les traces de chutes de météorites seront encore visibles pendant des millions d'années !

Sur le sol lunaire

Première impression étrange sur la Lune, tu rebondis. À peine posé, te voilà déjà en l'air... Pourquoi ? Sur la Lune, tu pèses 6 fois moins lourd que sur la Terre. Fais le calcul : au lieu de peser 36 kg, tu n'en pèses plus que 6 ! Alors, enfile des chaussures de plomb et observe le sol : quelques rochers, des cailloux et surtout plusieurs mètres d'épaisseur de poussières, restes des nombreuses chutes de météorites.

De l'eau sur la Lune ?

En 1994, le satellite *Clementine* semble détecter de la glace au fond des cratères du pôle Sud, là où le Soleil ne réchauffe jamais le sol. La mission *LCROSS* a confirmé la présence d'eau en quantité importante sur la Lune en sacrifiant 2 satellites qui se sont écrasés sur le sol lunaire. Plus tard, une autre confirmation est venue de l'analyse de roches rapportées par les hommes des missions *Apollo*.

Quel temps fait-il ?

Ni nuages, ni vent, ni ciel bleu, mais un ciel noir d'où tombent des poussières de météorites à la vitesse de 10 km/s (30 fois la vitesse d'un avion supersonique). Et les températures sont complètement folles : 117 °C au milieu de la pleine Lune (côté Soleil) et – 173 °C (côté ombre) au milieu de la nouvelle Lune ! Cela est dû à l'absence de la couche protectrice de l'atmosphère et au fait que le sol, très poussiéreux, ne garde pas la chaleur du Soleil. Et il y a encore pire : les rayons dangereux du Soleil (rayons X, ultraviolets, etc.) réussissent à atteindre le sol lunaire.

Les astronautes ont eu la chance d'assister chaque jour à ce spectacle magnifique : la Terre éclairée par la lumière du Soleil qui semble la faire sortir du vide !

Pèse des objets sur la Lune

- **1 balance**
- **1 assiette en céramique**
- **Assiettes jetables de même dimension**

1. Pèse l'assiette en céramique et note son poids.

2. Mets sur la balance des assiettes jetables les unes après les autres jusqu'à obtenir le même poids que celui de l'assiette en céramique. Garde sur ta main, seulement 1/6 de ces assiettes.

Si tu étais sur la Lune, l'assiette de départ pèserait 6 fois moins lourd que sur la Terre, c'est-à-dire autant que ces quelques assiettes en carton.

L'attraction Terre-Lune

Un jour, assis sous un pommier, Newton, un physicien anglais du XVIIe siècle, essayait de comprendre pourquoi la Lune restait près de la Terre. La légende dit qu'en regardant tomber une pomme, il comprit que ces deux phénomènes s'expliquaient par la gravitation, la force d'attraction exercée sur ces deux corps (la Lune ou la pomme) par la masse de la Terre. C'est cette force qui fait tomber la pomme sur la Terre et maintient la Lune autour de la Terre. Il ne lui restait plus qu'à formuler mathématiquement cette loi, appelée loi de la gravitation universelle.

La course à la Lune

Aller sur la Lune ? Pas si simple ! Les gouvernements des pays qui s'y engagent font un geste politique fort et y consacrent d'énormes budgets.

La combinaison pressurisée maintient le corps des astronautes à la bonne pression et à la bonne température grâce à un système de circulation d'eau. Le casque équipé d'un verre métallisé protège des rayons dangereux.

Les Russes pionniers

En 1959, la sonde *Luna 1* survole la Lune, *Luna 2* s'y écrase, puis *Luna 3* y prend les premières photos. En 1966, *Luna 9* est le premier engin qui réussit à s'y poser et les Russes mettent sur orbite le premier satellite artificiel de la Lune, *Luna 10*. Ensuite, les Russes choisissent d'envoyer des robots radiocommandés : *Lunokhod 1* et 2 qui roulent pendant 10 km (1) et 37 km (2), prenant des milliers de photos. En 1970, les sondes automatiques *Luna 16* et *Luna 20*, puis *Luna 24* en 1976 forent le sol et renvoient des échantillons de roche sur Terre (100 g et 170 g). Ce dernier succès marque la fin du programme de l'URSS (aujourd'hui devenue Russie).

5 000 heures !

Sobre, le moteur de *Smart 1* a fonctionné 5 000 heures en utilisant seulement 82 kg de carburant, un gaz rare : du xénon.

L'exploration américaine

De 1961 à 1965, la NASA (Agence spatiale américaine) lance 9 sondes dans l'espace (programme *Ranger*). Seulement 3 réussissent à envoyer des photos pour préparer les autres explorations. Puis de 1966 à 1968, les 7 sondes *Surveyor* (dont 5 se posent sur la Lune) et les 5 missions *Lunar Orbiter* analysent la surface lunaire pour choisir le site du futur alunissage d'astronautes. Le début du programme *Apollo*, qui coûte la vie à 3 astronautes dans l'incendie d'*Apollo 1* en 1967, permet de mettre au point les différents éléments (fusée, modules), en orbite terrestre et autour de la Lune. Toutes ces missions préparent l'arrivée des hommes sur la Lune.

Lancée par la fusée *Ariane 5*, *Smart 1* préfigure les sondes du futur. Pesant seulement 367 kg, elle est propulsée par un moteur ionique alimenté en énergie par des panneaux solaires.

Une phrase historique

« Un petit pas pour un homme, un pas de géant pour l'humanité. » Ce sont les paroles historiques (préparées sans doute !) prononcées par Neil Armstrong, le premier homme sur la Lune.

Le premier homme sur la Lune

Le 20 juillet 1969, la mission *Apollo 11* atteint la Lune. Deux hommes descendent sur le sol : Neil Armstrong et Buzz Aldrin. Pendant ce temps, Michael Collins reste dans le module de commande. Il tourne en orbite autour de la Lune, comme un satellite autour de la Terre, profitant de la force d'attraction de la Lune. Il fera une vingtaine de tours. Les astronautes ramassent 22 kg de roches et font des photos. Ils retournent dans la capsule 2 h 31 min plus tard.

La fin de la course

Après 1972, les missions se raréfient, il n'y a plus d'astronautes mais on fait davantage d'expériences scientifiques. Il faut attendre 1991, pour que le Japon envoie un premier satellite autour de la Lune, mais il s'écrasera au bout de quelques mois. Puis en 1994, les missions américaines *Clementine*, et *Lunar Prospector*, en 1998, cartographient et analysent la surface lunaire. En 2003, les Européens entrent en jeu et lancent la sonde *Smart 1*. Elle examine le sol de la Lune en infrarouge et rayons X jusqu'en 2006.

La dernière mission américaine, *Apollo 17*, a lieu en décembre 1972. Son énorme fusée, *Saturn 5*, emporte un véhicule tout-terrain. Les astronautes restent 75 h sur la Lune, parcourent 30 km et rapportent plus de 110 kg de roches lunaires !

La Lune, terre de science ?

Pour l'étudier, il faudra y construire une base scientifique : ce précieux relais permettra de préparer les futures missions vers Mars. Mais elle sera surtout le premier pas vers l'exploitation des ressources de la Lune.

La Lune, c'est reparti !

L'objectif des pays intéressés par la Lune, Japon, Chine, Inde, États-Unis et Europe, est d'y installer une base permanente. Depuis 2005, ces pays envoient des sondes orbitales pour préparer l'alunissage d'engins automatiques. Lancée en juin 2009, la sonde américaine LRO (*Lunar Reconnaisance Orbiter*) établit une carte très détaillée de la Lune pour identifier les futurs sites d'alunissage.
Les programmes d'exploration ont tous été retardés à cause de la crise économique mondiale.

Pour vivre heureux, vivons cachés !

L'idéal est d'enterrer la base lunaire de façon à protéger les hommes et leur matériel des chutes de météorites, des écarts de température, des rayonnements et de l'absence de pression. Mais, pour la construire, il faut du béton préfabriqué à partir de matériaux lunaires. Les missions *Apollo* ont confirmé que c'était possible, maintenant que l'on a trouvé de l'eau sur la Lune. Pour l'énergie, on envisage des piles atomiques plutôt que d'immenses panneaux solaires.

Un peu de tourisme ?

Des entreprises américaines prévoient d'envoyer des véhicules automatiques que l'on pourra piloter depuis la Terre dans des parcs d'attraction. Tandis que des sociétés japonaises pensent installer des hôtels au bord des grands cratères...

Pillages programmés

Pour installer des bases, même scientifiques, il faudra exploiter les ressources locales : matériaux de construction, métaux, etc. Des projets industriels vont beaucoup plus loin ! Les Américains et les Chinois envisagent d'extraire du fer, de l'aluminium, du titane – un métal rare – et surtout de l'hélium 3, presque inconnu sur Terre, qui pourrait devenir le combustible de l'avenir. Cela a conduit les États-Unis à refuser le traité sur la protection de la Lune, rédigé en 1979 : il a donc été abandonné ! Pourtant, ces immenses mines à ciel ouvert seront à coup sûr très polluantes.

La Lune menacée ?

Si l'homme décide de s'y installer, que vont devenir ces paysages vierges ? Il y a déjà de nombreux objets abandonnés sur la Lune, mais cela n'est rien par rapport aux montagnes de déchets que les activités industrielles généreront. Sans vent pour la pousser, la poussière très fine du sol deviendra un brouillard néfaste aux observations scientifiques. De plus, à chaque décollage ou alunissage de fusées, les nuages de poussières projetés à des milliers de km/h, parcourront, sans atmosphère pour les freiner, plusieurs centaines de km, constituant un danger mortel pour les hommes.

Un peu de science

Déposés par les astronautes, les sismographes enregistrent la moindre vibration du sol pour déduire la composition et l'épaisseur des couches géologiques.

Orientés vers la Terre, les réflecteurs laser permettent de mesurer la distance Terre-Lune (à 20 cm près !), l'orbite lunaire, la vitesse de rotation de la Terre, etc.

Des milliards d'étoiles tournent, naissent, explosent, comme dans cette belle galaxie du Sombrero !

Incroyable

Univers

L'Univers est immense ! Jour après jour, les hommes découvrent la vie aventureuse des étoiles, des galaxies et de tous les astres qu'il contient. Ce sont souvent des histoires à « dormir debout », et pourtant, elles sont vraies !

Étoiles, joyaux de l'Univers

Les hommes sont curieux ! À force d'acharnement, ils ont réussi à lever le voile sur quelques-uns des secrets de l'Univers et de ses milliards de joyaux étincelants, les étoiles.

L'étoile, l'équilibre vital

Une étoile est une énorme masse de gaz au centre de laquelle ont lieu des réactions de fusion nucléaire, produisant de gigantesques quantités d'énergie. Cette énergie qui s'échappe du cœur de l'étoile crée une pression qui soutient l'étoile et l'empêche de s'effondrer sur elle-même, sous l'effet de la gravitation. Tant que sa pression interne contrebalance la force de gravitation, l'étoile est équilibrée, elle est en vie.

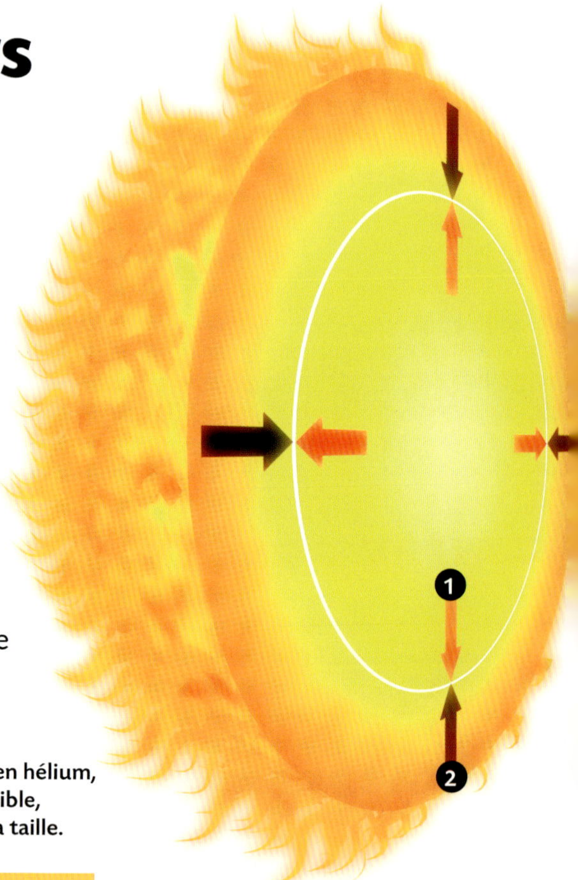

Lorsque l'étoile contient assez d'hydrogène pour le transformer en hélium, sa pression interne (1) équilibre la gravitation (2). Si son combustible, l'hydrogène, est épuisé, l'étoile meurt, plus ou moins vite selon sa taille.

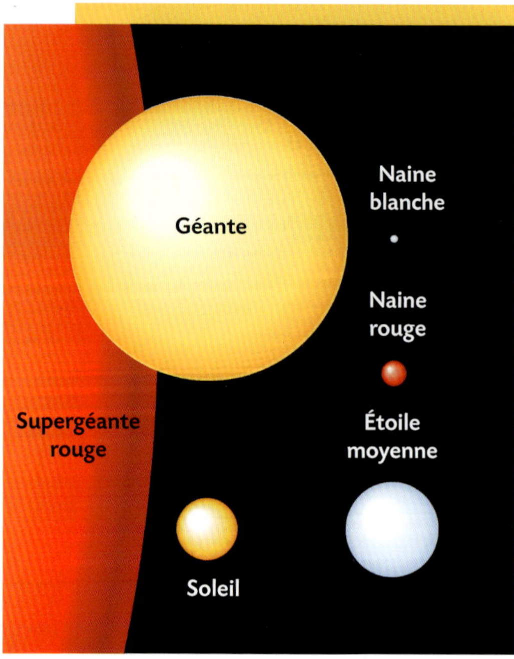

La taille des étoiles

Le Soleil est une étoile relativement petite. Les plus grandes sont les supergéantes rouges (Bételgeuse, Antarès). La plus grosse, Mu Cephei a un diamètre égal à 500 fois celui du Soleil, c'est-à-dire que si elle était à sa place, elle engloutirait tout, jusqu'à Jupiter. Les petites, comme les naines blanches, ont la taille de la Terre.

Mesurer la lumière d'une étoile ?

Par l'observation, on mesure la magnitude apparente : c'est la luminosité d'un corps céleste (27 pour les plus faibles à - 2 pour les plus lumineux). Par le calcul, on établit la magnitude absolue : c'est la luminosité qu'auraient les étoiles si elles se trouvaient à une même distance de la Terre : à 10 parsecs, soit 32,6 années-lumière. Cela permet de les comparer.

En rang, les demoiselles !

On classe les étoiles selon leur luminosité ou leur couleur (le type spectral), ce qui traduit leur température de surface. En combinant les deux, on réunit les étoiles dans un tableau : le diagramme HR.
La plupart sont des étoiles stables, de taille moyenne qui brûlent leur hydrogène durant des milliards d'années. D'autres sont très lumineuses (étoiles géantes et super géantes) ou au contraire peu lumineuses (naines blanches). Leur place n'est pas fixe dans ce tableau car les étoiles passent d'un état à l'autre pendant leur vie.

Dans le diagramme HR (Hertzprung et Russell, du nom de ses inventeurs), la taille des étoiles augmente du bas gauche du diagramme vers le haut, à droite. La majorité des étoiles restent sur la diagonale, la séquence principale (où est notre Soleil), pendant 90 % de leur vie.

La masse, c'est la vie !

Pour que les réactions de fusion nucléaire aient lieu au sein d'un nuage de gaz, il faut qu'il ait une masse d'au moins le douzième de celle du Soleil. Sinon, l'étoile n'existera pas. C'est donc sa masse qui détermine sa vie.

La lumière raconte...

L'étude du spectre lumineux d'une étoile donne des informations sur sa masse et sa température de surface. Elle permet de situer précisément la position de l'étoile sur le diagramme HR, pour savoir à quel moment elle en est de son évolution.
Lorsque l'énergie s'échappe de son cœur, certaines ondes lumineuses sont arrêtées par les éléments chimiques présents dans les couches externes de l'étoile : on peut alors en déduire sa composition chimique.

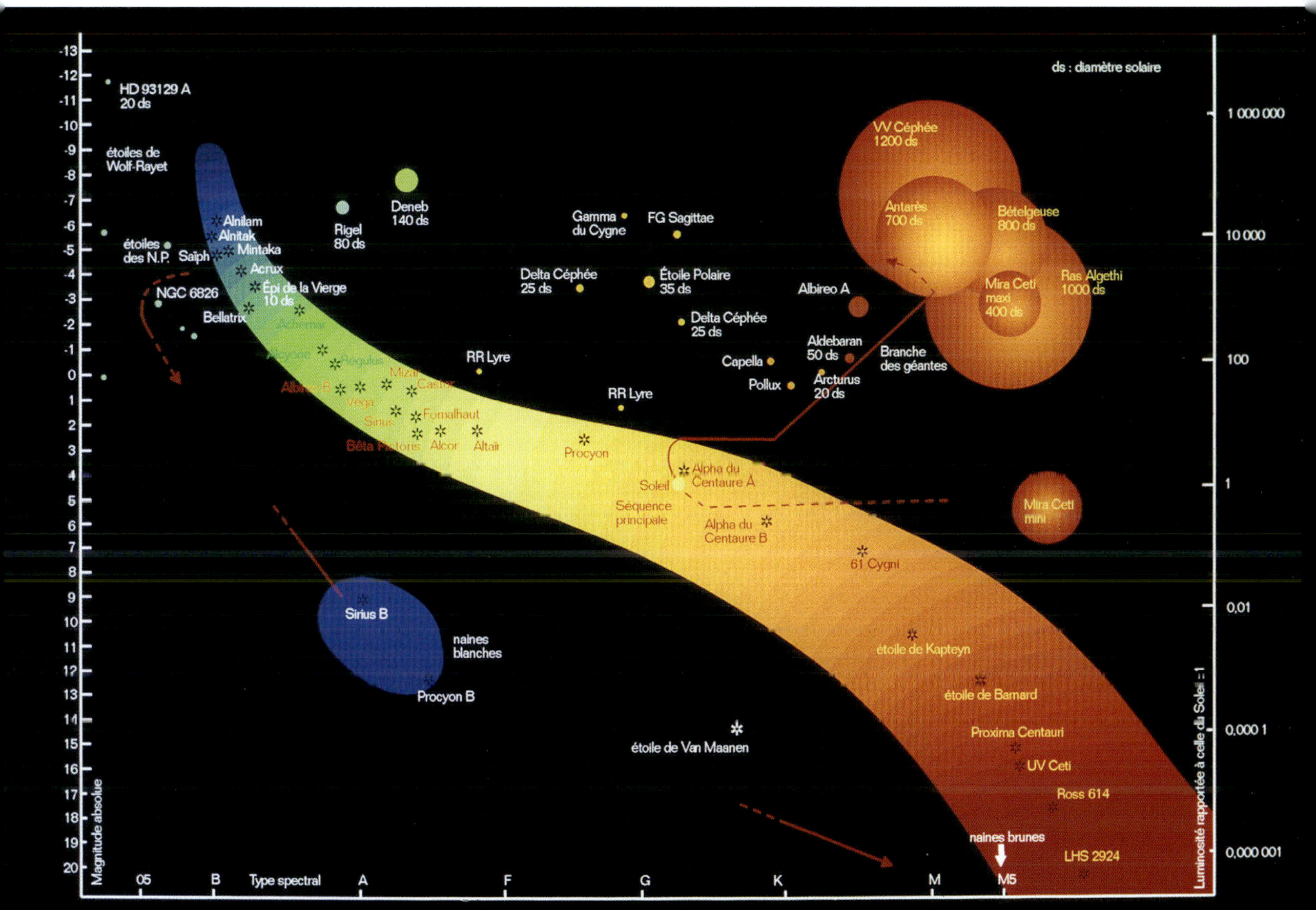

Recette d'une étoile

Tu as sans doute déjà rêvé de fabriquer une étoile, c'est si beau ! Alors voici la recette, simple au début, mais elle se complique vite. Et tu devras faire preuve de beaucoup de patience : quelques millions d'années…

Prends du gaz, beaucoup de gaz

Du gaz, il y en a partout depuis la naissance de l'Univers ! Il suffit de chercher dans les galaxies, entre les étoiles. On y trouve surtout de l'hydrogène (¾), de l'hélium (presque ¼), un peu d'azote, d'oxygène, de carbone, d'eau, et puis du fer, de la silice, en particules de poussières minuscules (moins d'1/1000 de mm !). Ces éléments, qui forment d'énormes nuages noirs, sans lumière, très froids, appellés des nébuleuses obscures, sont toujours présents dans les galaxies : ils sont la matière première, l'ingrédient indispensable pour la recette.

Au cœur de cette immense nébuleuse obscure se cache un nuage noir en forme de tête de cheval, qui donnera un jour naissance à des étoiles.

Secoue très fort !

Pour que l'étoile « prenne », il faut agiter très violemment ce nuage de gaz et de poussières. Un grand choc est nécessaire, comme celui de l'explosion d'une supernova proche ou d'une onde puissante, produite par le passage d'un autre nuage de gaz. Cela arrive si une galaxie s'approche d'une autre, ou lorsque chacun des éléments d'une galaxie ne tourne pas à la même vitesse. Souvent, ces mouvements font naître des étoiles le long des bras des galaxies spirales.

Toujours plus vite !

Tu as sans doute déjà vu une patineuse qui tourne les bras écartés, comme une toupie sur la glace. Si elle ramène ses bras près du corps, sa vitesse de rotation s'accélère. Comme le nuage qui tourne de plus en plus vite en se contractant.

En tournant, ce nuage s'effondre sur lui-même. Des grumeaux plus denses attirent de plus en plus de matière. Conséquence : le nuage tourne de plus en plus vite.

La naissance des planètes

Le disque de poussières et de gaz en forme de galette, qui entoure l'étoile, est le disque d'accrétion. Quand ce disque est stable, il refroidit et ses éléments peuvent se condenser pour créer des planètes.

Dans cette nébuleuse de l'Aigle, on voit d'immenses piliers de gaz, de plusieurs années-lumière, au bord desquels des boules de gaz se contractent pour donner naissance à des étoiles.

Fais cuire, laisse refroidir, c'est prêt !

L'étoile juste née est encore fragile, elle doit trouver son équilibre. La température devient très élevée, des réactions nucléaires se déclenchent, et des étapes de contraction et d'expansion se succèdent. Des explosions et des éjections de matières stellaires sous forme de vents très violents ont lieu, le plus souvent aux pôles. Petit à petit, l'étoile se stabilise. Sa masse, sa couleur, sa température resteront alors identiques presque jusqu'à la fin de sa vie. C'est ce qui se passera pour le Soleil, pendant encore 5 milliards d'années.

Le nuage s'aplatit comme une galette, sa vitesse de rotation s'accélère encore et il s'échauffe de plus en plus sous l'effet de la contraction. Si la masse est suffisante, l'étoile s'allume au centre du disque : elle naît.

Étoiles, belles mortelles

Pendant longtemps, on a cru que les étoiles étaient accrochées au ciel pour toujours… Mais la réalité est bien différente : les étoiles finissent toutes par mourir, lorsqu'elles ont épuisé leurs réserves.

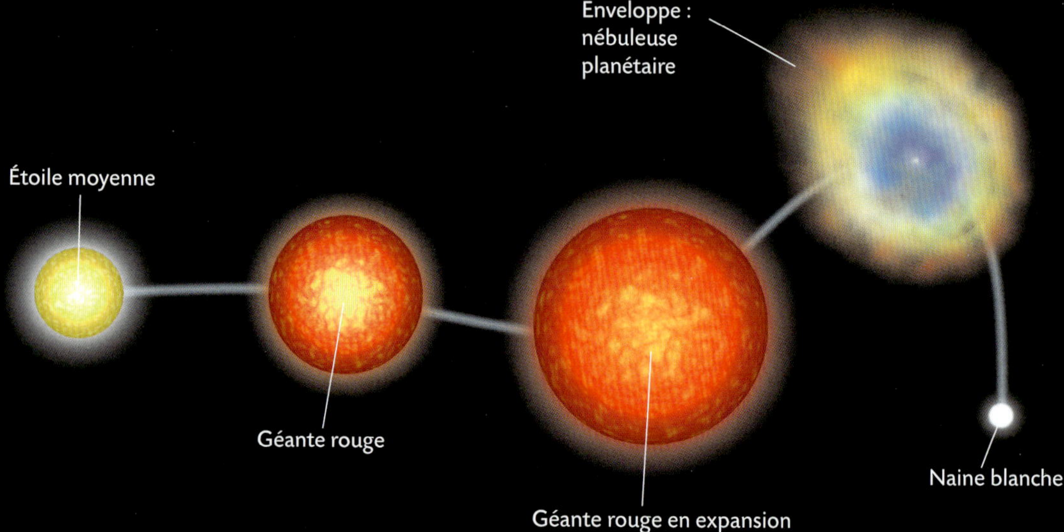

Les naines blanches refroidissent si lentement que l'Univers, avec ses 15 milliards d'années est encore trop jeune pour en avoir vu une seule s'éteindre !

Si c'était le Soleil…

Le Soleil est une étoile de taille moyenne qui peut servir d'exemple pour comprendre la vie et la mort des étoiles de ce type. Pendant toute sa vie, la fusion nucléaire de l'hydrogène a lieu dans son cœur, produisant de l'hélium et d'énormes quantités d'énergie. Sa température et son volume augmentent très doucement. Lorsque le Soleil aura épuisé presque tout son hydrogène, il sera 2 fois plus brillant qu'aujourd'hui et à peine 2 fois plus gros.

Tout s'accélère

L'hydrogène épuisé, le cœur se contracte, se réchauffe, provoquant la dilation de l'enveloppe de l'étoile. Elle enfle et devient une géante rouge. Le diamètre du Soleil est multiplié par 100, gobant Mercure. Le vent solaire est cataclysmique, l'étoile se délite. Son noyau est grand comme la Terre, il pèse 1 tonne par cm^3 ! Puis la température atteint 100 millions de degrés, c'est le « flash de l'hélium » qui déclenche de nouvelles fusions nucléaires et aboutit à la synthèse du carbone et de l'oxygène.

Une pause de courte durée

Le noyau reprend son expansion, l'enveloppe se contracte et la luminosité chute. L'étoile est à nouveau stable. Le répit est de courte durée : l'hélium est rapidement consommé, le noyau de carbone et d'oxygène s'effondre à nouveau, provoquant l'expansion de la couche externe. L'énergie libérée est énorme, le Soleil engloutit la Terre, alors que sa température de surface chute. L'enveloppe de l'étoile est de plus en plus instable et l'étoile se met à avoir des pulsations, comme un cœur qui bat.

Cette étoile géante rouge, V 538, dans la constellation de la Licorne, a encore autour d'elle un nuage de gaz et de poussières, qu'elle illumine de l'intérieur.

À chaque âge, sa couleur !

On répartit les étoiles selon leur couleur et leur luminosité. Les bleues sont très brillantes et très chaudes, les rouges, beaucoup moins. Jaune, le Soleil est au milieu. Le métal est un bon exemple du lien entre la couleur et la température. En le chauffant, il est noir, puis rouge, jaune, blanc… mais jamais bleu, il fond avant !

La grande séparation

Puis, pendant plus de 100 millions d'années, l'étoile perd énormément de matière : poussières et gaz. Pour une étoile comme le Soleil, la masse diminue de moitié et stoppe sa contraction. Le vent stellaire met à nu le cœur de l'étoile, devenue une naine blanche. Elle émet des rayons ultraviolets, illuminant le nuage qui l'entoure avant de commencer à refroidir. L'enveloppe fluorescente de l'étoile, la nébuleuse planétaire, se disperse dans l'espace à la vitesse de 20 km/s. Au bout de 50 000 ans, elle sera invisible.

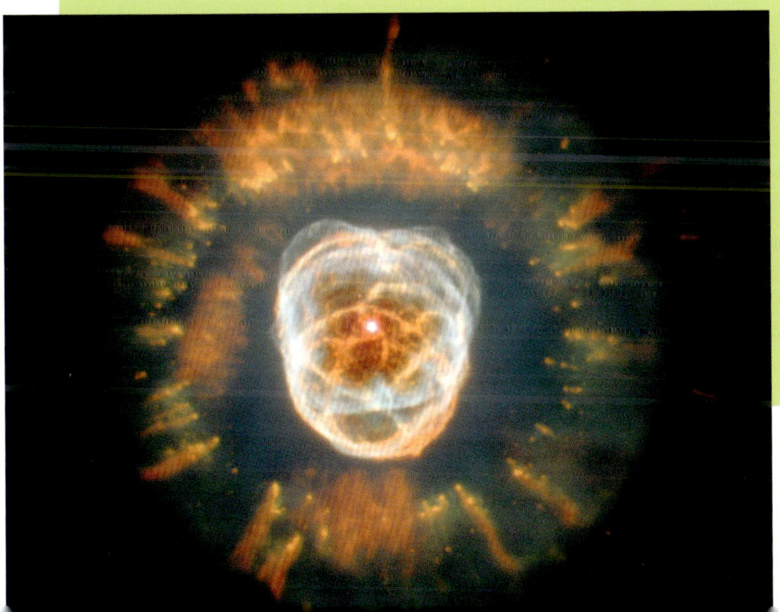

Un Esquimau qui brille dans le noir

Cette nébuleuse planétaire de l'Esquimau est fluorescente, grâce à la lumière ultraviolette émise par la naine blanche située en son centre. Petit à petit, toute la matière de la nébuleuse se disperse dans la galaxie et enrichit les nuages interstellaires d'où naîtront d'autres étoiles.

Géantes mais fragiles !

Les étoiles géantes, jusqu'à 120 fois la taille du Soleil, ont réussi à contenir des réactions nucléaires très puissantes, à fabriquer des éléments lourds, comme le fer. Autour du cœur, différentes couches se sont accumulées, comme des pelures d'oignons. Quand il ne contient plus que du fer, il n'a plus d'énergie pour fabriquer d'autres éléments plus compliqués. L'étoile géante s'effondre alors sous son énorme poids. Son cœur s'écroule en une fraction de secondes !

La grande explosion

Les couches extérieures de l'étoile géante tombent sur ce cœur dur, avec tant de force qu'elles rebondissent et repartent vers l'espace à une vitesse folle. Puis tout explose : c'est une supernova qui brille comme 10 milliards de soleils ! Cet événement rare est très important car il a apporté à la Terre des éléments indispensables comme l'oxygène, le fer, l'uranium... L'enveloppe de l'étoile se volatilise dans l'espace, son cœur continue de se contracter : il devient un pulsar ou un trou noir.

Mort en direct !

Une explosion de supernova (du latin *supernovae* : nouvelle étoile très brillante) visible à l'œil nu s'est produite le 23 février 1987, dans le Grand Nuage de Magellan. Ce phénomène est exceptionnel : les hommes en ont vu 5 en 1 000 ans dans leur galaxie !

Les pulsars tournent à des vitesses folles. Ils envoient un puissant faisceau d'ondes (radio, rayons X...) qui balaie l'espace comme la lumière d'un phare balaie la côte.

Les pulsars, toupies infernales

En 1054, les Chinois ont vu une étoile qui brillait, même en plein jour, pendant 3 semaines. C'était une supernova. Quelques siècles plus tard, on a trouvé à cet endroit du ciel les restes colorés de son enveloppe : on l'a appelée la nébuleuse du Crabe. Puis, en captant les ondes radio du ciel, on a découvert qu'elle était très puissante, émettant jusqu'à 30 pulsations par seconde ! De plus, elle émet beaucoup de rayons X. En 1967, on a démasqué le pulsar qui tournait très vite dans cette nébuleuse.

La nébuleuse du Crabe, vue ici au télescope optique, mesure environ 10 années-lumière.

L'infrarouge révèle sa température très élevée.

En rayons X, avec le télescope *Chandra*, la nébuleuse du Crabe ressemble à une toupie tournant autour de son axe.

Les trous noirs, ogres de l'Univers

Quand une étoile a un cœur de plus de 3 masses solaires, il ne peut pas s'arrêter à l'étape du pulsar. Il devient un trou noir, où la gravité est tellement forte que même la lumière ne pourra pas en sortir. On découvre les trous noirs grâce aux rayonnements très puissants émis par la matière qui y tombe... sans espoir de retour !

N'est pas étoile qui veut !

Si la masse d'une candidate étoile (on appelle cette starlette, une protoétoile) est inférieure au 1/10 de celle du Soleil, la température de son cœur ne pourra pas atteindre 10 millions de degrés. L'étoile ne s'allume pas, refroidit lentement et devient une naine brune.

Les galaxies possèdent des trous noirs : massifs, voraces... Petit à petit, ils dévorent tout autour d'eux.

Les nébuleuses, stars des photographes !

Un peu pâlottes dans l'oculaire du télescope, les nébuleuses sont le plus souvent gris-vert, bien ternes... Ton œil est peu sensible à la belle lumière rouge émise par leur hydrogène, mais les photographies, elles, dévoilent leurs couleurs, dans toute leur splendeur !

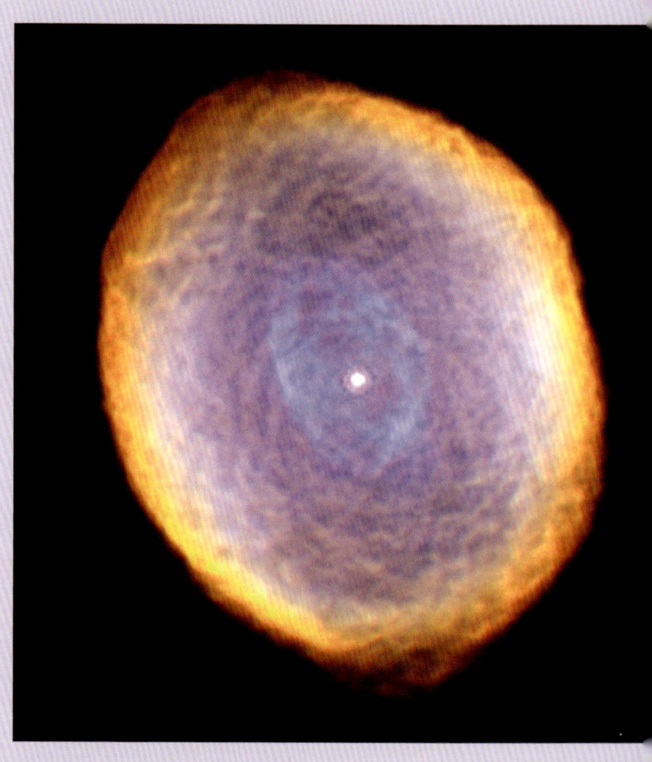

La forme curieuse de cette nébuleuse planétaire, le Spirographe, est liée à la variabilité de son étoile centrale (HD 35914), dont le comportement est mal compris. C'est une étoile variable semi-régulière, dont la luminosité change en quelques heures, ainsi sans doute que la force du vent stellaire qu'elle projette, provoquant ce tracé complexe.

Un nuage aux 3 visages

La nébuleuse est dite obscure quand elle ne contient pas encore d'étoiles. Quand les étoiles éclairent les nuages environnants d'une lueur diffuse, elle devient une nébuleuse diffuse. Et quand les étoiles meurent, leur enveloppe fluorescente reste visible, on l'appelle une nébuleuse planétaire, car sa forme fait penser à une planète.

Découverte par William Herschel dans la constellation de la Licorne, cette nébuleuse, la Rosette, est illuminée par le rayonnement ultraviolet des étoiles très chaudes de l'amas ouvert qui se trouve en son centre. Ces étoiles ont modifié la structure de l'hydrogène du nuage environnant, donnant cette délicate fluorescence rouge. Sa grande surface et sa faible luminosité en font un objet difficile à voir, sauf dans un ciel très noir.

Les astronomes pensent que cette nébuleuse planétaire, la Libellule, est sans doute le produit de l'évolution d'un couple d'étoiles très proches. La matière émise par l'une a sans doute été projetée dans l'espace par l'autre, sous forme de 2 lobes symétriques. Autour des deux étoiles, un vaste nuage très dense s'est formé.

Ces restes de supernova, les voiles du Cygne, se sont dispersés dans l'espace interstellaire en plusieurs milliers d'années après l'explosion de la supernova qui leur a donné naissance. Le gaz est toujours très chaud et se déplace rapidement, repoussant le gaz interstellaire qu'il rencontre, d'où une onde de choc qui provoque la fluorescence très colorée de l'hydrogène.

Parmi les presque 1 400 nébuleuses planétaires connues, l'Haltère est sans doute la plus facile à trouver aux jumelles, dans la constellation du Petit Renard, juste au sud d'Albireo. Par contre, elle n'apparaît que comme une tache grise et le détail de ses lobes ne se voit qu'avec un gros télescope.

Famille de stars

Chez les étoiles, c'est un peu comme dans toutes les familles : tout le monde ne se ressemble pas vraiment ! Il y a des grands, des petits, des solitaires et des couples… Et même des individus au comportement plutôt étrange !

Les étoiles doubles

La majorité des étoiles ne sont pas « célibataires », mais font partie de couples célestes. Parfois, ce sont des illusions d'optique appelées doubles optiques. Le plus souvent, ce sont de vrais couples tournant ensemble dans l'espace : les binaires vraies. Et certaines sont si serrées qu'il faut analyser leur spectre lumineux pour les distinguer : on les nomme binaires spectroscopiques. Mais ces couples sont sans histoires, mettant jusqu'à plusieurs siècles pour faire un seul tour de valse dans l'espace.

Des couleurs de bijoux !

Albireo, dans la tête de la constellation du Cygne, est composée de plusieurs étoiles dont une géante jaune doré et une autre de taille moyenne bleue.
Les astronomes nomment ces couleurs : topaze (jaune) et saphir (bleu). Souvent délicates à distinguer, les couleurs se mettent ici mutuellement en valeur.

Mesure le scintillement des étoiles

- **1 chronomètre**
- **1 carnet de notes**
- **1 lampe rouge**

Plus l'air est agité, plus les étoiles scintillent. En mesurant leur scintillement, variable d'une nuit à l'autre, tu pourras apprécier la qualité du ciel.

1. Choisis une belle étoile basse sur l'horizon. Démarre ton chronomètre, compte 10 scintillements et arrête-le. Note ce temps.

2. Choisis une autre étoile, très haute dans le ciel. Fais comme précédemment.

3. Si les 2 résultats sont proches, le ciel ne sera pas propice à l'observation, car l'atmosphère agite le ciel et fait scintiller les étoiles même loin de l'horizon.

Mu Cephei, dans la constellaltion de Céphée, est une géante variable rouge parmi les plus brillantes de la Voie lactée. Appelée aussi étoile Grenat, elle libère et absorbe en continu de grosses quantités d'énergie, ce qui fait varier sa luminosité.

Cache-cache cosmique !

Parfois, les changements de luminosité des étoiles ont lieu quand l'une passe devant l'autre : elles se livrent devant toi à une partie de cache-cache. C'est le cas pour Algol, dans la constellation de Persée qu'on appelle étoile variable à éclipse. Lorsque l'étoile la moins lumineuse (A) cache l'étoile la plus lumineuse (B), l'intensité diminue fortement (1). Et lorsque que B passe devant A, l'intensité lumineuse faiblit peu (2).

Les étoiles variables

La compagnie d'autres étoiles ou un épisode particulier de leur vie agitée changent souvent la luminosité des étoiles. En la mesurant, on a remarqué que certaines sont « capricieuses », tandis que d'autres brillent davantage à intervalles fixes. Des étoiles du groupe des céphéides, ont même des périodes de luminosité si régulières que les astronomes s'en servent pour mesurer les distances dans l'Univers. Comme si elles étaient des phares dans l'espace !

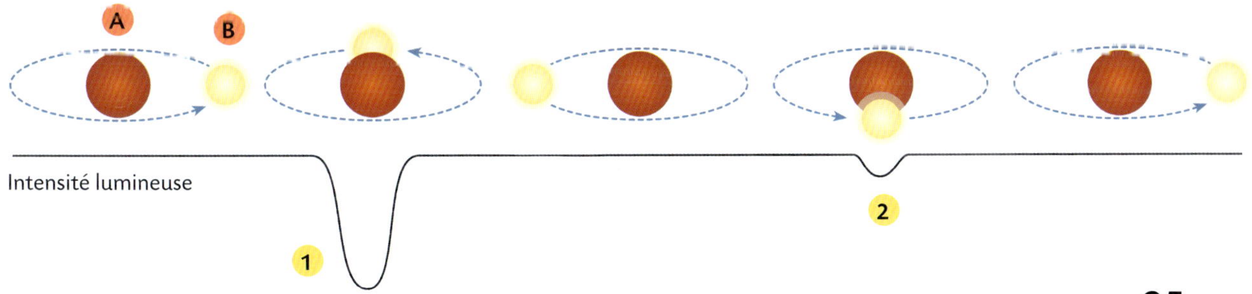

Des foules d'étoiles

Quand les étoiles restent groupées tout près les unes des autres, elles forment des objets très lumineux que l'on appelle des amas.

Les amas ouverts

Toutes les étoiles nées du même nuage de gaz voyagent ensemble dans une même région du ciel. Elles forment ce qu'on appelle un amas ouvert. On en trouve beaucoup dans les bras des galaxies. Ces étoiles jeunes, qui ont donc le même âge, tournent en chœur dans la galaxie jusqu'à ce que l'amas se disperse et que les étoiles mènent leur vie, chacune de leur côté, au bout de plusieurs milliards d'années.

Cet amas ouvert, les Pléiades, est visible dans la constellation du Taureau. Il contient 250 étoiles, surtout des géantes bleues. Seules quelques-unes sont visibles à l'œil nu.

Les amas globulaires

Lorsque des amas très denses sont composés d'étoiles « inséparables », liées entre elles par la gravitation, ce sont des amas globulaires. Ces boules énormes contiennent souvent plus de 100 000 étoiles ! Elles font partie du halo galactique et sont sans doute nées en même temps que les galaxies. C'est donc dans ces amas globulaires que l'on trouve les étoiles les plus vieilles de l'Univers. Très peu sont visibles à l'œil nu ou aux jumelles.

Oméga est un amas globulaire énorme composé de plus de 10 millions d'étoiles. Il est situé dans la constellation du Centaure, dans l'hémisphère Sud.

Comment s'appellent les étoiles ?

Dans une même constellation, on donne aux étoiles des lettres grecques, par ordre de luminosité, d'alpha à oméga. Mais pour les amas d'étoiles de la Voie lactée, ça se complique, car il y a environ 1 000 amas ouverts et 150 amas globulaires ! Pour les reconnaître sur les cartes, en parler, il aurait été plus simple qu'ils aient un seul nom... Mais l'astronomie, comme les autres sciences, est le reflet des civilisations, de leur histoire : chacun a donc voulu inventer des noms, regroupés dans son propre catalogue.

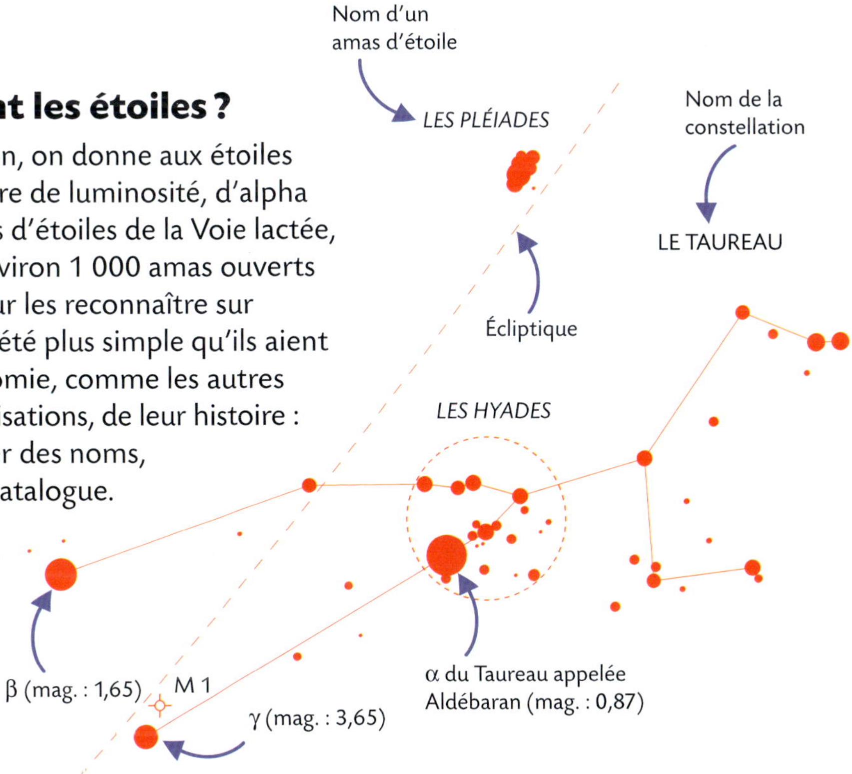

La constellation du Taureau avec le nom de ses 3 étoiles les plus brillantes et leur magnitude.

1 000 !

C'est le nombre de catalogues d'étoiles qui ont été inventés par les astronomes au fil des siecles.

Catalogues des astres

Établi en 1784, le plus célèbre des catalogues est celui de Charles Messier, qui est utilisé dans ce livre : 103 objets (mais pas les étoiles) sont répertoriés, parmi les plus visibles du ciel. Puis Dreyer crée en 1888 un nouveau catalogue beaucoup plus important : le *Nouveau Catalogue général*, le NGC.

Cette galaxie, le Petit Moulin à vent, se nomme M 101 dans le catalogue Messier et NGC 5457 dans celui de Dreyer.

Quelques règles simples...

Les planètes ont des noms de dieux romains, les satellites des noms de dieux grecs ou romains. Les comètes ou astéroïdes sont désignés par l'Union astronomique internationale avec un chiffre (l'année de leur découverte), une 1re lettre (la quinzaine de l'année), une 2e lettre (l'ordre de sa découverte). 1999 EC est le 3e astéroïde découvert durant la 5e période, en 1999.

La Voie lactée

Par de belles nuits sans Lune, une écharpe blanchâtre aux contours irréguliers traverse le ciel. Elle a un peu la couleur du lait, alors on l'appelle la Voie lactée !

Où et quand la voir ?

L'été, la Voie lactée est large au sud, puis plus fine lorsqu'elle contourne le pôle Nord, par l'est, au niveau de la constellation de Cassiopée (reconnaissable à sa forme de W) ; elle se perd ensuite dans l'horizon nord-est. Elle sera plus blanche si la nuit est noire, sans nuages et sans Lune. Et comme elle a la forme d'un arc de cercle découpant un morceau du ciel, cela te donne l'impression d'être sous une voûte en demi-sphère, comme si tu étais sous une demi-orange.

De plus près...

Prends tes jumelles, cale bien tes bras et suis doucement cette piste céleste. Plus question alors de nuage de lait traversant le ciel sombre, mais de milliers et de milliers de points lumineux : des étoiles ! Impossible de les compter ! En t'y promenant lentement, tu découvriras des zones si denses en étoiles qu'on ne peut pas les séparer les unes des autres, et d'autres zones où elles sont rares...

Face à l'horizon sud, si le ciel est noir, sans nuages et sans lune, le ruban de la Voie lactée illumine tout le ciel de nuit.

La Voie lactée : ta galaxie !

La plupart des objets lumineux que tu vois dans le ciel font partie de ta galaxie : la Voie lactée. Elle comprend environ 200 milliards d'étoiles réunies dans un énorme disque aplati de 100 000 années-lumière de diamètre, mille fois plus large qu'épais, et légèrement renflé au centre. Ton étoile, le Soleil, est située sur l'un des bras de la spirale à 27 000 années-lumière du centre. Cette galaxie tourne lentement sur elle-même : le Soleil met 225 millions d'années pour faire un tour complet ; c'est l'année galactique.

Petite histoire de la Voie lactée

Dans la mythologie grecque, la Voie lactée est née du lait répandu par Héraclès, lorsqu'il tétait le sein d'Héra, la femme de Zeus. Pour les Chinois et des peuples d'Asie et d'Amérique, c'est un fleuve céleste. Les Lapons et les Tartares d'Asie centrale y voient le chemin des oiseaux ; les Indiens d'Amérique du Nord, la route que les âmes prennent pour rejoindre le pays des morts.

Cette galaxie, M 74, ressemble exactement à la voie Lactée, si tu la voyais du dessus.

Autour de la galaxie, dans le halo, on trouve des amas globulaires d'étoiles très âgées.

Fabrique une galaxie spirale

- Carton
- 1 pique à brochette
- 1 bouchon de liège

1. Découpe dans un morceau de carton la forme de la Voie Lactée avec ses 4 bras.

2. Plante au centre du carton une pique à brochette d'un côté et un bouchon de liège de l'autre.

3. Tourne-le doucement.

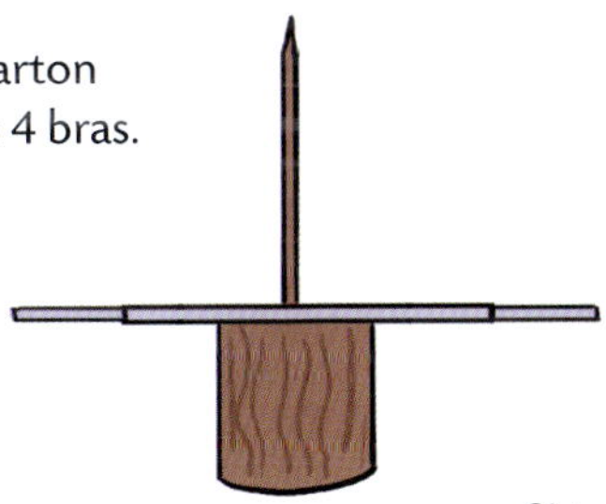

Si tu regardes du dessus ou du dessous, elle a la forme d'une galette.
De profil, c'est une mince ligne.

Le royaume des galaxies

Au-delà de la Voie lactée, des milliards de galaxies tournent dans l'espace. Vers 1920, l'astronome américain Hubble a étudié et classé par types, les formes de plusieurs milliers d'entre elles.

Tournez, manège !

Comme les galaxies tournent dans l'Univers, cela leur donne le plus souvent une forme de spirale aux longs bras déployés autour d'un centre ovale très dense. C'est le cas de la Voie lactée. Mais il en existe d'autres, très différentes, qui parfois voyagent ensemble dans l'immensité.

Sans doute la plus belle et la plus célèbre des galaxies, voici Andromède, la belle géante. Parmi les grandes galaxies, elle est la plus proche de la Voie lactée. Son disque est 2 fois plus large que celui de notre galaxie ! Messier nomma Andromède : M 31, c'est son nom sur les cartes du ciel.

Ces deux galaxies, les Antennes, sont en train de se croiser. Comme elles sont surtout faites de vide, il n'y a pas de collisions d'étoiles, mais les forces de gravitation les déforment. Ce couple agité va sans doute fusionner en une galaxie elliptique géante, dans des centaines de millions d'années.

William Parson construisit, au milieu du XIXe siècle, le plus grand télescope jamais réalisé : 16 m de long ! En observant la nébuleuse M 51, dans la constellation des Chiens de chasse, il découvre une fantastique galaxie spirale, qu'il nomme la nébuleuse du Tourbillon.

Des nuages de galaxies

Au XVIe siècle, lorsque Magellan part faire le tour du monde, ses marins remarquent dans les cieux proches de l'hémisphère Sud, d'étranges taches colorées : on les appelle le Petit et le Grand Nuage de Magellan (*voir* photo p. 153). Plusieurs siècles plus tard, on comprend que ces nuages sont des galaxies irrégulières proches de la nôtre, à environ 170 000 années-lumière. Chacune contient des milliards d'étoiles et fait partie d'un groupe d'une trentaine de galaxies qui se déplacent ensemble dans l'Univers. Andromède est la plus grande galaxie de ce groupe.

Située dans la constellation du Fourneau, dans l'hémisphère Sud, cette galaxie spirale barrée, NGC 1365, possède une barre immense qui mesure 45 000 années-lumière, dans laquelle on a détecté un trou noir.

Dans la constellation de la Vierge, M 87 est une galaxie elliptique et l'une des plus massives et des plus lumineuses connues. Elle est aussi la source d'un signal radio et d'une émission de rayons X très puissants.

Dans l'hémisphère austral, dans la constellation du Réticule, NGC 1313 est une galaxie aux formes très irrégulières.

Un solide vieillard !

Réparties sur des distances inimaginables, des milliards de galaxies tournent dans l'Univers. Entre sa naissance, lors du fameux big-bang et l'époque actuelle, il y a 13,7 milliards d'années d'une longue histoire… Malgré son grand âge, l'Univers est toujours en mouvement !

Une naissance explosive !

Il y a environ 13,7 milliards d'années, une formidable explosion, appelée le big-bang, libère une énergie considérable. Puis 300 000 ans plus tard, l'Univers, qui était opaque, devient transparent à la lumière. La température passe de plusieurs milliards de degrés à 3 000 seulement ! Des nuages de gaz se forment, se condensent en étoiles. Des amas d'étoiles et de gaz donnent naissance à des galaxies en quelques centaines de millions d'années, un peu comme des grumeaux se réunissent autour des tourbillons dans la pâte à gâteau.

Une taille élastique !

Au début du XXe siècle, beaucoup d'astronomes pensaient que l'Univers se limitait à notre galaxie. Puis ils mirent au point des méthodes pour évaluer la taille de l'Univers. En mesurant, par exemple, les variations de luminosité d'étoiles variables comme les céphéides, ils ont pu déterminer par le calcul leur distance par rapport à la Terre. C'est ainsi qu'en 1924, l'Américain Edwin Hubble en déduisit qu'il existait une foule d'autres galaxies semblables à la nôtre et que l'Univers s'étendait bien au-delà de ce qu'on avait imaginé. En 1929, Hubble, toujours lui, confirma, grâce à l'effet Doppler-Fizeau (*voir* l'encadré), que l'Univers était en expansion.

Un étrange effet

Plus un objet céleste est loin de nous, plus il s'éloigne vite. Les galaxies très lointaines, par exemple, s'éloignent de la Terre très vite et leur lumière elle-même met des milliards d'années à nous parvenir… Mais, comme la lumière d'un objet céleste se décale vers le rouge en s'éloignant, les scientifiques utilisent ce phénomène (l'effet Doppler-Fizeau, du nom de ses découvreurs) pour mesurer la vitesse de déplacement des objets lointains.

Histoire de l'Univers,
du big-bang à nos jours.

1 Point de départ : le big-bang ! C'est l'explosion primordiale. L'Univers est très chaud et très dense. Le temps et l'espace existent à partir de cet instant. L'Univers démarre son expansion et commence à refroidir : c'est le début de tout.

2 10^{-43} seconde plus tard : il n'y a que de l'énergie dans l'Univers.

3 10^{-35} seconde plus tard : la taille de l'Univers passe de celle d'une poussière à celle d'une galaxie ! Les premières particules apparaissent.

4 Jusqu'à une seconde plus tard : la température s'effondre à 1 milliard de degrés, puis 100 millions au bout de 3 min. L'Univers est une soupe opaque.

5 300 000 ans plus tard : la température descend à 10 000 degrés : les premiers atomes naissent. L'Univers devient transparent et lumineux.

6 1 milliard d'années plus tard : de nombreuses galaxies tournent dans l'Univers.

7 9 milliards d'années plus tard : le système solaire naît.

8 10 milliards d'années plus tard : les premières formes de vie apparaissent sur Terre.

9 13,7 milliards d'années plus tard : l'Univers est immense, sombre, froid, et presque vide.

Reproduis l'expansion de l'Univers

- **1 ballon**
- **1 feutre**

1. Dessine sur un ballon très peu gonflé des galaxies de différentes formes à intervalles réguliers.

2. Gonfle le ballon.

3. Petit à petit, les galaxies s'éloignent les unes des autres dans toutes les directions, comme cela se passe dans l'Univers.

Volant à 28 000 km/h, le télescope *Hubble* restera en service au moins jusqu'en 2013, plusieurs missions de la navette spatiale servant à réparer et à améliorer ses instruments.

Les explorateurs de l'Univers

Au-dessus de l'atmosphère, on voit mieux et plus loin dans l'Univers que depuis le sol. Rien n'arrête les rayonnements émis par les astres, comme les infrarouges ou les rayons x. Trois grands télescopes spatiaux mis en orbite par la NASA explorent l'Univers.

Hubble, mission photo

Le plus célèbre des télescopes de la NASA porte le nom du plus célèbre des astronomes américains ! Lancé en 1990 à 600 km de la Terre, ce télescope de 11 t, se révèle être mal conçu : il est myope ! En 1993, la navette spatiale lui apporte des « lunettes » (le système COSTAR) pour corriger ce défaut. Depuis, il a pris des milliers de photos somptueuses de l'Univers, des galaxies les plus lointaines aux planètes les plus proches de la Terre.

Spitzer, mission infrarouge

Ce télescope de 85 cm de diamètre porte le nom de Lyman Spitzer, le père du télescope *Hubble* et un pionnier de l'astronomie infrarouge. *Spitzer* détecte les nuages interstellaires, les disques de gaz autour des jeunes étoiles et les galaxies les plus anciennes de l'Univers, dont les rayons lumineux sont proches de l'infrarouge. Lancé en 2003, ce télescope tourne en orbite autour du Soleil en suivant l'orbite de la Terre, mais s'en écarte petit à petit. Pour capter les rayons les plus faibles, *Spitzer* est refroidi à l'hélium liquide, protégé du Soleil par un bouclier, et placé loin de la Terre pour ne pas recevoir sa chaleur.

La NASA et les autres

La NASA est l'agence gouvernementale chargée de mettre en œuvre le programme spatial américain. Elle collabore avec les agences spatiales européenne (ESA), japonaise (JAXA) et russe (la RKA, couramment appelée Roscosmos). Elle gère les télescopes spatiaux qui sont utilisés par la communauté scientifique mondiale.

De beaux bébés !

Ces étoiles sortent tout juste le nez de leur couverture de gaz et de poussière. Dans la nébuleuse de Rho Ophiucus, à 400 années-lumière, cette pouponnière contient plus de 300 bébés étoiles. Sur cette image de *Spitzer*, les plus jeunes, encore entourées de leur nuage, sont rouges. Leurs aînées, d'environ 300 000 ans, ont rejeté leur nuage natal et sont bleues.

La galaxie barrée NGC 1365 possède en son centre un trou noir très massif qui est bien visible sur l'image obtenue en rayons x par *Chandra*, parce qu'il est très énergétique.

Chandra, mission rayons x

Le physicien indien Subrahmanyan Chandrasekhar a démontré l'existence des étoiles à neutrons et des trous noirs. On a donné son nom à *Chandra*, un télescope de 4 t qui capte les rayons x venant de l'Univers. Avec près de 15 m de long, c'est le plus grand satellite jamais mis en orbite ! Il a déjà détecté plus de 1 000 trous noirs et permet d'observer le cœur des galaxies pour comprendre comment les grands amas de galaxies se forment et évoluent.

200 fois

L'orbite de *Chandra* est 200 fois plus loin de la Terre qu'*Hubble*, c'est-à-dire plus du tiers de la distance Terre/Lune.

À l'œil nu, tu distingues des points brillants de toutes les couleurs et de toutes les tailles dans la Voie lactée.

En route pour constel

les ...ations !

Quand le ciel s'assombrit, une, deux, des dizaines puis des milliers d'étoiles sortent de la nuit. Tu y vois alors des dessins d'animaux, des visages... Si la tête te tourne, pas de panique : ces pages sont là pour te guider !

Voyage dans les étoiles

C'est en observant souvent le ciel à des saisons et à des heures différentes que tu te repéreras de mieux en mieux. Avec un peu d'entraînement, tu vas reconnaître du premier coup d'œil les différents objets du ciel.

Ne mets pas tes yeux dans ta poche !

Les étoiles sont nombreuses, mais la lumière de chacune qui parvient jusqu'à toi est faible. Il vaut donc mieux observer les étoiles dans un ciel sans Lune (ou à la rigueur en croissant), dans un lieu sans éclairage et dégagé. Attends 10 min pour que ta vue s'adapte au noir : petit à petit, tu vas distinguer de plus en plus d'étoiles. Comme pour toute observation nocturne, utilise une lampe à ampoule rouge pour lire une carte, regarder l'heure, etc. Une lampe normale t'éblouirait.

La liste des courses

Quand le ciel est bien noir, il y a tant d'étoiles que tu es vite perdu ! Aussi, prépare ton observation en repérant sur une carte les principales constellations visibles en fonction de la date et note leur direction. Fais une liste de 5 à 10 objets que tu veux voir en notant la zone du ciel où tu vas les trouver.

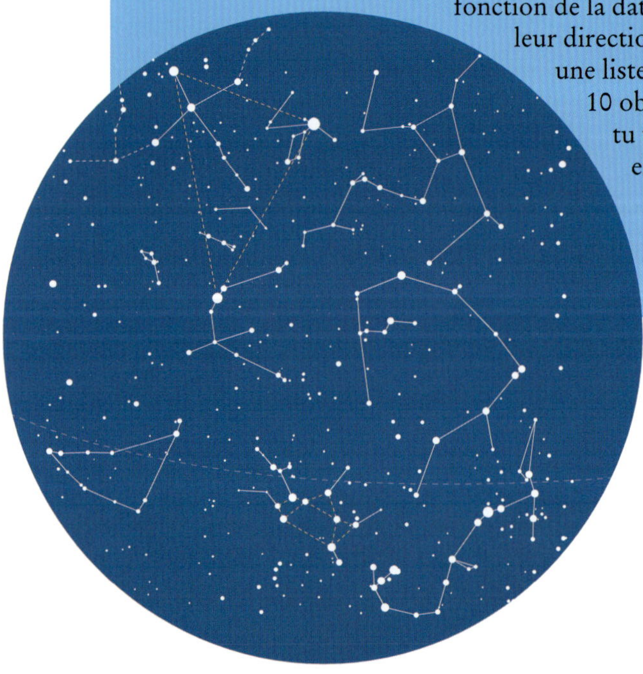

La nuit, tous les chats sont gris !

De nuit comme de jour, le ciel est maintenant très fréquenté par les hommes, à toutes les altitudes. À toi d'être attentif et perspicace pour éviter les pièges ! Les avions, par exemple, sont reconnaissables à leurs lumières clignotantes, rouges d'un côté et vertes de l'autre. Ils passent assez vite dans le ciel mais parfois si haut, qu'on entend peu, ou bien après leur passage, le bruit de leurs réacteurs. Plus difficiles à repérer, les satellites. Ils traversent en silence le ciel en ligne droite, en émettant une lumière fixe et sont souvent moins rapides que les avions.

Voir, même sans les yeux ?

Range tes affaires de façon à les retrouver facilement dans le noir. Dans ton sac, mets la boussole dans une poche, les cartes et la lampe dans une autre, les jumelles à part (séparées de la nourriture et de la boisson !). Une idée futée : colle des bandes adhésives fluorescentes sur les poches.

Attention à l'humidité !

Avec la nuit, la température baisse rapidement et provoque de la condensation. Alors choisis plutôt des cartes plastifiées ou protège-les. Laisse tes jumelles dans leur étui quand tu ne t'en sers pas. Et si de la buée s'est déposée sur les oculaires, fais-les sécher avant de les ranger et ne frotte surtout pas les verres, tu les rayerais.

Étoiles ou planètes ?

Que le ciel contienne beaucoup d'étoiles ou peu, il est toujours difficile de reconnaître à coup sûr une étoile d'une planète ! Même couleur, même taille, faible luminosité se liguent souvent contre toi. Seule l'habitude et l'évaluation des déplacements des astres vont te permettre de faire rapidement cette distinction capitale. En effet, contrairement aux étoiles, les planètes vagabondent dans le ciel d'un jour à l'autre avec des directions et des vitesses différentes. Et comme leur lumière est fixe, les planètes ne scintillent pas.

Si tu es sur une colline dégagée, attends que le ciel soit bien noir : à tout moment, tu devrais pouvoir discerner à l'œil nu environ 1 000 étoiles. Avec beaucoup de patience !

Des dessins dans le ciel

Les hommes ont eu l'idée de donner des noms aux formes dessinées par les étoiles : les constellations. Cela permet de repérer dans le ciel les étoiles, mais aussi les nébuleuses, les galaxies, etc.

L'homme invente la constellation

Une constellation désigne une région du ciel, comme un pays sur une carte de géographie. C'est un dessin géométrique auquel on a donné un nom. La plupart de ces appellations viennent de la civilisation babylonienne, présente il y a plus de 5 000 ans. Depuis, les hommes ont fait davantage : ils ont inventé des histoires entre les dieux, les hommes et les astres, qui suivent leurs croyances.

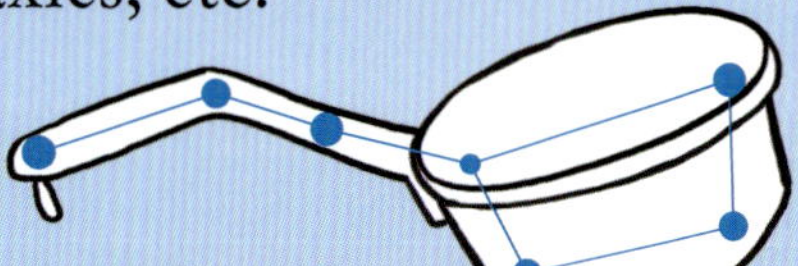

La Casserole

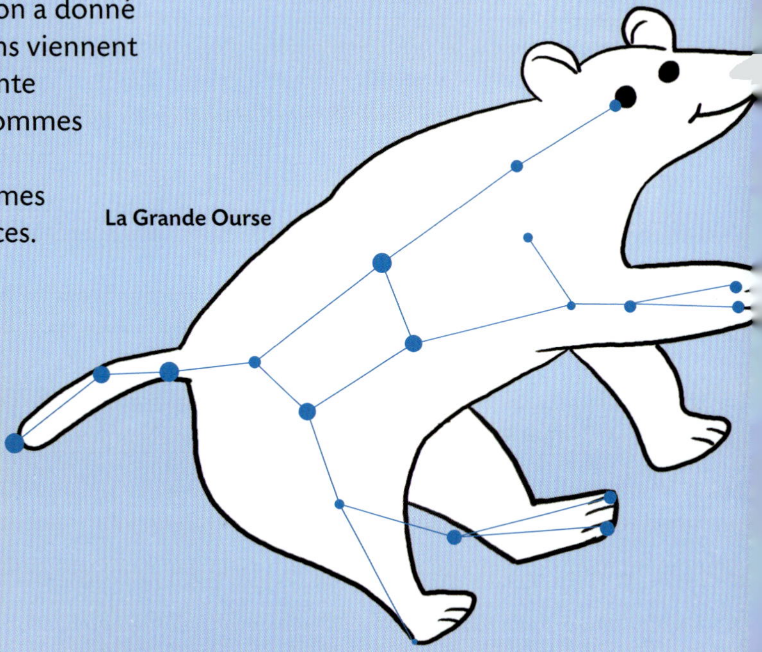

La Grande Ourse

Combien de constellations ?

Au IIe siècle apr. J.-C., le Grec Claude Ptolémée parlait de 48 constellations. Aujourd'hui, l'Union astronomique internationale en compte 88. La plupart des nouvelles constellations sont dans l'hémisphère Sud (où les Grecs n'étaient pas allés).

Petite histoire des constellations

Le ciel est comme un miroir de la vie des hommes : agitée, « pleine de bruit et de fureur » ! Souvent, les dessins du ciel évoquent des personnages très différents. Mais la mythologie, les croyances, les légendes ont toujours voyagé, si bien que parfois, d'un bout de la planète à l'autre, les hommes voient le même animal dans un groupe d'étoiles, mais avec une histoire différente ! Tu trouveras ces récits dans les encadrés « Petite histoire de... » des pages suivantes.

42 000 milliards de km !

C'est la distance de l'étoile la plus proche de la Terre (à part le Soleil, bien sûr !). Elle est dans la constellation du Centaure et s'appelle Proxima Centauri.

Compter les distances en années ?

Cela paraît étrange, mais en fait, c'est logique ! Quand on dit que l'étoile est à plus de 4 années-lumière de la Terre, cela signifie que sa lumière (voyageant à la vitesse de 300 000 km/s) a mis plus de 4 ans pour te parvenir ! Pour les grandes distances, les astronomes mesurent en parsecs (1 parsec = 3,26 années-lumière).

3 Indiens chassant l'ours

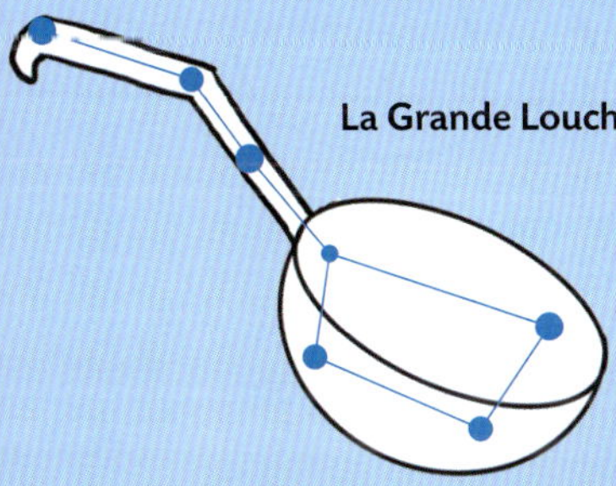

La Grande Louche

Construis une constellation

Les étoiles de la Grande Ourse semblent être accrochées à la voûte céleste, toutes à la même distance : il n'en est rien !

- **1 feutre**
- **1 boîte de polystyrène**
- **7 piques à brochettes**
- **7 boules de cotillon**

1. Dessine la Grande Ourse avec un feutre au dos de la boîte.

2. Coupe les piques aux longueurs suivantes : Dubhe à 18,5 cm ; Merak, 12,5 cm ; Phecta, 14,5 cm ; Megrez, 13 cm ; Alioth, 12,5 cm ; Mizar, 10 cm ; Alkaïd, 21 cm.

3. Dispose les boules pour représenter les étoiles. De face, elles semblent alignées, mais de profil, tout change.

La célèbre Grande Ourse

Présente toute l'année et facile à reconnaître, cette constellation est la plus connue. Ses 7 étoiles sont visibles partout dans l'hémisphère Nord. On lui a donné des noms différents : la Casserole, pour les gens autour de toi, la Grande Louche pour les Américains (*Big Dipper* en anglais), le Chariot (celui du dieu Odin) pour les Vikings et pour les Irlandais (celui du roi David). Mais beaucoup d'autres : Grecs, Arabes, Phéniciens, Indiens d'Amérique... l'ont nommée Grande Ourse et cela lui est resté.

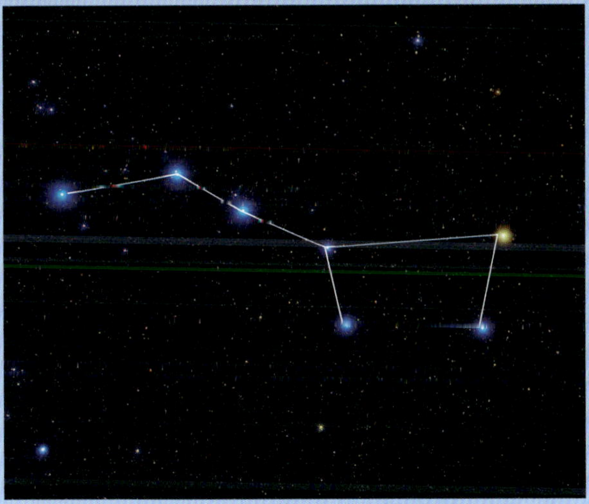

Un groupe d'étoiles et son dessin : la constellation de la Grande Ourse.

Observe les constellations

Observer le ciel dans l'obscurité, consulter une carte, expliquer à des copains ce que l'on a découvert : tout cela n'est pas facile ! Ces différentes techniques vont t'aider à te repérer. À toi de choisir la plus adaptée à chaque situation.

Fabrique un viseur d'étoiles

Grâce à ce bricolage astucieux, tu vas repérer les principales constellations (sans perdre d'étoiles !) et visualiser leur répartition dans le ciel. Tu trouveras dans les pages suivantes des cartes de constellations. À toi d'en dessiner d'autres en prenant soin de garder les mêmes proportions.

- **1 sous-verre de 21 x 29,7 cm (de préférence incassable mais pas antireflet)**
- **Feuilles de plastique transparent (type rétroprojecteur)**
- **Trombones**
- **1 stylo de blanc pour correction**
- **1 lacet de 75 cm minimum**
- **1 pince à linge**

1. Retire le carton ou le papier du sous-verre.

2. Pose une feuille sur une carte de constellations, celle de la Grande Ourse, par exemple. Fixe-la avec quelques trombones.

3. Trace en pointillés les lignes allant d'une étoile à l'autre. Pour les étoiles, dessine des cercles plus ou moins grands, en fonction de leur luminosité.

4. Glisse le lacet dans le ressort d'une pince à linge, fais un nœud. Fais une boucle à l'autre extrémité du lacet de façon à ce qu'il tienne autour de ton oreille : il doit y avoir 40 cm de lacet entre la pince et ton oreille.

5. Pose la feuille sur le sous-verre en l'orientant vers le nord, de façon à positionner le dessin au-dessus de la Grande Ourse. Suis les indications de la carte pour trouver les constellations voisines.

Mesure les étoiles avec ton corps

La Grande Ourse est pratique pour étalonner un instrument de mesure toujours disponible : ta main. Tends le bras. Mesure, avec tes doigts, l'écartement entre 2 étoiles de la Grande Ourse. Comme la distance en degrés est connue, ta main devient un instrument de mesure de tout le ciel.

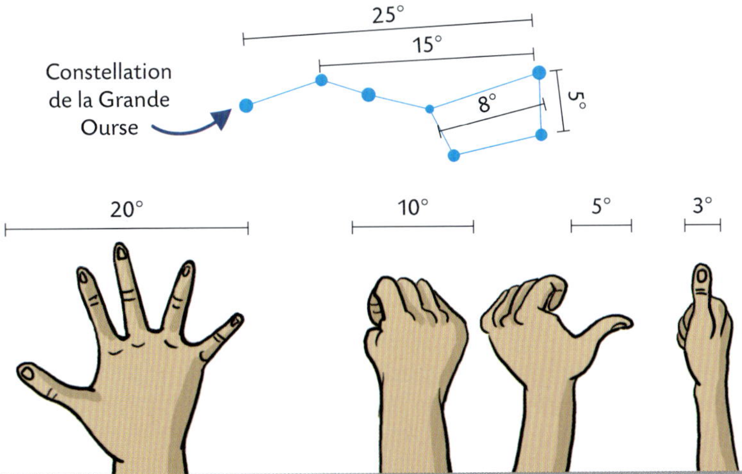

Utilise le *star-hop*

Imagine un chemin qui conduit d'une étoile (très facile à voir) à une autre (que tu veux montrer) : c'est le *star-hop* (*star* en anglais veut dire étoile et *to hop*, sauter).

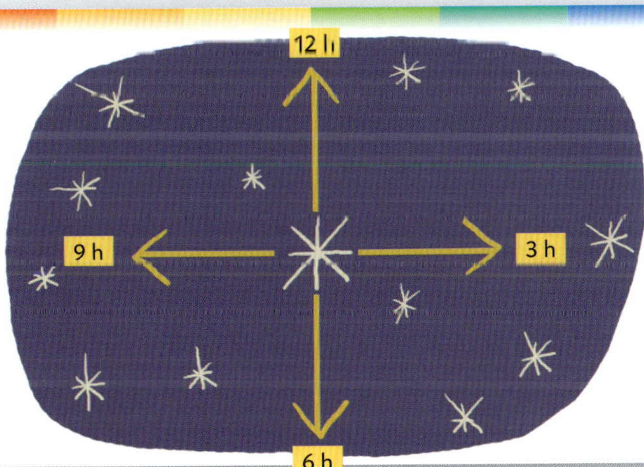

Repère-toi avec un cadran d'horloge

Choisis une étoile très brillante que tout le monde reconnaît. Elle sera le centre de l'horloge. À partir de là, indique la position d'un objet avec une heure : 9 h sera à gauche, 3 h à droite, etc.

Départ : l'étoile Polaire

Au cours de la nuit, toutes les étoiles de la voûte céleste semblent tourner autour d'une seule, celle qui est dans l'axe de la Terre, l'étoile Polaire. C'est par elle que commence ton voyage dans les étoiles.

L'étoile qui ne bouge pas

Pour la trouver, repère la Grande Ourse (la constellation en forme de grande casserole). Ensuite, il te suffit de prolonger le bord extérieur de la casserole de 5 fois la distance séparant les 2 étoiles du bord. L'étoile Polaire est là, pas très brillante, et constitue l'extrémité du manche d'une autre casserole, plus petite, appelée la Petite Ourse. Au cours de la nuit, la Grande Ourse se déplace et n'a pas la même place chaque soir selon les saisons, mais l'étoile Polaire, elle, reste toujours au même endroit.

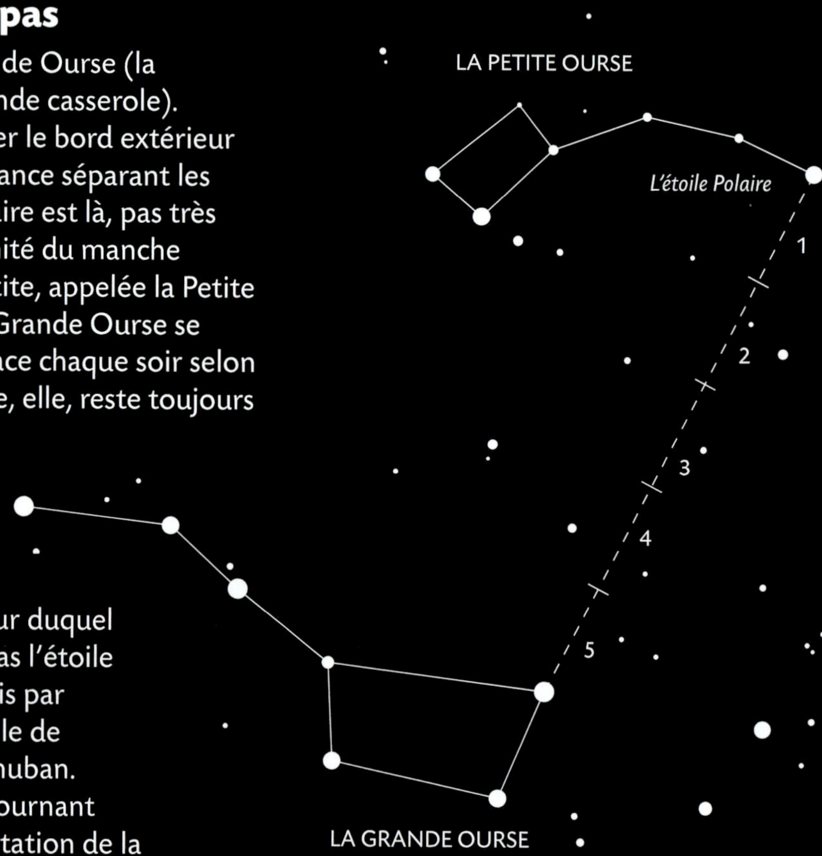

Hier et demain ?

Il y a 5 000 ans, le centre autour duquel tournaient les étoiles n'était pas l'étoile Polaire actuelle (appelée Polaris par les astronomes), mais une étoile de la constellation du Dragon : Thuban. Pourquoi ? C'est parce qu'en tournant comme une toupie, l'axe de rotation de la Terre décrit un cercle. Aussi, l'étoile qui se trouve dans cet axe (l'étoile Polaire) change très lentement. Dans 12 000 ans, l'étoile Polaire sera Véga dans la constellation de la Lyre, et alors, toutes les étoiles du ciel sembleront tourner autour d'elle.

Photographie le ciel de nuit

• 1 appareil-photo et son pied

1. Fixe un appareil photo sur un pied (ou un support) de façon à viser l'étoile Polaire.

2. Règle ton appareil pour prendre une photo avec un temps de pose d'une heure.

3. Le résultat devrait être proche de cette image.

Lis l'heure avec les étoiles

La Grande Ourse fait un tour complet autour de l'étoile Polaire en 24 h. Avec cet instrument, appelé noctulabe, il suffit de connaître la date pour lire l'heure.

- **1 compas**
- **1 double-décimètre**
- **2 feuilles de plastique transparent**
- **1 stylo-bille correcteur**
- **1 attache parisienne**

1. Trace 2 cercles sur la 1re feuille, 1 de 10 cm de diamètre et 1 de 12,5 cm, comme sur le modèle.

2. À l'aide de ton compas, divise chacun des cercles en 12 parties égales (chacune mesure 360° : 12 = 30°). Écris au stylo bille correcteur, les mois et les heures comme sur ce modèle.

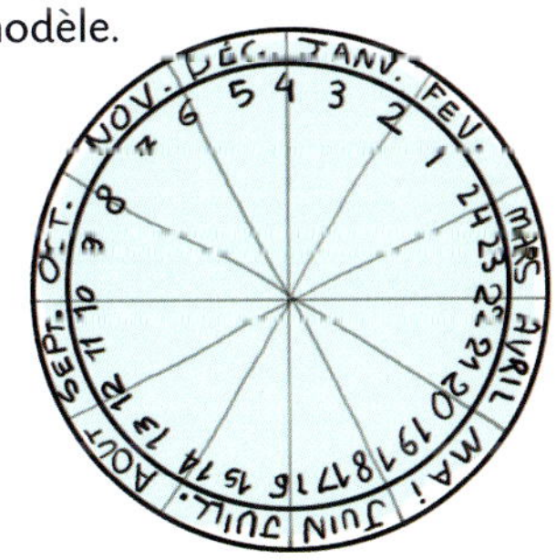

3. Découpe sur la 2e feuille un cercle de 10 cm de diamètre et dessine la Petite et la Grande Ourse, en plaçant la Polaire au centre.

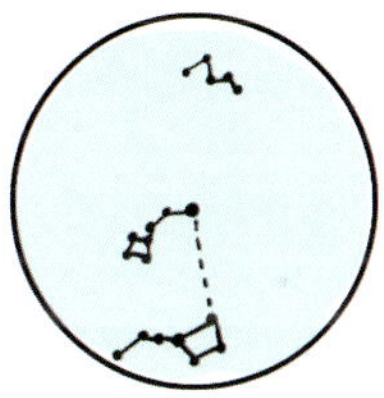

4. Place les 2 feuilles l'une sur l'autre en les reliant avec l'attache parisienne.

5. Tourne les disques pour que la date soit en haut et la Grande Ourse dans la même position par rapport à la Polaire que dans le ciel.

6. Les étoiles du bord extérieur de la Grande Ourse (les pointeurs) te montrent alors l'heure. (Dans cet exemple, mi-décembre, il est 17 h.)

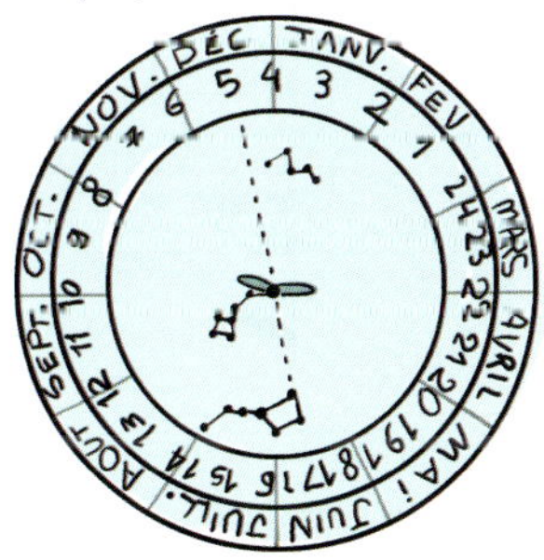

Autour de l'étoile Polaire

Tout autour d'elle, plusieurs constellations, appelées constellations circumpolaires, sont toujours là, fidèles. Chaque nuit, elles tournent, sans jamais se coucher…

La Grande Ourse

Sa forme de casserole regroupant 7 étoiles t'est maintenant familière. Alors pourquoi l'appelle-t-on Grande Ourse ?

Petite histoire de la Grande Ourse et de la Petite Ourse

Le nom de la Grande Ourse vient d'une histoire d'amour « orageuse » de la mythologie grecque. Zeus, le dieu des dieux, tombe amoureux d'une très belle nymphe : Callisto. Ils ont un fils, Arcas. La femme de Zeus, Héra, l'apprend et change Callisto en ourse. Un jour, l'ourse rencontre dans la forêt un jeune chasseur, qui est en fait Arcas. Elle ouvre les bras pour l'embrasser mais il ne reconnaît pas sa mère et lève sa lance pour la tuer. Zeus intervient en un éclair et le transforme lui aussi en ours. Puis il saisit les deux ours par la queue, les projette dans le ciel. C'est pourquoi, dit-on, les deux ours du ciel ont une queue plus longue que les ours terrestres…

La Petite Ourse

Elle ressemble à la casserole, en plus petit et inversée. À l'extrémité de sa queue, l'étoile Polaire n'est pas très brillante : elle est seulement la 49e du ciel. Aux jumelles, tu verras juste en dessous un groupe d'étoiles qui forment un cercle.

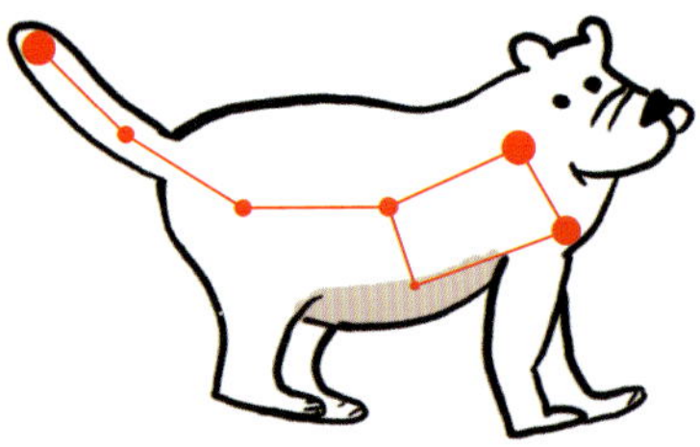

Représentation ancienne des constellations de l'hémisphère Nord.

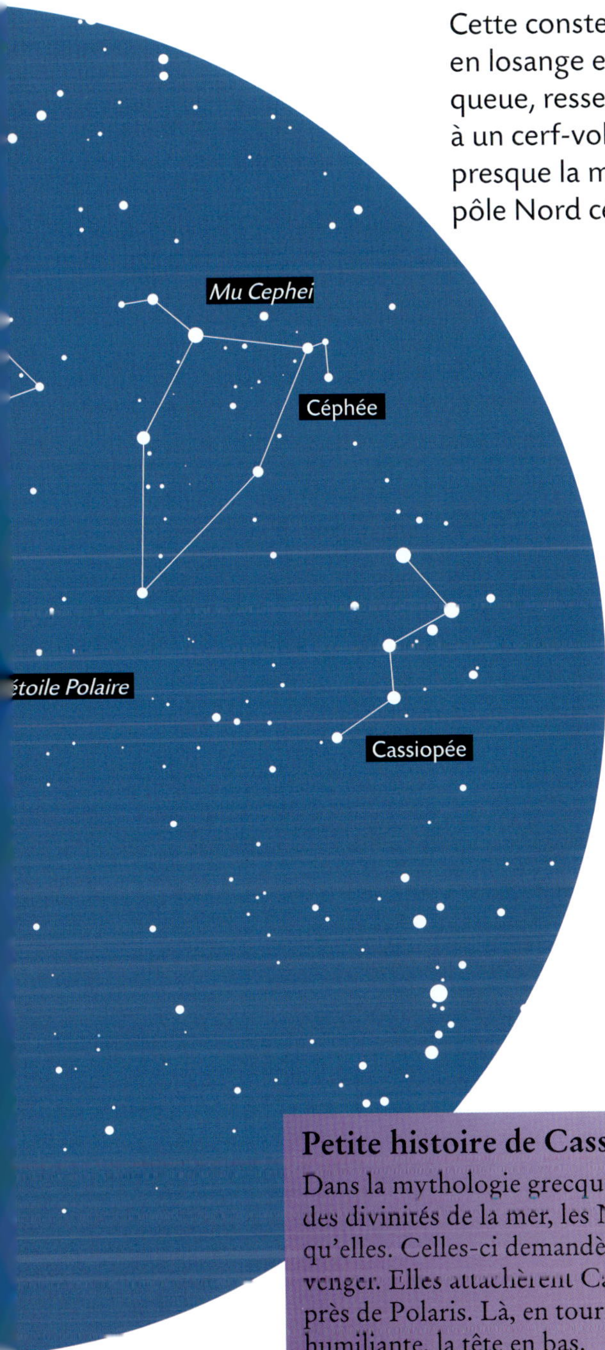

Le Dragon

Cette constellation, avec sa tête en losange et sa très longue queue, ressemble un peu à un cerf-volant qui fait presque la moitié du pôle Nord céleste.

Petite histoire du Dragon

Pour les Babyloniens, il y a 5 000 ans, ce dragon était Tiamat, le maître des eaux salées et du chaos. Il fut tué dans un combat titanesque par le héros Marduk qui créa la Terre et les cieux avec les morceaux du corps du dragon. Dans la mythologie grecque, Marduk est devenu Héraclès. Le dragon gardait les pommes d'or du jardin d'Héra, la femme de Zeus. Héraclès vola les pommes d'or par la ruse et Héra, furieuse, le punit en le plaçant parmi les constellations qui ne se couchent jamais pour y monter la garde, éternellement…

Cassiopée

Cette constellation est l'une des plus faciles à reconnaître. Elle a la forme d'un grand W.

Petite histoire de Cassiopée

Dans la mythologie grecque, Cassiopée, reine d'Éthiopie, offensa des divinités de la mer, les Néréides, en se vantant d'être plus belle qu'elles. Celles-ci demandèrent à Poséidon, le dieu de la mer, de les venger. Elles attachèrent Cassiopée sur une chaise dans le ciel, tout près de Polaris. Là, en tournant, elle prend parfois une position humiliante, la tête en bas.

Céphée

Elle ressemble à la maison que dessinent souvent les enfants. Mu Cephei, l'une de ses étoiles, a une belle couleur grenat.

Petite histoire de Céphée

Très près de Cassiopée, on l'a appelée Céphée, le nom du mari de Cassiopée.

Les signes du ciel, le zodiaque

Bélier, Scorpion, Balance…, ce sont les signes du zodiaque, mot grec qui signifie la ligne de vie. Certains pensent qu'ils sont importants pour leur avenir. Et en astronomie ? Ce sont des constellations !

Où est le zodiaque ?

Dans le ciel, le Soleil, la Lune et les planètes semblent suivre toujours un même chemin. Comme c'est le long de cette voie imaginaire qu'ont lieu les éclipses, il fut nommé écliptique. Il a été beaucoup étudié par les astronomes de l'Antiquité. Ceux-ci ont découvert que les mouvements des astres dans le ciel pouvaient être prévus ; ils croyaient aussi que c'étaient des messages que les dieux envoyaient aux hommes et qu'ils influençaient l'avenir.

Ne pas confondre !

Astrologie signifie le discours des astres. Les astrologues estiment traduire le message caché dans les mouvements des astres. Leurs prévisions sont regroupées dans les horoscopes. Alors que l'astronomie, c'est la science qui nomme les astres et décrit leurs mouvements.

Kepler, astronome ou astrologue ?

Au XVIIe siècle, Kepler était salarié à la cour des Habsbourg comme astronome. Il complétait ses maigres revenus en vendant des horoscopes. Aussi, même dans ses écrits scientifiques, il utilisait un jargon astrologique. Cela agaçait tellement Galilée qu'il a toujours refusé de collaborer avec lui !

Les inventeurs du zodiaque

Il y a 5 000 ans, les Babyloniens ont découpé cette bande du ciel en 12 secteurs égaux, chacun associé à une divinité. Le point de départ du zodiaque était le point vernal, c'est-à-dire le lieu où se trouve le Soleil à l'équinoxe de printemps. Ce point évolue avec le temps. Il était dans le Taureau à leur époque, puis dans le Bélier dans la Grèce antique. Aujourd'hui dans les Poissons, il passera bientôt dans le Verseau. Mais l'astrologie n'a pas pris en compte ces changements ! Ses calculs se basent sur un ciel vieux de 2 000 ans ! Rien à voir avec l'astronomie qui, de plus, décrit 13 constellations sur l'écliptique !

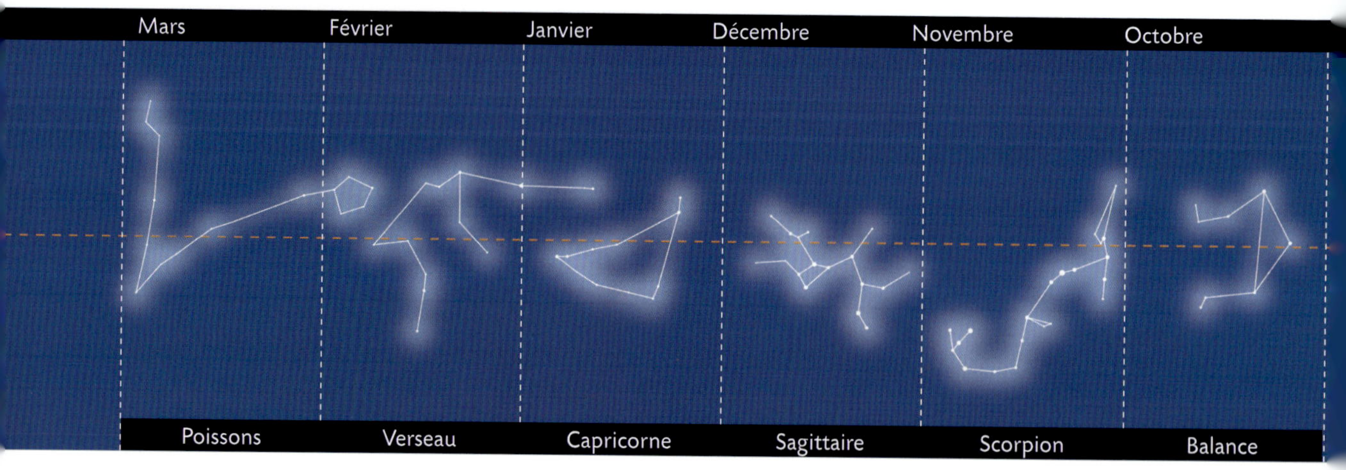

Construis un zodiaque

- **1 bande de papier de 84 x 10 cm**
- **1 morceau de pâte à modeler**
- **1 m de fil de fer**
- **1 balle de ping-pong**
- **1 bille**

1. Divise la bande de papier en 12 parties égales de 7 cm. Dessine dans chacune le signe et le nom du mois, comme sur l'illustration centrale.

2. Installe la balle (le Soleil) et la bille (la Terre) comme sur le schéma.

3. Colle la bande en rond autour du montage.

D'un côté, tu vois, depuis la Terre, dans quelle constellation se trouve le Soleil, et de l'autre ce que tu verras la nuit.

Le pouvoir du ciel

Dans la Chine ancienne, l'empereur était fils du ciel. L'astrologie avait une grande place, car l'astrologue impérial devait interpréter le ciel pour chaque événement. Il devait aussi montrer que l'arrivée au pouvoir de chaque nouvel empereur était inscrite depuis toujours dans les astres.

Pour les astrologues, chacune des 12 périodes de l'année est associée à une constellation du zodiaque. Cela correspond aux dates pendant lesquelles le Soleil passe devant cette constellation.

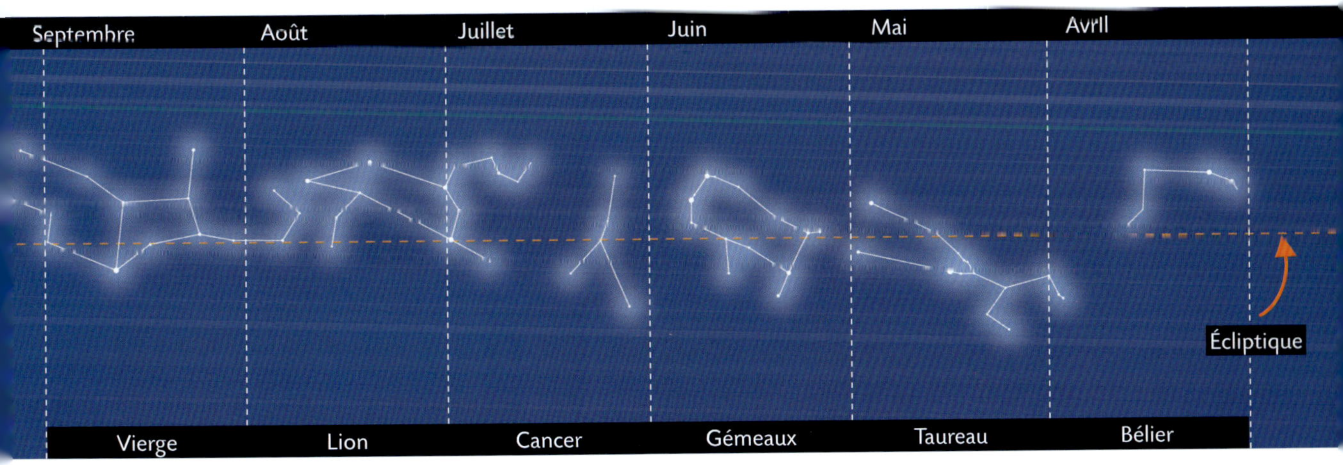

Les étoiles des Pléiades sont enveloppées de nuages de poussières qui réfléchissent leur belle couleur bleue.

À chaque saison,

Tu possèdes maintenant les outils et les connaissances pour voyager dans le ciel de nuit. Tes instruments sont prêts ? La nuit promet d'être claire et douce ? Alors, tu as rendez-vous avec le ciel de nuit : spectacle grandiose garanti !

son ciel

Ciel d'été

Là, au-dessus de ta tête, il y a cette immense voûte étoilée. Mais, as-tu remarqué qu'elle changeait au fil des saisons ? Des objets passent, disparaissent puis reviennent, parfois un an plus tard. Spectacle toujours différent, passionnant ! C'est les vacances, profites-en...

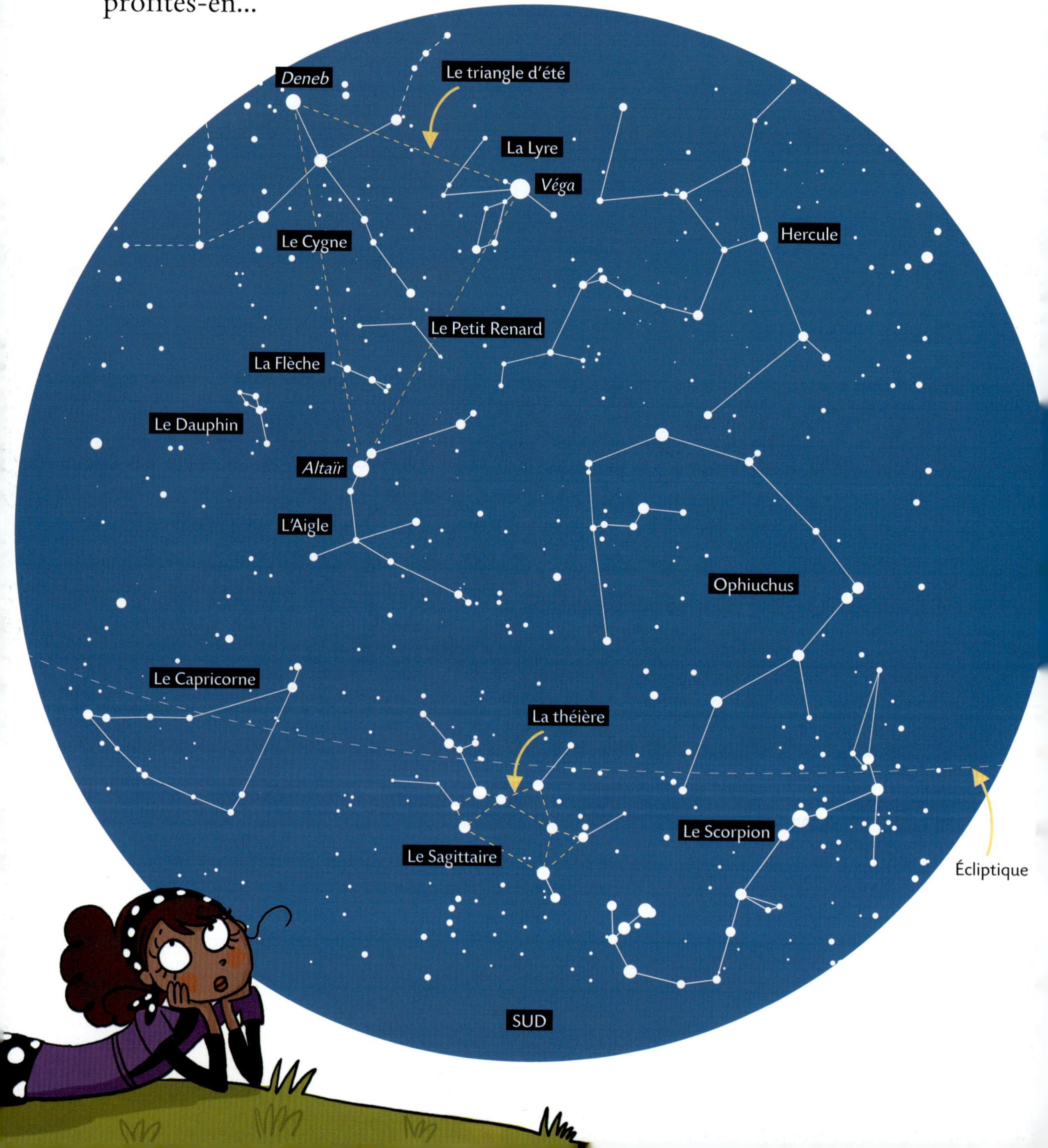

Le ciel d'été

Voici le ciel visible en direction du sud, une nuit d'été vers 23 h. La première étoile qui apparaît, haut dans le ciel, c'est Véga de la Lyre. Viennent ensuite Deneb à l'est, puis Altaïr, un peu plus au sud. À elles trois, elles forment le triangle d'été, qui reste dans le ciel toute la nuit.

Conditions d'observation

Quand la journée a été chaude, la fraîcheur de la nuit est agréable, mais l'air vibre, les étoiles scintillent beaucoup : l'observation est difficile. Plus tard, à la nuit noire, l'air est calme mais l'humidité de la condensation arrive : il faut se couvrir ! L'idéal est une nuit d'été, mais après la pluie, lorsqu'elle a nettoyé le ciel. En bord de mer, les changements de marée apportent parfois des nuages d'altitude, alors qu'en montagne, il faut se méfier des orages soudains.

Petite histoire du Cygne

Zeus, le dieu des dieux, s'était transformé en cygne pour séduire la belle Léda. De leurs amours, naquirent Pollux et Hélène. Celle-ci fut enlevée par Pâris pour sa beauté, ce qui déclencha la célèbre guerre de Troie.

Le Cygne

Posée sur un immense tapis d'étoiles, le Cygne, appelée aussi la Croix du Nord, est au milieu de la Voie lactée. Elle est facile à repérer grâce à sa forme d'oiseau en vol et à Deneb, l'étoile qui marque la queue du Cygne (les Arabes, eux, y voient une poule !).

La nébuleuse diffuse d'Amérique du Nord est visible aux jumelles.

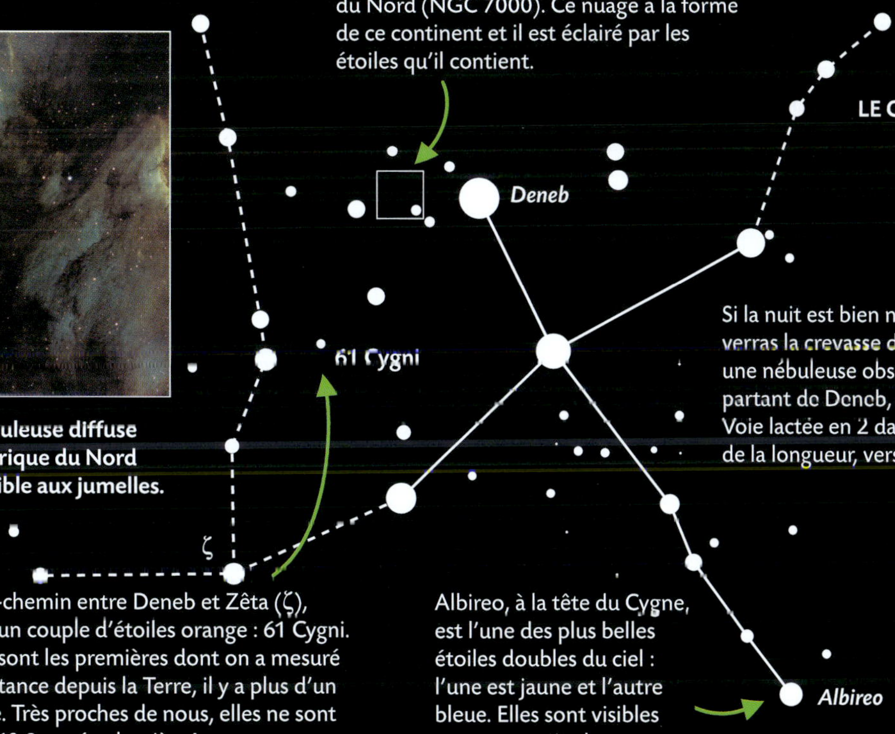

Si le ciel est très pur, tu verras, juste à côté de Deneb, la nébuleuse diffuse d'Amérique du Nord (NGC 7000). Ce nuage a la forme de ce continent et il est éclairé par les étoiles qu'il contient.

Si la nuit est bien noire, tu verras la crevasse du Cygne, une nébuleuse obscure qui, partant de Deneb, coupe la Voie lactée en 2 dans le sens de la longueur, vers le sud.

À mi-chemin entre Deneb et Zêta (ζ), il y a un couple d'étoiles orange : 61 Cygni. Elles sont les premières dont on a mesuré la distance depuis la Terre, il y a plus d'un siècle. Très proches de nous, elles ne sont qu'à 10,9 années-lumière !

Albireo, à la tête du Cygne, est l'une des plus belles étoiles doubles du ciel : l'une est jaune et l'autre bleue. Elles sont visibles avec une petite lunette.

La Lyre

Très haute dans le ciel, juste au bord de la Voie lactée, Véga de la Lyre brille comme un diamant d'un éclat blanc bleuté. Du fait de la précession de la Terre, elle devient l'étoile Polaire tous les 26 000 ans. Ce sera son tour dans 12 000 ans !

As-tu une bonne vue ? Tu le sauras en observant l'étoile ε. Si tu vois qu'elle est double, bravo ! Sinon, prends tes jumelles, et regarde en même temps δ qui est aussi une étoile double, mais dont les deux composantes sont plus rapprochées !

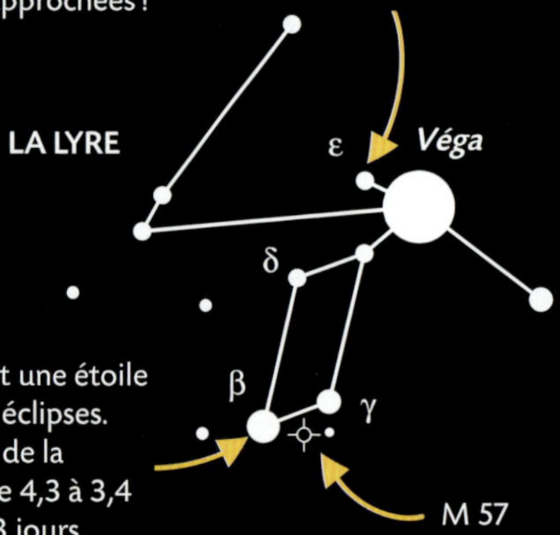

β Lyrae est une étoile variable à éclipses. Elle passe de la magnitude 4,3 à 3,4 tous les 13 jours.

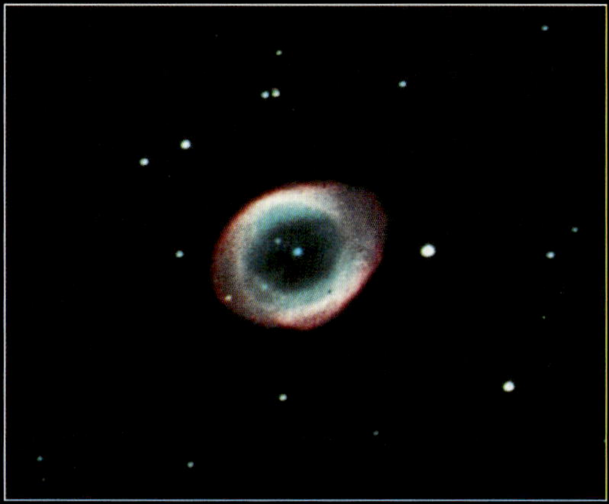

Cette belle nébuleuse planétaire, M 57, juste au milieu de la ligne entre β et γ, est appelée la nébuleuse de l'Anneau, visible seulement avec un télescope. Un très bel anneau de gaz coloré entoure une naine blanche.

Petite histoire de la Lyre

Pour les Grecs, la Lyre est l'instrument de musique qui permit au poète Orphée de tenter de sauver sa fiancée Eurydice de la mort. Ses chants charmèrent Hadès, le dieu des Enfers. Les Chinois y voient une princesse tisserande qui se morfond alors que son époux (Altaïr, dans l'Aigle) garde ses moutons de l'autre côté du fleuve infranchissable de la Voie lactée.

La Flèche et le Petit Renard

En traversant la Voie lactée, d'Albireo vers l'Aigle, on rencontre 2 petites constellations : le Petit Renard, peu visible, et la Flèche, qui se détache mieux, juste au nord d'Altaïr.

Une très belle nébuleuse, M 27 (nébuleuse des Haltères), ne montre qu'une petite tache floue aux jumelles.

On voit à l'œil nu un amas ouvert, à l'ouest de la Flèche en plein centre de la Grande Crevasse. Aux jumelles, sa forme de porte-manteau lui a valu son nom : amas du Cintre.

Petite histoire de la Flèche

Cette Flèche aurait été lancée par Hercule (Héraclès), qui se trouve à l'ouest, pour tuer l'Aigle.

L'Aigle

L'étoile la plus brillante de l'Aigle, Altaïr, est la 3e étoile du triangle d'été.

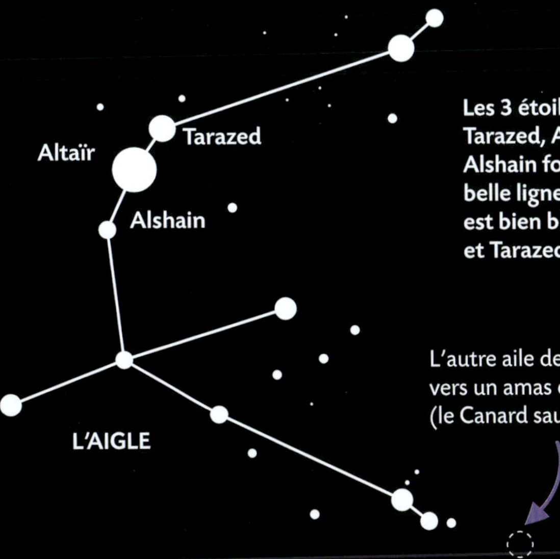

Les 3 étoiles : Tarazed, Altaïr et Alshain forment une belle ligne où Altaïr est bien blanche et Tarazed orange.

L'autre aile de l'Aigle pointe vers un amas ouvert : M 11 (le Canard sauvage).

M 11, visible aux jumelles, appartient à la petite constellation de l'Écu.

Petite histoire de l'Aigle

Lorsque Prométhée, ton ancêtre, tint tête aux dieux en donnant le feu aux hommes, Zeus le fit enchaîner et envoya un aigle lui dévorer les entrailles. L'Aigle se retrouva au ciel pour avoir obéi à Zeus, le dieu des dieux, mais sous la menace d'Hercule et de ses flèches.

Le Dauphin

La forme de cette jolie petite constellation inventée par les marins évoque bien un dauphin hors de la Voie lactée.

L'étoile γ Del., la pointe du museau du Dauphin, est une jolie étoile double visible aux jumelles.

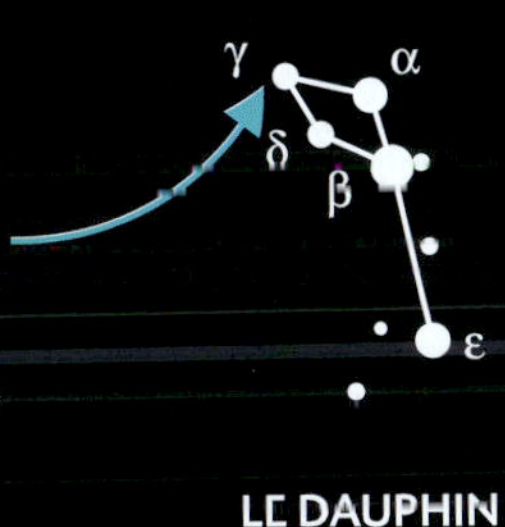

Petite histoire du Dauphin

Pour les Indiens d'Amérique du Nord, le Cygne est un grizzly et le Dauphin, l'empreinte de sa patte.

Fabrique un luminomètre

- 1 cutter
- 5 pots de petits-suisses
- Feuilles de papier Cellophane
- Colle

1. Retire le fond des petits-suisses avec l'aide d'un adulte.

2. Colle une épaisseur de Cellophane sur le pot n° 5, 2 épaisseurs sur le n° 4, 3 sur le n° 3, etc.

3. Si une étoile n'est visible que dans le pot n° 5, cela signifie que l'étoile est de magnitude 5 ou plus. Si elle est toujours visible à travers le pot 1, cela signifie que sa magnitude est comprise entre 0 et 1.

Hercule

Cette constellation se repère facilement à partir du trapèze situé sur une ligne allant de Véga à Arcturus (dans la constellation du Bouvier).

Petite histoire d'Hercule

Hercule était un fils de Zeus. L'épouse de Zeus, Héra, qui n'était pas sa mère, essaya de le tuer, puis le poussa à exécuter des crimes. Chaque fois, Hercule devait expier ses fautes en réalisant un exploit : ce sont les 12 travaux d'Hercule.

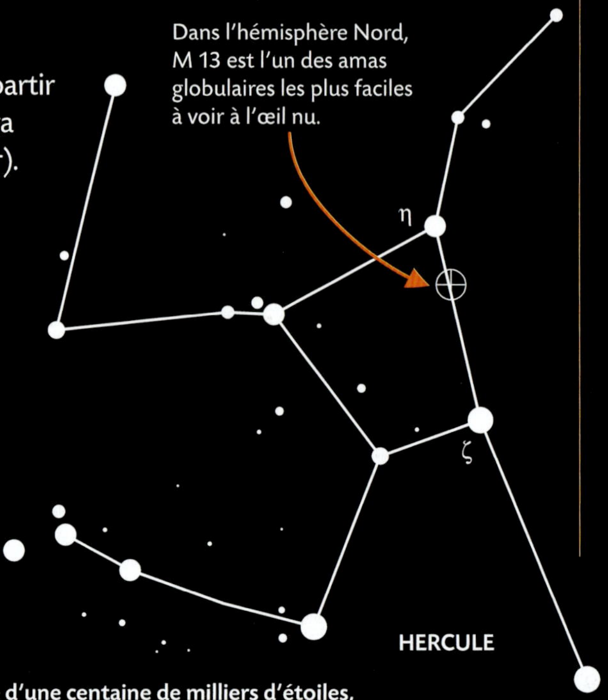

Composé d'une centaine de milliers d'étoiles, M 13 est facile à trouver aux jumelles entre η et ζ Her. C'est l'un des amas globulaires parmi la centaine orbitant autour de la galaxie.

Le Capricorne

À l'est de la Voie lactée, cette constellation a la forme d'un triangle un peu tordu. Ce signe, moitié poisson (animal d'eau), moitié chèvre (animal des montagnes), évoque la sortie du Soleil des signes d'eau et le début de son ascension après le solstice d'hiver, le 21 décembre.

Petite histoire du Capricorne

Pour les Grecs, le Capricorne est devenu le dieu Pan, représenté sous la forme d'un satyre moitié homme, moitié bouc. Il sauva Zeus du terrible Typhon en le faisant fuir avec les sons affreux de sa flûte... Pour le remercier, Zeus l'envoya dans le ciel.

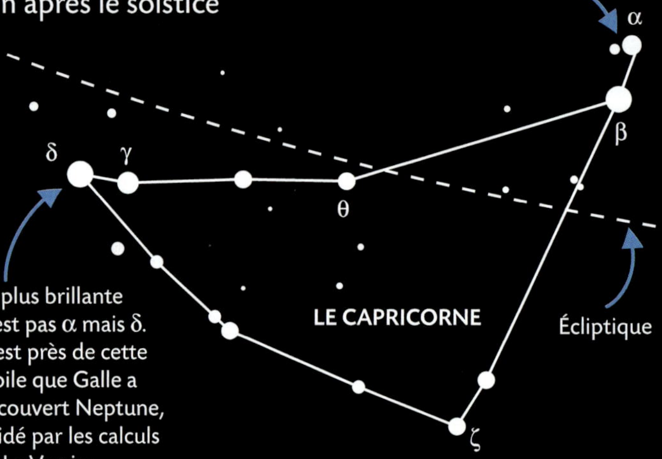

Ophiuchus (le Serpentaire)

Elle est difficile à repérer car elle est très étendue et située à cheval sur la Voie lactée. On repère α, qui forme un triangle avec Altaïr et Véga, à l'opposé du triangle d'été.

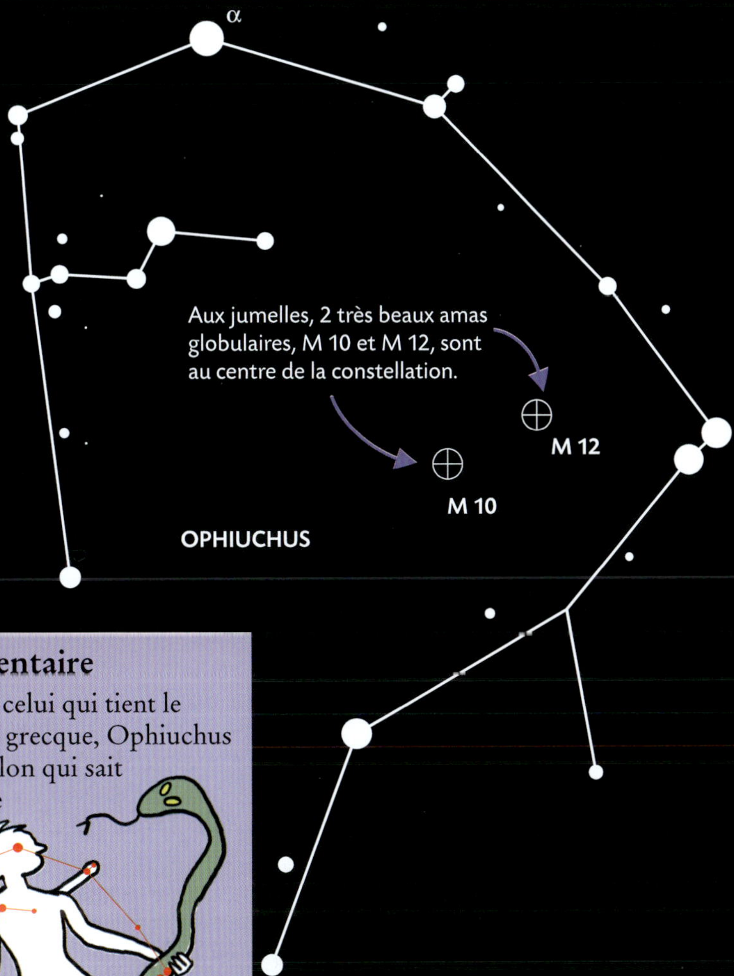

Petite histoire du Serpentaire

En grec, Ophiuchus signifie celui qui tient le serpent. Dans la mythologie grecque, Ophiuchus est Asclépios, un fils d'Apollon qui sait soigner par les plantes, grâce au serpent. Célèbre pour ce savoir, Asclépios (Esculape chez les Romains) est maintenant le patron de la médecine.

Le tropique du Capricorne

Les tropiques sont des lignes imaginaires qui, sur la Terre, marquent l'endroit où le Soleil est exactement à la verticale à midi, le jour du solstice d'hiver. Ce jour-là, c'est la constellation du Capricorne qui est haute dans le ciel à midi, et lors du solstice d'été, c'est la constellation du Cancer.

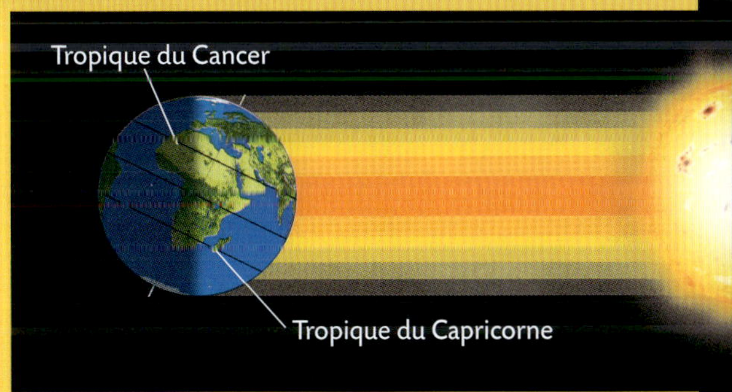

Le Sagittaire

Elle est située très au sud, dans une très belle région du ciel, là où la Voie lactée est large et plus dense qu'ailleurs. Ce qui est normal car, en fait, tu regardes vers le centre de ta galaxie. Aux jumelles, par une nuit noire, tu auras l'impression de plonger dans un nuage d'étoiles... Toute cette région contient de nombreux amas d'étoiles observables avec des jumelles puissantes.

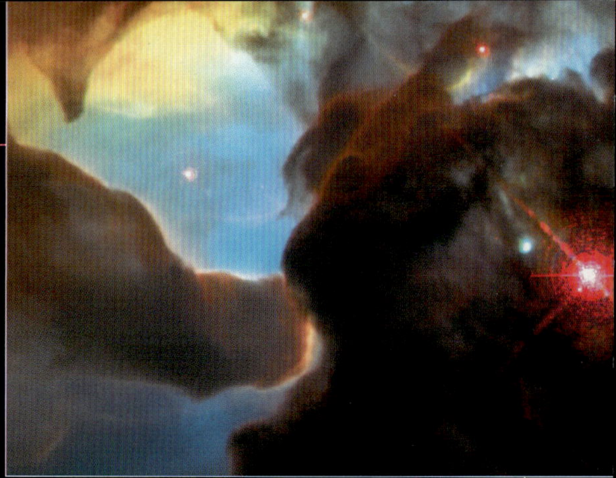

Bien visible aux jumelles, cette nébuleuse, M8 (dite de la Lagune), est comme un nuage de vapeur très lumineux s'échappant du bec de la théière. Elle brille de toutes les jeunes étoiles qu'elle contient.

Petite histoire du Sagittaire

Cette constellation très ancienne est représentée par un archer mi-homme, mi-cheval. Pour de nombreux peuples, c'est la porte de l'au-delà, gardée par de redoutables guerriers. Pour les Anglo-Saxons, grands buveurs de thé, elle est une théière.

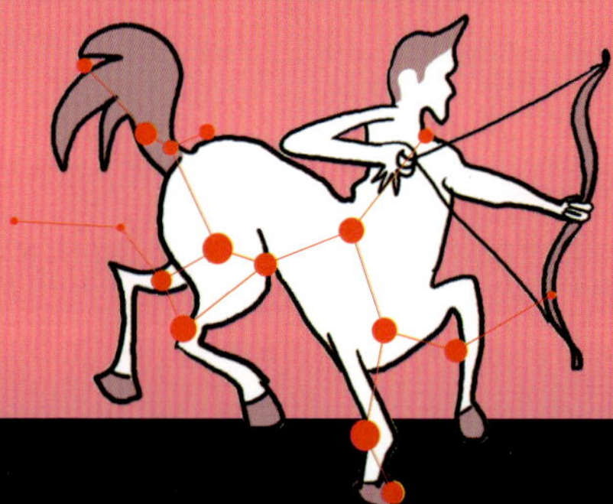

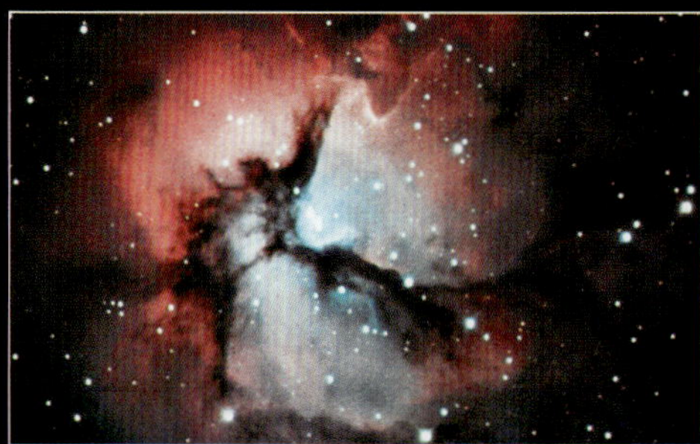

Avec tes jumelles, tu verras, juste au-dessus de M 8, la nébuleuse Trifide (M 20 dite du Trèfle). Elle est découpée en trois par de sombres nuages noirs de poussières visibles au télescope.

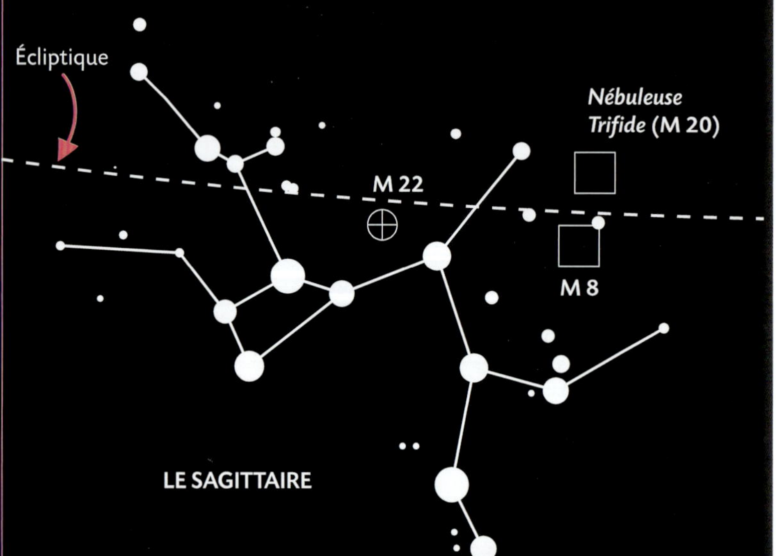

Mesure la magnitude des étoiles

Il y a 2 000 ans, Hipparque inventa la mesure de la luminosité des étoiles. À sa suite, avec un peu d'entraînement et grâce à la carte ci-contre, repère la différence de luminosité entre les étoiles, mesurée de 0 à 5. L'étoile la plus lumineuse, Véga, a la magnitude 0.
Compare les valeurs de cette carte avec celle de ton luminomètre.
Si la différence est nette, essaie de l'ajuster en ajoutant ou retirant des épaisseurs de Cellophane.
Tu peux aussi chercher d'autres matériaux transparents : plastique, verre, etc.

Le Scorpion

C'est presque la seule constellation qui ressemble à son nom. Située à côté du Sagittaire, elle était à l'origine beaucoup plus grande. Mais les Babyloniens, voulant découper le zodiaque en 12 parties à peu près égales, lui coupèrent ses pinces, qui sont devenues la constellation de la Balance. Elle est facile à trouver, en direction du sud, grâce à son énorme étoile rouge, Antarès.

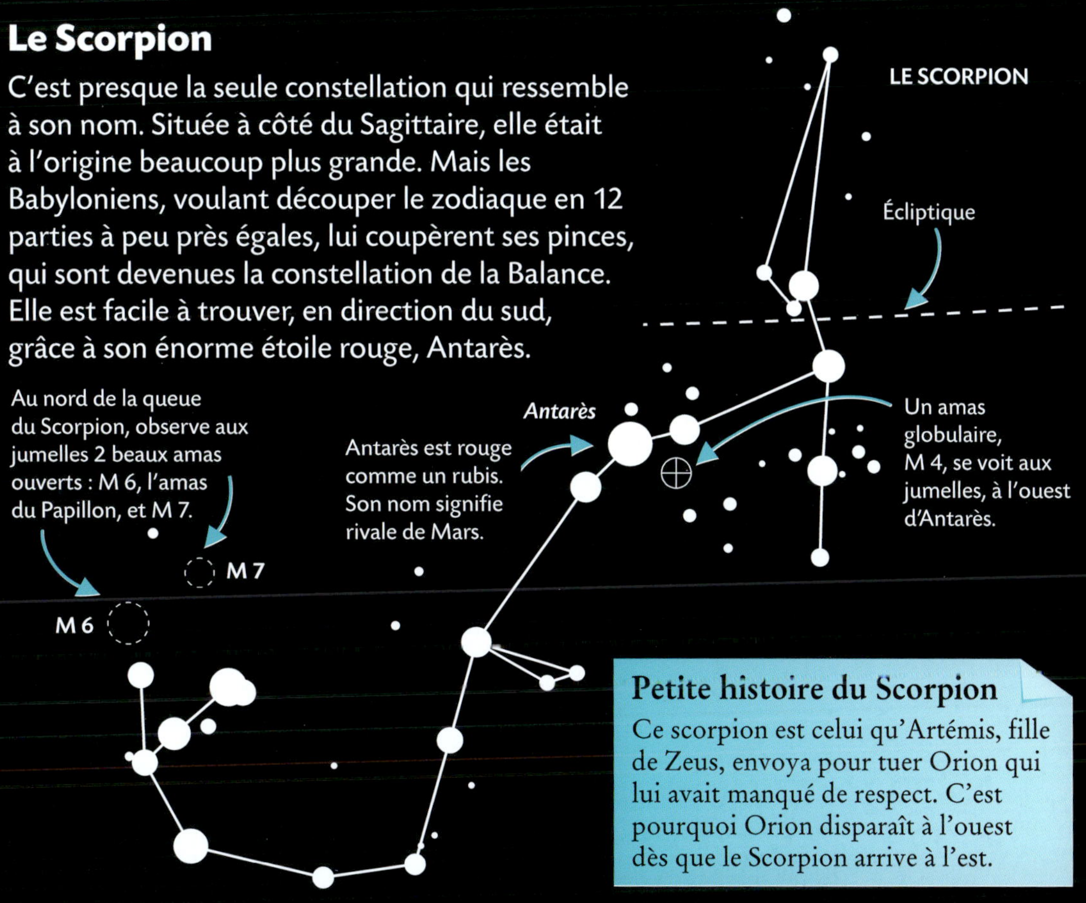

Petite histoire du Scorpion

Ce scorpion est celui qu'Artémis, fille de Zeus, envoya pour tuer Orion qui lui avait manqué de respect. C'est pourquoi Orion disparaît à l'ouest dès que le Scorpion arrive à l'est.

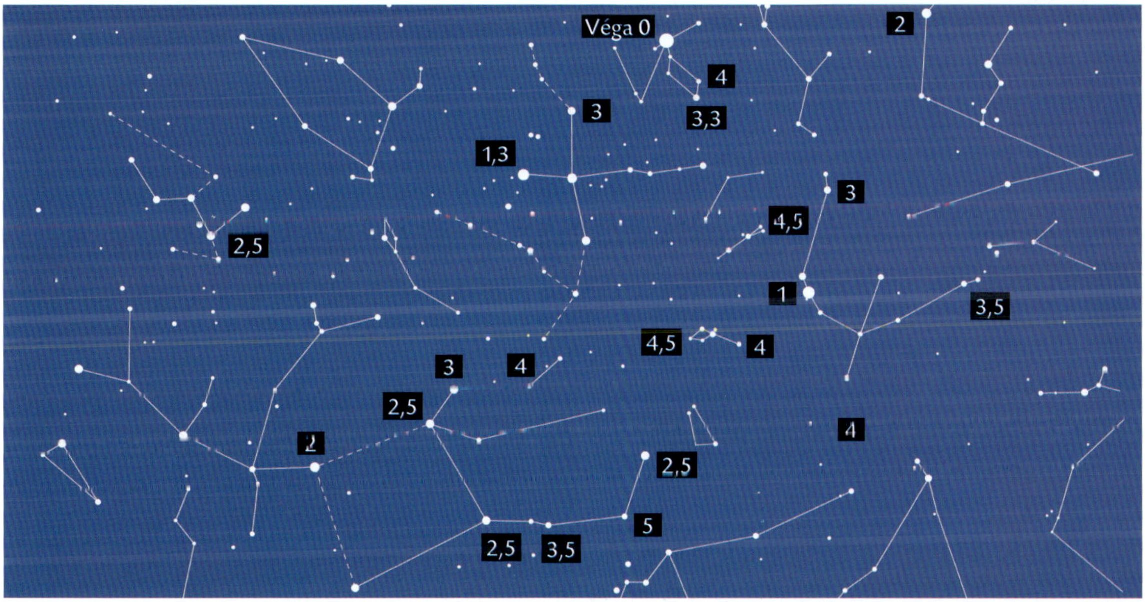

Ciel d'automne

Dans le ciel d'automne, la Voie lactée culmine toute la nuit, divisant pratiquement le ciel en deux parties égales. Les constellations sont discrètes pour la plupart, difficiles à repérer si le ciel n'est pas bien noir.

Conditions d'observation

L'air est humide et les nuits commencent à être fraîches. Aussi, couvre-toi bien et protège ton matériel de la buée. Seule Pégase reste bien visible. Les autres constellations, placées sous le signe de l'eau, disparaîtront à la moindre brume.

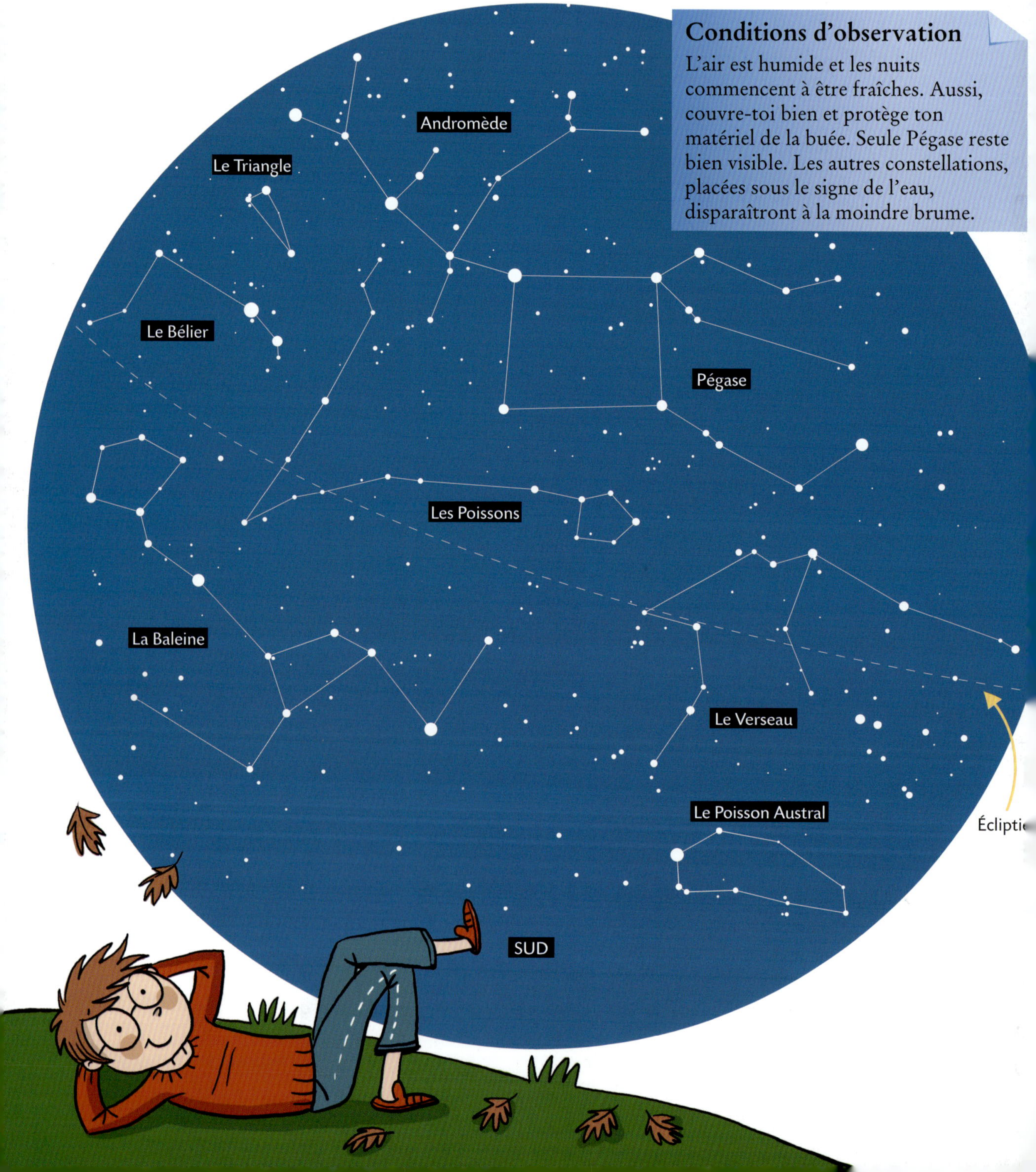

Le Verseau (Aquarius)

La jarre que porte le Verseau est représentée par un Y couché, à l'est de Sadalmelek, l'étoile la plus brillante de la constellation (mag. 2,9) ; la deuxième est Sadalsud. De la pointe de cet Y s'écoule une ligne d'étoiles en zigzag, vers Fomalhaut, du Poisson austral, qui représente l'eau qui s'écoule de la jarre dans la bouche du poisson.

Petite histoire du Verseau

Toute cette région du ciel représentait la mer pour les Mésopotamiens. À cette époque, le Soleil était dans la région d'Aquarius pendant la saison des pluies. C'est sans doute de là que vient l'image du Verseau, un homme versant l'eau d'une jarre.

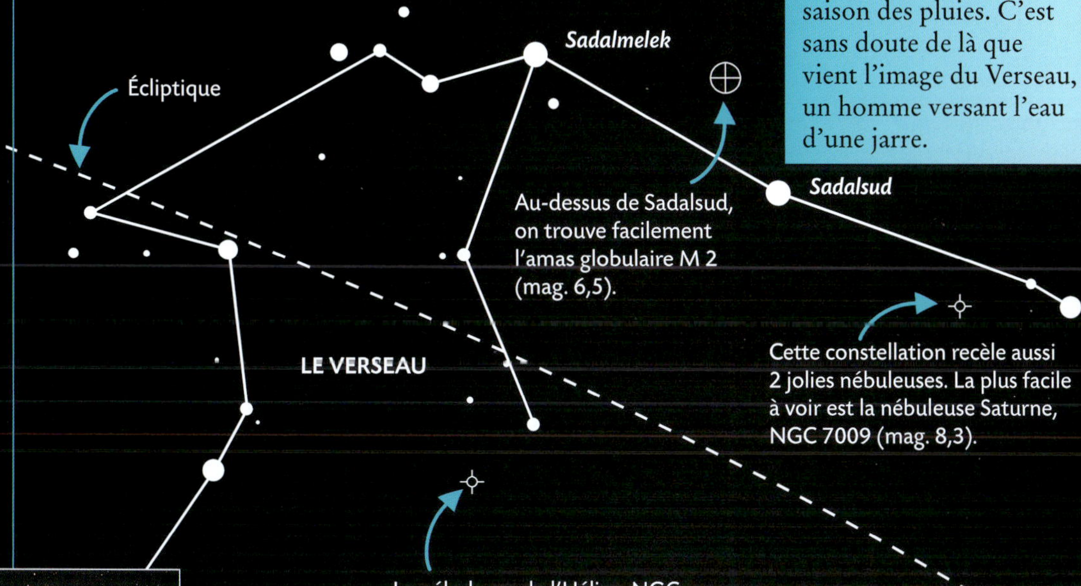

Au-dessus de Sadalsud, on trouve facilement l'amas globulaire M 2 (mag. 6,5).

Cette constellation recèle aussi 2 jolies nébuleuses. La plus facile à voir est la nébuleuse Saturne, NGC 7009 (mag. 8,3).

La nébuleuse de l'Hélice, NGC 7293, bien que plus lumineuse (mag. 6,3) est plus difficile à voir car plus étendue donc moins brillante.

Si tu as la chance de regarder la nébuleuse de l'Hélice dans le télescope *Hubble*, voilà ce que tu verras...

La nébuleuse Saturne semble entourée d'un anneau lorsqu'on l'observe au télescope, d'où son nom.

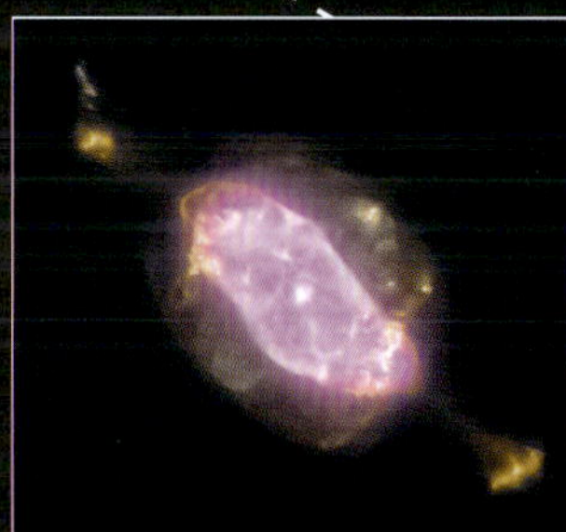

Le Poisson austral

À l'exception de Fomalhaut (mag. 1,2), cette région du ciel est pauvre en étoiles brillantes, d'où sa réputation de « pauvre étoile solitaire ». Son nom vient de l'arabe et signifie la bouche du poisson. Le Poisson austral est censé boire l'eau que lui verse le Verseau... Pourtant, même les Anciens savaient que les poissons ne boivent pas d'eau !

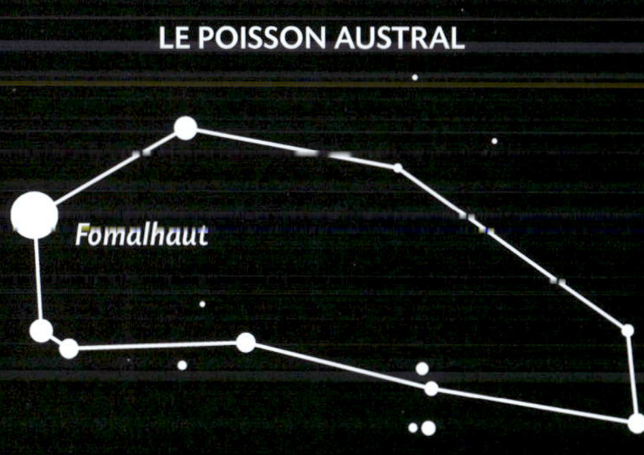

Les Poissons

Quand le Soleil se couche en automne, les Poissons montent dans le ciel à l'est, tout près de l'équateur céleste.

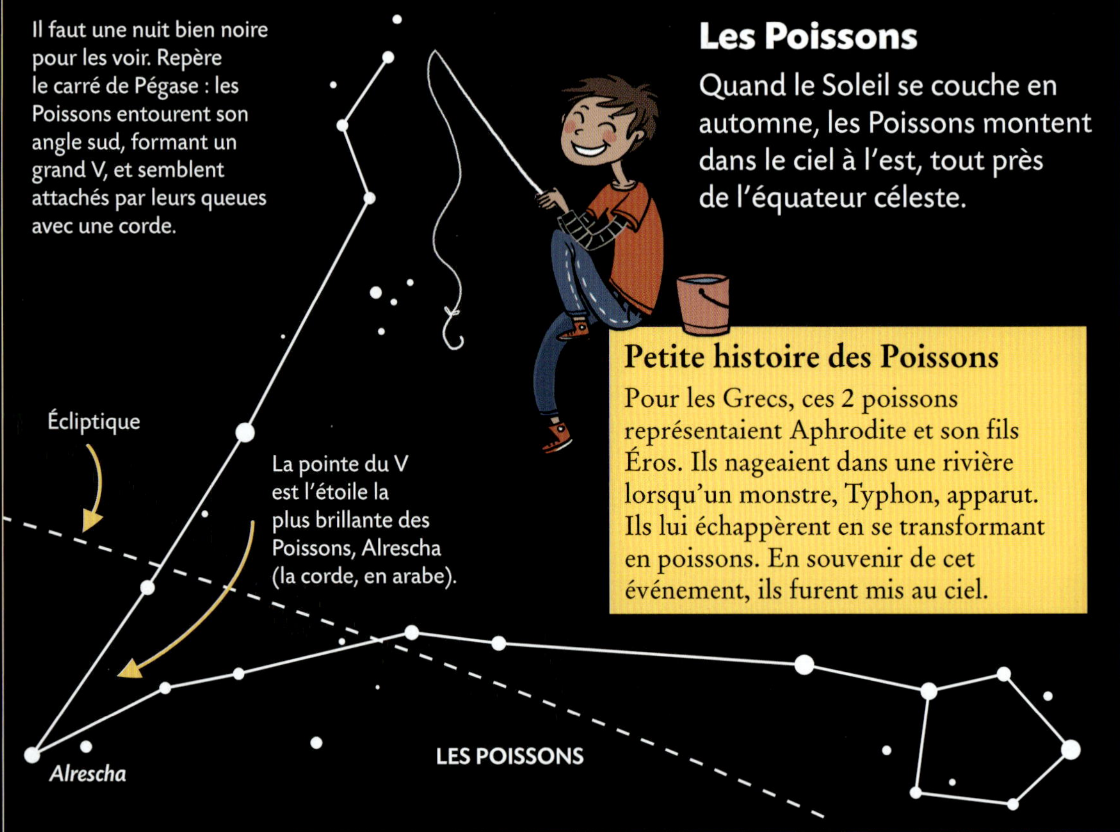

Petite histoire des Poissons

Pour les Grecs, ces 2 poissons représentaient Aphrodite et son fils Éros. Ils nageaient dans une rivière lorsqu'un monstre, Typhon, apparut. Ils lui échappèrent en se transformant en poissons. En souvenir de cet événement, ils furent mis au ciel.

Le Bélier

Située à l'est du grand carré de Pégase, cette constellation n'est pas très brillante. Entre 1800 avant J.-C. et 1 après J.-C., le Soleil passait dans le Bélier à l'équinoxe de printemps. Les 2 étoiles Mesarthim et Sheratan étaient donc appelées « les 2 signes » (du printemps) par les Arabes.

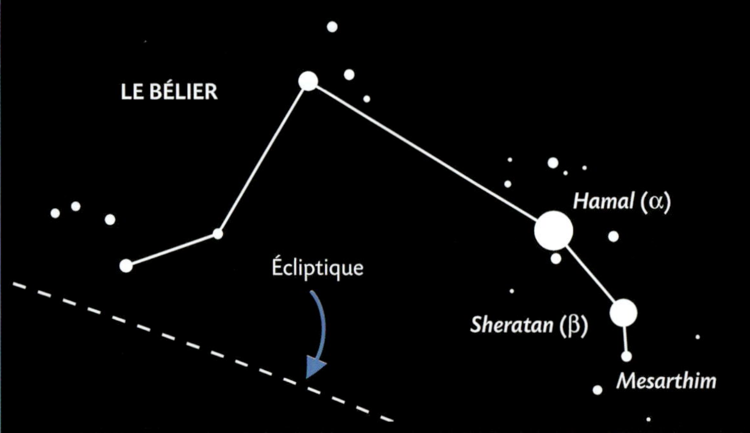

Les astrologues ont tout faux !

Aujourd'hui, le Soleil est « dans » les Poissons, c'est-à-dire dans la même direction qu'eux dans le ciel, à l'équinoxe de printemps. Pourtant, on continue d'appeler cette position du Soleil « le premier point du Bélier », comme il y a 2 000 ans, lorsque le Soleil se levait dans le Bélier au printemps. C'est la précession de la Terre qui a déplacé ce point du Bélier vers la constellation voisine des Poissons. Mais les astrologues n'ont pas corrigé leurs cartes du ciel !

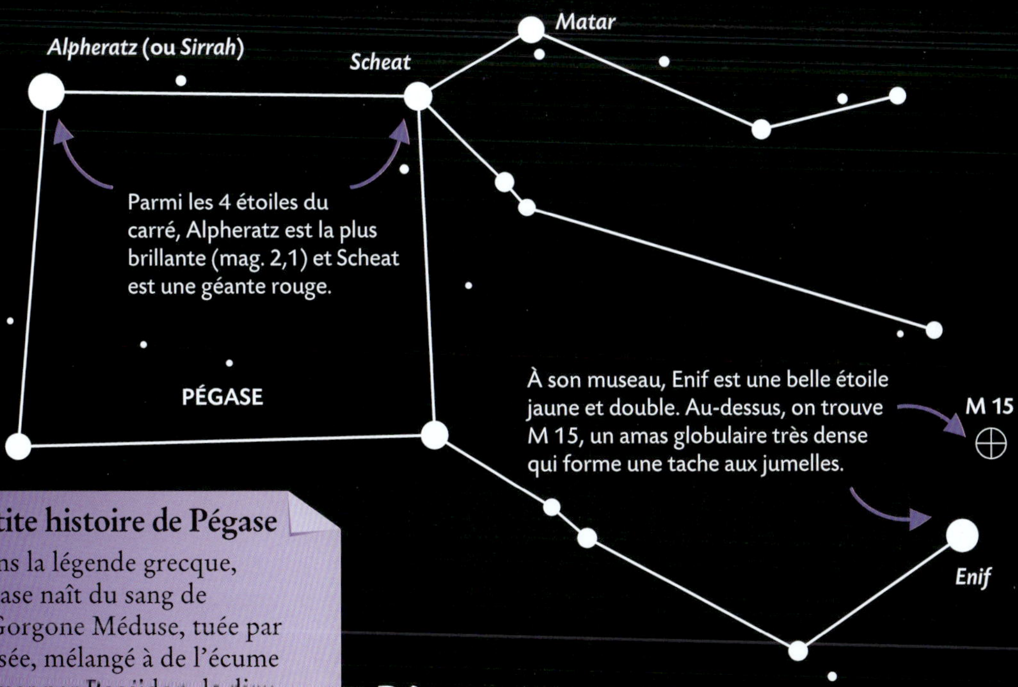

Petite histoire de Pégase

Dans la légende grecque, Pégase naît du sang de la Gorgone Méduse, tuée par Persée, mélangé à de l'écume de mer par Poséidon, le dieu de la Mer. Pégase est un magnifique cheval ailé. Son maître, Bellérophon, devint si orgueilleux qu'il voulut rejoindre les dieux au grand galop… Mais Zeus le fit tomber, et Pégase resta au ciel.

Pégase

Pégase est l'une des figures les plus frappantes du ciel. Pour voir un cheval, il faut te souvenir qu'un cheval ailé galope la tête en bas et les jambes en l'air. Évident ! En fait, Alpheratz appartient à la constellation d'Andromède qui forme l'une de ses jambes arrière.

Repère-toi dans le ciel

Sur Terre, on se repère grâce à des lignes imaginaires : la latitude et la longitude. Dans le ciel, on a la déclinaison et l'ascension droite. La déclinaison mesure la distance en degrés par rapport à l'équateur céleste (comme la latitude). L'ascension droite mesure la distance en heures par rapport à un méridien imaginaire (comme la longitude). Ces 2 lignes se croisent à un endroit appelé le point vernal. Actuellement, ce point 0 est juste en dessous de l'étoile Oméga (ω) des Poissons. La sphère céleste est divisée en 24 heures et en 180 degrés.

1. Par exemple, dans le ciel du 15 novembre à 20 h 30, repère d'abord l'étoile Oméga des Poissons. Remonte jusqu'au carré de Pégase, repère Alpheratz, puis Scheat.

2. Plante un repère qui passe par Scheat. Et 1 h 05 plus tard, le repère sera devant Alpheratz.

3. Ensuite, repère Sadalmelek (Alpha du Verseau), puis Matar (dans la jambe avant de Pégase).

4. Avec ton bâton de Jacob, mesure la différence de hauteur dans le ciel entre ces 2 étoiles. Si tu trouves 30°, bravo !

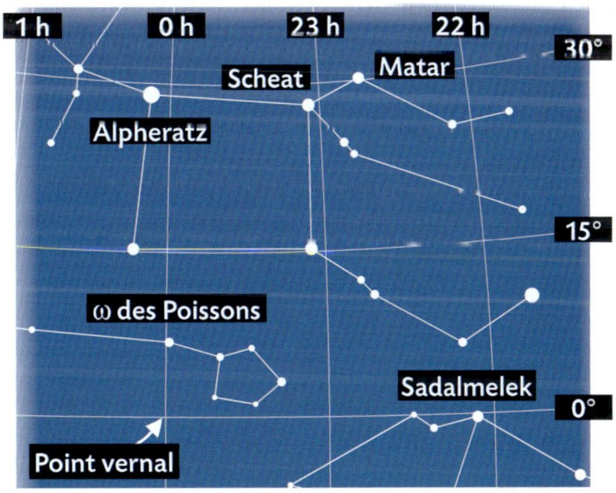

Andromède

La constellation est facile à repérer en partant du carré de Pégase avec laquelle elle partage l'étoile Alpheratz. En fait, la principale ligne d'étoiles d'Andromède correspond à l'une des jambes arrière de Pégase.

Composée de plus de 300 milliards d'étoiles, la galaxie d'Andromède (M 31) est plus grande que la Voie lactée. Aux jumelles, on voit bien sa forme ovale, avec son noyau très lumineux, mais on ne distingue la forme de ses bras en spirale qu'avec un gros télescope.

Pour trouver la galaxie d'Andromède, M 31, il suffit de suivre la ligne tracée par β et μ d'Andromède, jusqu'à croiser la ligne imaginaire que t'indique le V le plus pointu de Cassiopée. Là, il y a une tache laiteuse, grande comme la pleine Lune. C'est elle !

Petite histoire d'Andromède

Andromède était la fille de Cassiopée et de Céphée. Pour punir sa mère de sa vanité, elle fut condamnée par les dieux à être dévorée par le monstre marin Cétus : la Baleine. Persée la sauva en brandissant devant Cétus la tête de la gorgone Méduse qu'il venait de tuer. Le monstre fut changé en pierre. Persée délivra Andromède et l'épousa. Puis tous furent réunis dans le ciel.

Le Triangle

Pour les astronomes, le Triangle est l'endroit où l'on a, pour la première fois, découvert un astéroïde, Cérès, en 1801. Le Triangle est entre le pied d'Andromède et le Bélier.

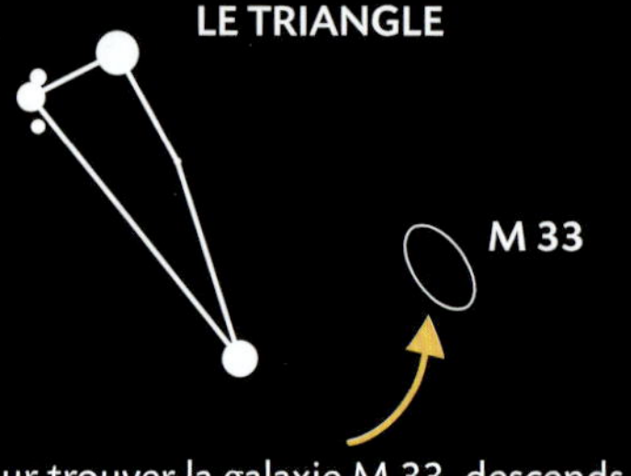

Pour trouver la galaxie M 33, descends au sud de Mirach (β Andromède), en direction de Hamal (α du Bélier). Pense que sa lumière a mis 2,5 millions d'années à arriver jusqu'à toi !

La galaxie M 33 est plus petite et encore plus éloignée que la galaxie d'Andromède, donc moins brillante. Elle est visible aux jumelles mais, comme on la voit de face, elle est plus difficile à repérer.

La Baleine

Elle est célèbre pour son étoile principale, Mira. C'est la première étoile variable qui fut découverte, en 1596. Au cours d'un cycle de 332 jours, elle passe de la mag. 2-3 à la mag. 10. Cette étoile rouge géante pulse comme un cœur qui bat. À son maximum, elle est facile à repérer grâce à cette couleur rouge.

À l'aide de radiotélescopes très puissants, le programme SETI (Recherche d'intelligence extraterrestre) écoute le ciel à la recherche d'autres civilisations dans l'Univers. τ Ceti est sa première cible.

τ Ceti est une étoile apparemment bien ordinaire. En fait, cette sœur jumelle du Soleil est l'une des étoiles les plus proches de la Terre. On pense qu'elle pourrait aussi avoir son cortège de planètes, et pourquoi pas une jolie planète bleue ?

Écoute le ciel

Pour écouter le ciel, il faut de grandes antennes qui permettent de collecter les signaux radio. Construis, toi aussi, une antenne très efficace.

- **1 parapluie**
- **1 rouleau d'aluminium**
- **1 poste de radio**

1. Tapisse l'intérieur d'un parapluie de feuilles d'aluminium.

2. Cherche avec ta radio une station (AM) si faible que tu as du mal à l'entendre, même en orientant au mieux le poste.

3. Place alors le parapluie derrière la radio en modifiant son orientation lentement, jusqu'à trouver la meilleure position.

4. Note la direction d'où viennent les ondes radio, puis recommence pour d'autres stations faiblement perçues. Le signal ne vient pas toujours du même endroit car les émetteurs sont situés dans des lieux différents.

5. Inversement, place-toi avec ton parapluie devant la radio quand elle reçoit une station avec netteté. Tu auras alors du mal à la capter.

Ciel d'hiver

L'hiver, la nuit tombe tôt et, quand tu te lèves, il fait encore nuit. Les jours sont courts, cela signifie donc que les nuits sont très longues. Alors, si tu es rusé, l'hiver deviendra la saison idéale pour chercher les planètes et explorer le ciel de nuit.

Le ciel d'hiver

La constellation d'Orion, celle du Grand Chasseur, domine majestueusement le ciel. Elle est un bon point de repère pour observer toutes les autres, dans un ciel riche en étoiles très brillantes. On y trouve aussi la plus belle nébuleuse diffuse (celle d'Orion), plusieurs autres nébuleuses (véritables berceaux où naissent les étoiles) et de très beaux amas d'étoiles.

Conditions d'observation

Comme les nuits sont parfois très froides, il vaut mieux ne pas rester très longtemps dehors, même bien couvert. Mais lorsqu'il fait bien froid, l'air est plus sec, plus transparent, et les étoiles semblent briller plus fort !

Les couleurs de l'hiver

Dans Orion, Rigel, l'étoile la plus brillante est bleu pâle et Bételgeuse est rouge orangé. Dans le Taureau, Aldébaran est un peu plus orangée que Bételgeuse. Plus haut, Capella, dans le Cocher, est d'un beau jaune. Sous Orion, il y a Sirius, très lumineuse et d'un blanc très pur.

Voir les étoiles en couleurs !

Pour mieux distinguer les couleurs des étoiles, il faut :

- être habitué à la vision nocturne ;
- attendre que la nuit soit bien noire ;
- choisir une nuit où l'atmosphère est stable, pour que les étoiles ne scintillent pas trop ;
- utiliser tes jumelles : ton œil recevra plus de lumière et va mieux différencier les couleurs ;
- observer les étoiles quand elles sont hautes car si elles sont basses sur l'horizon, elles deviennent rouges, comme le Soleil au lever ou au coucher ;
- comparer des étoiles voisines de couleurs différentes : autour d'Orion, c'est idéal.

Orion, la constellation du Chasseur

C'est la plus belle des constellations de l'hiver. Elle est facilement repérable en direction du sud, grâce à la ligne parfaite des 3 étoiles du « Baudrier » d'Orion, la ceinture du chasseur (qu'on appelle aussi les Rois mages).

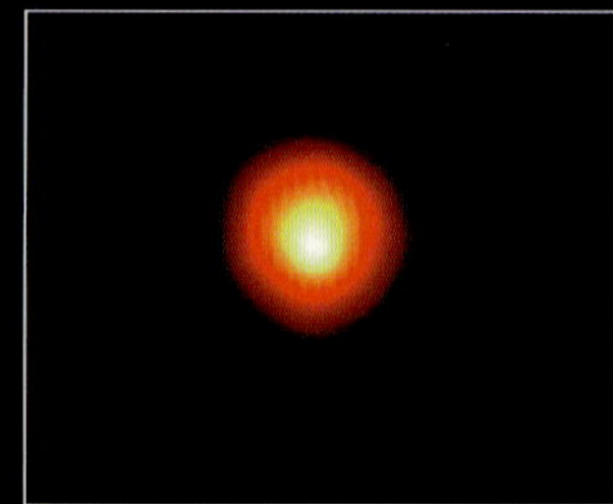

Pour la première fois, la surface d'une étoile a pu être photographiée. Bételgeuse n'est plus seulement un point lumineux. On y découvre sa forme sphérique et son atmosphère.

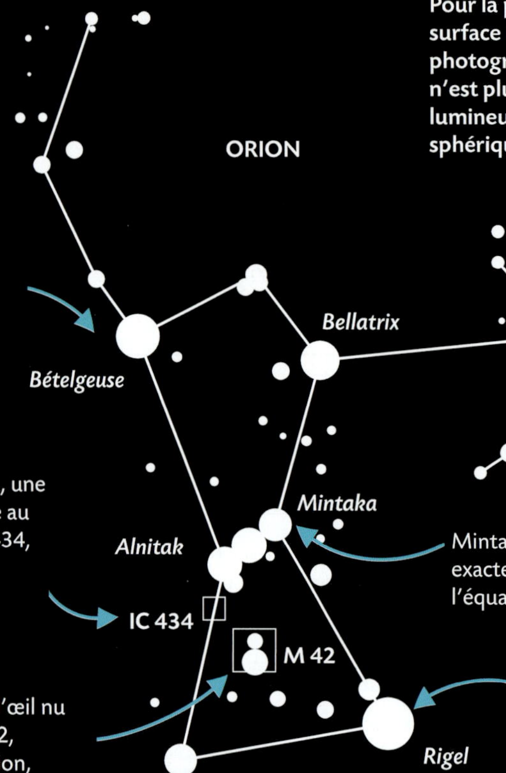

Bételgeuse (l'épaule du géant), une étoile supergéante plus de 500 fois plus grosse que le Soleil, brille d'un éclat rouge.

Toute la constellation est formée d'étoiles brillantes. Seul le Bouclier du Chasseur est difficile à voir.

En dessous d'Alnitak, une nébuleuse est visible au télescope : c'est IC 434, la célèbre nébuleuse de la Tête de cheval.

Mintaka est située exactement sur l'équateur céleste.

Sous le Baudrier, on voit à l'œil nu une tache floue : c'est M 42, la Grande Nébuleuse d'Orion, qu'on appelle parfois l'Épée d'Orion.

Rigel est aussi une étoile extrêmement brillante, bien qu'elle soit plus petite que Bételgeuse.

Petite histoire d'Orion

Orion était le fils de Poséidon, le dieu de la mer. C'était le plus beau et le plus grand des hommes, capable de marcher sur les fonds marins, sa tête dépassant des flots. Comme il manqua de respect à Artémis (fille de Zeus), elle envoya un scorpion pour le piquer. C'est la raison pour laquelle la constellation d'Orion ne se lève pas avant que celle du Scorpion se couche.

Un peu d'histoire

Les Égyptiens étaient de très bons astronomes et utilisaient les calculs astronomiques pour construire leurs monuments. Dans la grande pyramide de Gizeh, deux conduits rectilignes partent de la chambre du pharaon. On a longtemps cru qu'ils servaient à l'aération mais l'égyptologue Robert Bauval a montré que l'un pointait vers Thuban (l'étoile Polaire de l'époque) et l'autre vers Orion. Ces conduits permettaient les voyages de l'âme du pharaon. De la même façon, un conduit va de la chambre de la reine vers Sirius, qui représentait Isis, l'épouse du roi des dieux, Osiris.

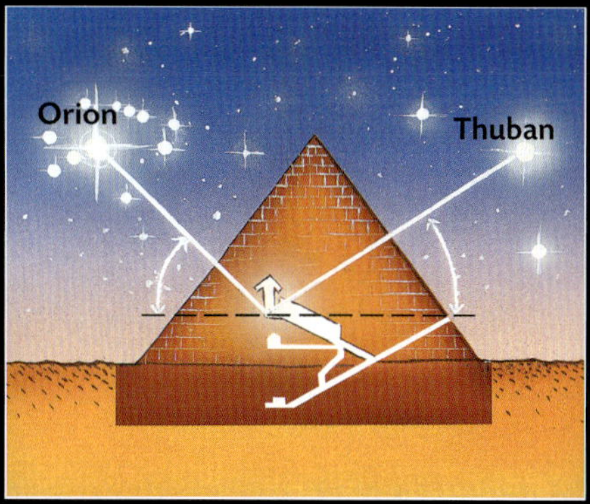

L'âme du pharaon devait rejoindre Thuban, pour régler la nuit et « envoyer » les heures sur la Terre, et aussi Orion, qui représentait le dieu Osiris, pour l'aider à maintenir le cycle des saisons.

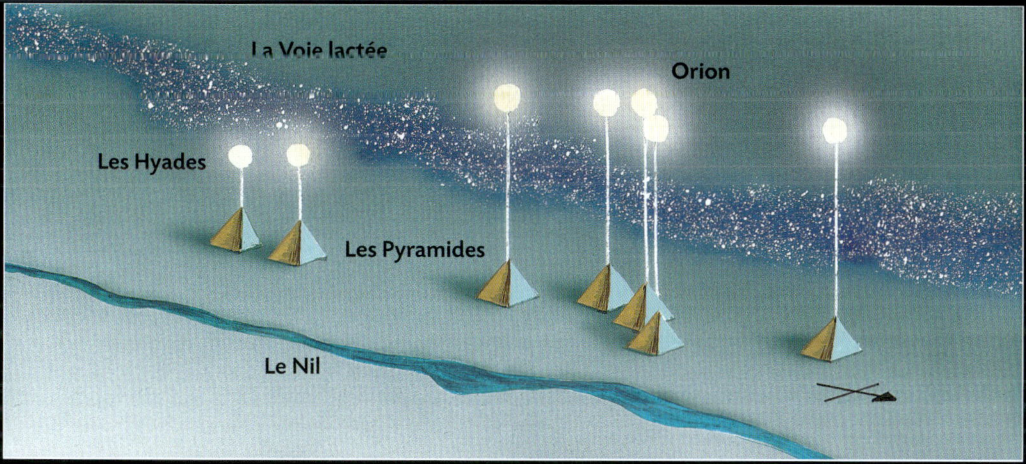

Dans la plupart des cas, la dimension des pyramides était proportionnelle à la magnitude des étoiles. Le long du Nil, la position des pyramides reproduit celle des étoiles d'Orion et du Taureau par rapport à la Voie lactée, car les Égyptiens voulaient que leur royaume fût une image des cieux sur Terre.

La nébuleuse d'Orion est une nébuleuse diffuse, illuminée de l'intérieur par les jeunes étoiles qui y sont nées. Elle est visible aux jumelles mais c'est avec un télescope qu'elle est vraiment splendide.

La constellation du Taureau avec les Hyades et les Pléiades

Depuis des temps très anciens, le taureau était le symbole de la vitalité du printemps. Or, de 4000 à 1700 avant J.-C., le Soleil résidait dans cette constellation au moment de l'équinoxe vernal, le premier jour du printemps. On l'appela donc la constellation du Taureau.

Petite histoire du Taureau

Dans la mythologie grecque, le taureau était identifié à Zeus, dont la vitalité amoureuse était connue. La légende raconte qu'il traversa la mer sous forme de taureau avec la belle Europe sur son dos.

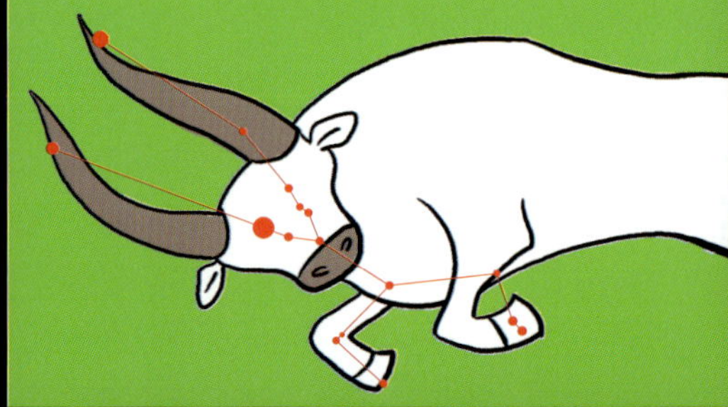

Les Pléiades forment un amas très brillant car plus serré que les Hyades. Les Pléiades forment l'épaule du Taureau. C'est un amas ouvert de quelques centaines d'étoiles, nées du même nuage de gaz et de poussières.

Les deux autres étoiles les plus lumineuses de la constellation, au bord de la Voie lactée, représentent les 2 pointes des longues cornes.

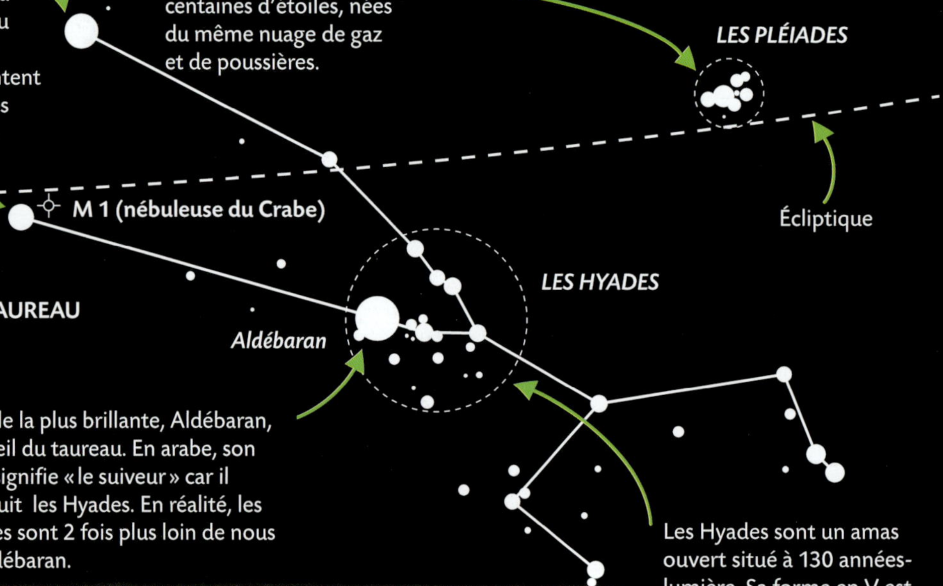

L'étoile la plus brillante, Aldébaran, est l'œil du taureau. En arabe, son nom signifie « le suiveur » car il poursuit les Hyades. En réalité, les Hyades sont 2 fois plus loin de nous qu'Aldébaran.

Les Hyades sont un amas ouvert situé à 130 années-lumière. Sa forme en V est nettement visible à l'œil nu. Aux jumelles, on voit des dizaines d'étoiles. La plus brillante est Thêta, d'un bel éclat blanc, qui contraste avec son compagnon orangé.

Invente tes constellations

Quand tu regardes le ciel, les étoiles dessinent des formes. Au cours des siècles, les Grecs, les Chinois, les Indiens, tous les hommes y ont vu des animaux, y ont lu des histoires extraordinaires. Alors pourquoi pas toi ? Donne un nom aux étoiles, invente des récits. Dessine-les et écris leur histoire pour en garder la trace : le ciel t'appartient !

Les Pléiades

Les Pléiades sont des étoiles très jeunes (d'à peine 100 millions d'années !) et l'on voit encore les voiles de gaz qui les entourent. Si le ciel est de bonne qualité, tu distingueras Pléione et Atlas, les parents, et tu verras les 2 étoiles les plus faibles : Celaeno et Astérope, ainsi que 2 autres étoiles de l'amas, qui n'ont pas de nom sur le schéma ci-contre mais sont aussi brillantes. Avec un petit télescope, on distingue plus de 80 étoiles dans l'amas des Pléiades.

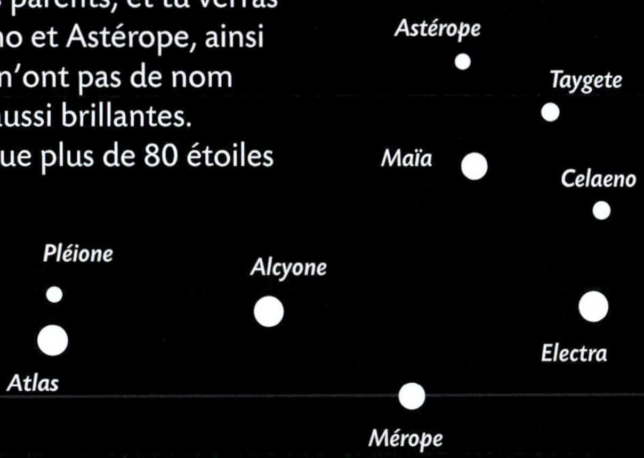

LES PLÉIADES

Petite histoire des Hyades

Pour les Indiens *Mono* (Amérique du Nord), les Pléiades sont 6 femmes qui ont mangé de l'oignon. Les Hyades représentent leurs maris qui se tiennent à distance !

Petite histoire des Pléiades

Une légende raconte que les Pléiades sont 7 sœurs : 6 sont visibles, mais l'une d'elles, Mérope, reste cachée, honteuse d'avoir épousé un mortel. Les Pléiades sont souvent associées à la mort car elles sont bien visibles vers la mi-novembre, période où l'on honore les morts.

Visible seulement avec un télescope, la nébuleuse du Crabe (M1) est formée des restes de l'explosion d'une supernova en 1054, mentionnée dans les écrits chinois. Elle donna à Charles Messier (chasseur de comètes) l'idée de faire un catalogue des objets que l'on pouvait confondre avec des comètes.

Extraits du catalogue de Messier

La nébuleuse du Crabe, M 1 (M comme Messier), est le premier objet parmi les 110 du catalogue. En voici quelques autres :

- M 1 : nébuleuse du Crabe
- M 2 : amas globulaire du Verseau
- M 3 : amas globulaire des Chiens de chasse
- M 4 : amas globulaire du Scorpion
- M 5 : amas globulaire du Serpent
- M 6 : amas ouvert du Papillon
- M 7 : amas ouvert du Scorpion
- M 8 : nébuleuse de la Lagune
- M 9 : amas globulaire d'Ophiuchus

Le Grand Chien

Cette constellation contient l'étoile la plus brillante du ciel, Sirius (mag. – 1,5). C'est l'étoile de l'hémisphère Nord la plus proche de la Terre, à 8,6 années-lumière, et elle brille comme un diamant dans le ciel d'hiver.

Les jours du chien

Canicule, moment très chaud de l'été, veut dire jours du chien (en latin, chien se dit *canis*). Car Sirius, de la constellation du Chien, se lève au cœur de l'été juste avant le Soleil. Dans l'Antiquité, on pensait que la lumière combinée de Sirius et du Soleil créait cette chaleur excessive.

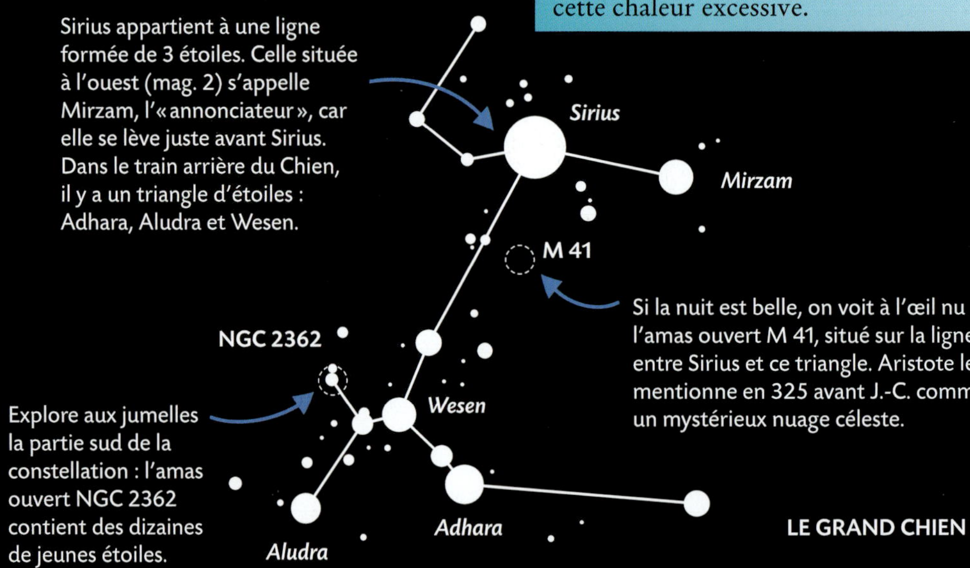

Sirius, l'étoile la plus brillante

Le nom de Sirius vient du grec et veut dire celle qui tremble. Cette étoile double scintille beaucoup car elle brille très fort et parce qu'elle est souvent basse sur l'horizon, traversant plus d'atmosphère que la plupart des étoiles. Cela lui donne des couleurs différentes alors que, vue de l'espace, elle serait blanche. Le compagnon de Sirius, Sirius B (surnommé le Chiot), est la première naine blanche qui ait été découverte, en 1862.

Une étoile attendue

Il y a 5 000 ans, en Égypte, Sirius était adorée comme l'étoile du Nil. On pensait que, chaque été, son arrivée dans le ciel avant l'aube annonçait les crues bienfaitrices du Nil.

Petite histoire du Grand Chien

Dans la mythologie grecque, les chiens étaient les compagnons d'Orion, le chasseur. Une autre légende les place aux côtés d'Artémis, la déesse de la chasse, ou près de la belle Hélène de Troie.

Le Petit Chien

Cette petite constellation est séparée du Grand Chien par la Licorne.

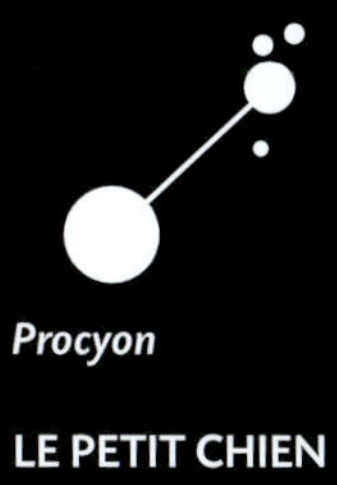

Procyon signifie avant le Chien, car cette étoile se lève juste avant Sirius. Cette géante jaune a joué un grand rôle dans l'histoire de l'astronomie. En 1718, Edmond Halley (qui a donné son nom à la comète) remarqua que Procyon, Sirius et Arcturus n'étaient pas à la même place que dans les cartes des astronomes de la Grèce antique.

Les 10 étoiles les plus brillantes de l'hémisphère Nord

Rang	Étoile	Constellation	Magnitude
1	Sirius	Grand Chien	– 1,46
2	Arcturus	Bouvier	– 0,04
3	Véga	Lyre	+ 0,03
4	Capella	Cocher	+ 0,08
5	Rigel	Orion	+ 0,12
6	Procyon	Petit Chien	+ 0,38
7	Bételgeuse	Orion	+ 0,5
8	Altaïr	Aigle	+ 0,77
9	Aldébaran	Taureau	+ 0,85
10	Antarès	Scorpion	+ 0,9

La Licorne

Difficile à repérer, la Licorne n'est formée que d'étoiles peu lumineuses. Par contre, elle possède de très beaux amas. Le plus spectaculaire est l'Arbre de Noël, NGC 2264, situé aux pieds des Gémeaux et qui est associé à la belle nébuleuse du Cône (mag. 3,9).

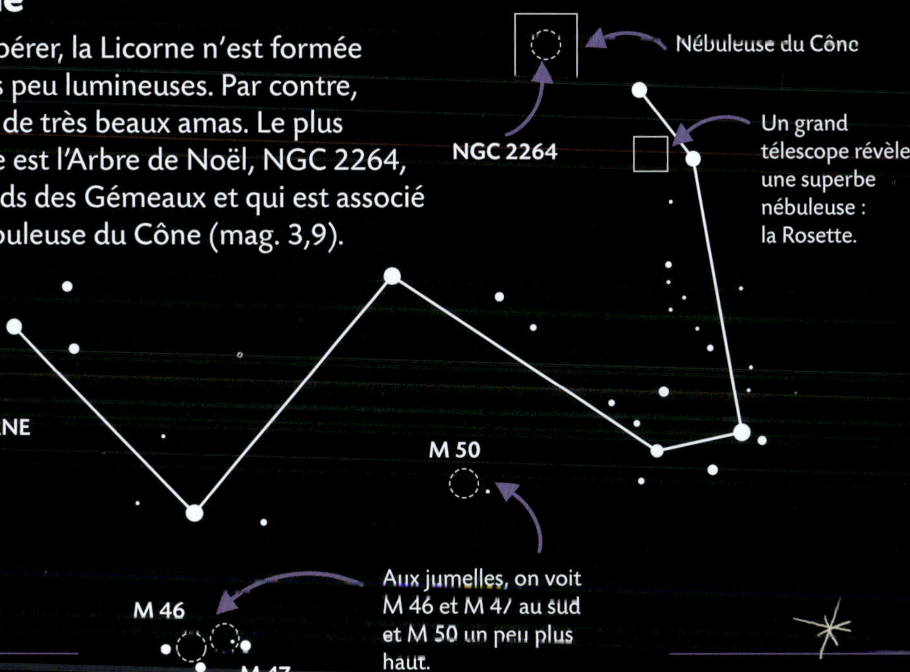

Offre une étoile

Le ciel est à tout le monde, donc il t'appartient un peu... Alors, choisis un petit morceau pour quelqu'un que tu aimes bien. Repère une constellation et donne un nom à une étoile facile à retrouver. Dessine son emplacement et offre-la. Une idée de cadeau originale !

Le double amas de Persée est visible à l'œil nu. Chacun de ces amas contient plus de 150 étoiles jeunes.

Persée

Persée est une figure en forme de J qui traverse en diagonale la Voie lactée.

Petite histoire de Persée

Persée est un héros qui tua la gorgone Méduse, aidé des dieux Athéna et Hermès. Il sauva Andromède d'un horrible monstre. Le héros et la princesse tombèrent amoureux, et eurent beaucoup de descendants, dont Héraclès. À sa mort, Persée fut mis au ciel à côté de son épouse.

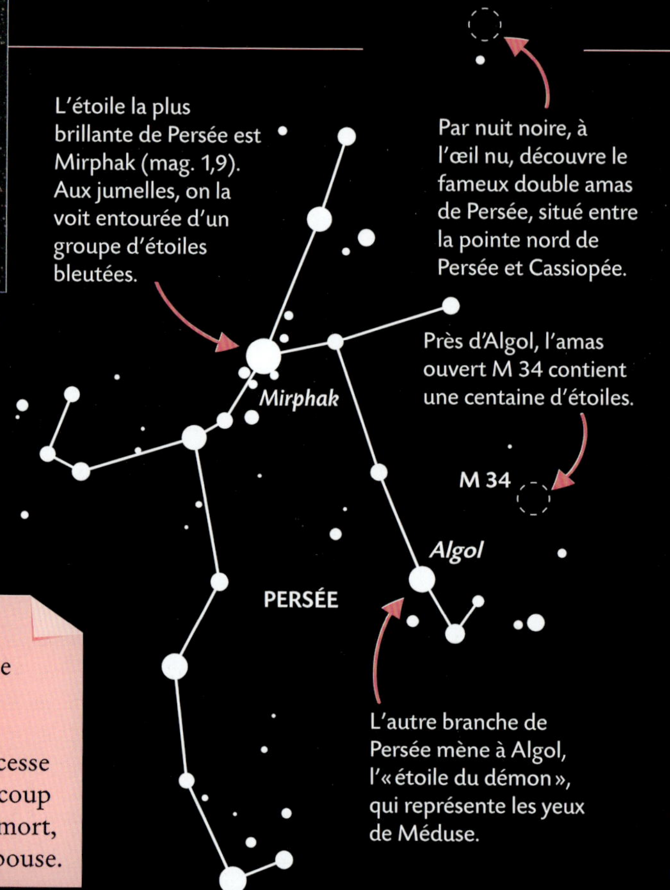

Le Cocher

Le Cocher est très visible dans le ciel d'hiver. On y trouve la 6e étoile la plus brillante du ciel, Capella ou la Chèvre, visible toute l'année, à un moment ou un autre de la nuit.

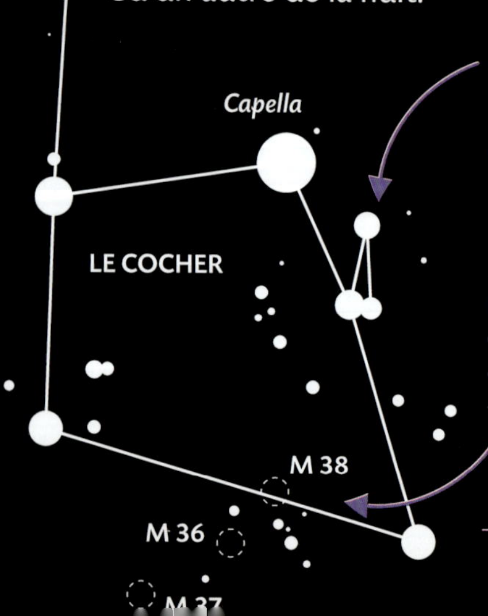

Au sud-ouest de Capella, tu verras un triangle d'étoiles, les Chevreaux...

... Au bord de la Voie lactée, 3 beaux amas ouverts visibles aux jumelles : M 36, 37 et 38.

Mesure la période d'Algol

Aussi brillante que Mirphak, lorsqu'elle est à son maximum, Algol est composée de 2 étoiles. Leur luminosité varie lors du passage de l'étoile la plus faible devant la plus brillante. Toutes les 68 h, Algol est à son minimum, passant en quelques heures de la mag. 2,2 à 3,4. Avec ton luminomètre, note sa magnitude pendant une semaine. Au plus, tu verras baisser sa luminosité 2 fois.

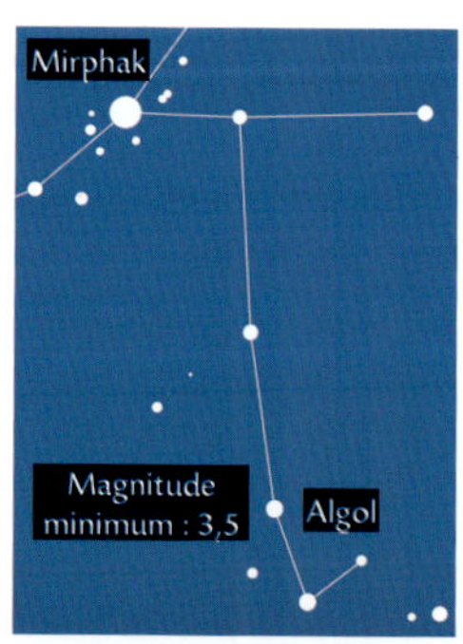

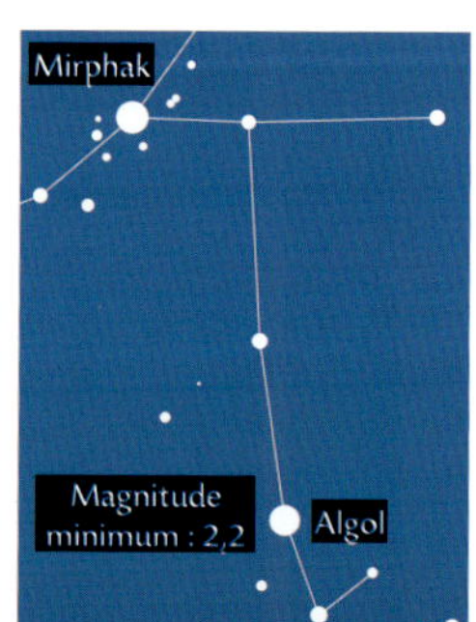

Les Gémeaux

Castor et Pollux sont très éloignées dans l'espace. Castor (mag. 1,6) est à 46 années-lumière de la Terre alors que Pollux, la plus brillante (mag. 1,1), n'en est qu'à 35. Aux pieds de Castor, un amas ouvert, M 35, est dans la Voie lactée.

Petite histoire des Gémeaux

Pour les Grecs, Castor et Pollux étaient des jumeaux, fils de Zeus. Seul Pollux était immortel. Comme ils ne voulaient pas se séparer, ils allèrent ensemble tantôt au royaume des morts, tantôt sur l'Olympe. Puis Zeus les plaça dans le ciel, où ils forment cette constellation. Gémeaux signifie jumeaux en ancien français.

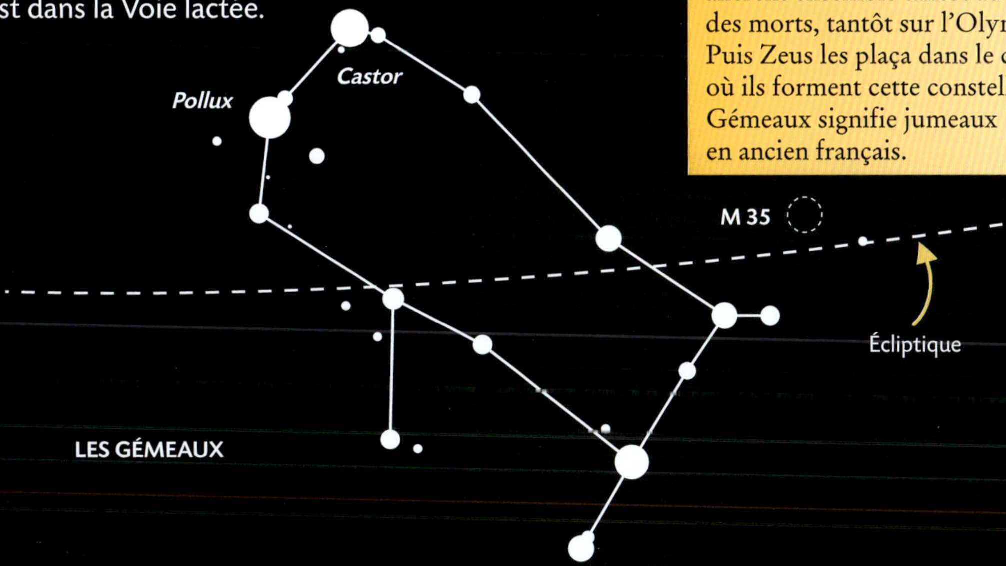

Le Cancer

Le Cancer est difficile à repérer car son étoile la plus brillante, Bêta, n'est que de mag. 3,8. Elle est située sous les Gémeaux et forme un Y renversé. L'étoile Delta, à la base des branches du Y, est située juste sur l'écliptique.

Petite histoire du Cancer

Le Cancer (« crabe » en latin) doit son nom à un crabe qu'Héraclès aurait écrasé par mégarde au cours d'une bataille et qui fut envoyé dans le ciel.

C'est Galilée qui découvrit que la Crèche était un amas d'étoiles ; il en compta 36 avec sa lunette. Avec des jumelles, on en voit parfois des centaines. Les Anciens s'en servaient pour prévoir le temps. S'il était invisible, c'était signe de pluie.

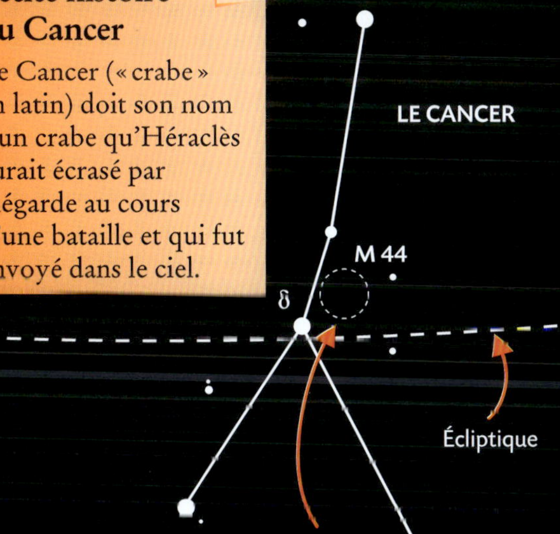

L'amas ouvert M 44, appelé la Crèche, réunit des centaines d'étoiles nées du même nuage de gaz et de poussières.

Ciel de printemps

Quand les constellations de l'hiver sont hautes à l'ouest en début de soirée, celles du printemps arrivent progressivement à l'est. Alors des étoiles très brillantes s'assemblent et resplendissent comme un vrai bijou : on l'appelle le diamant de la Vierge.

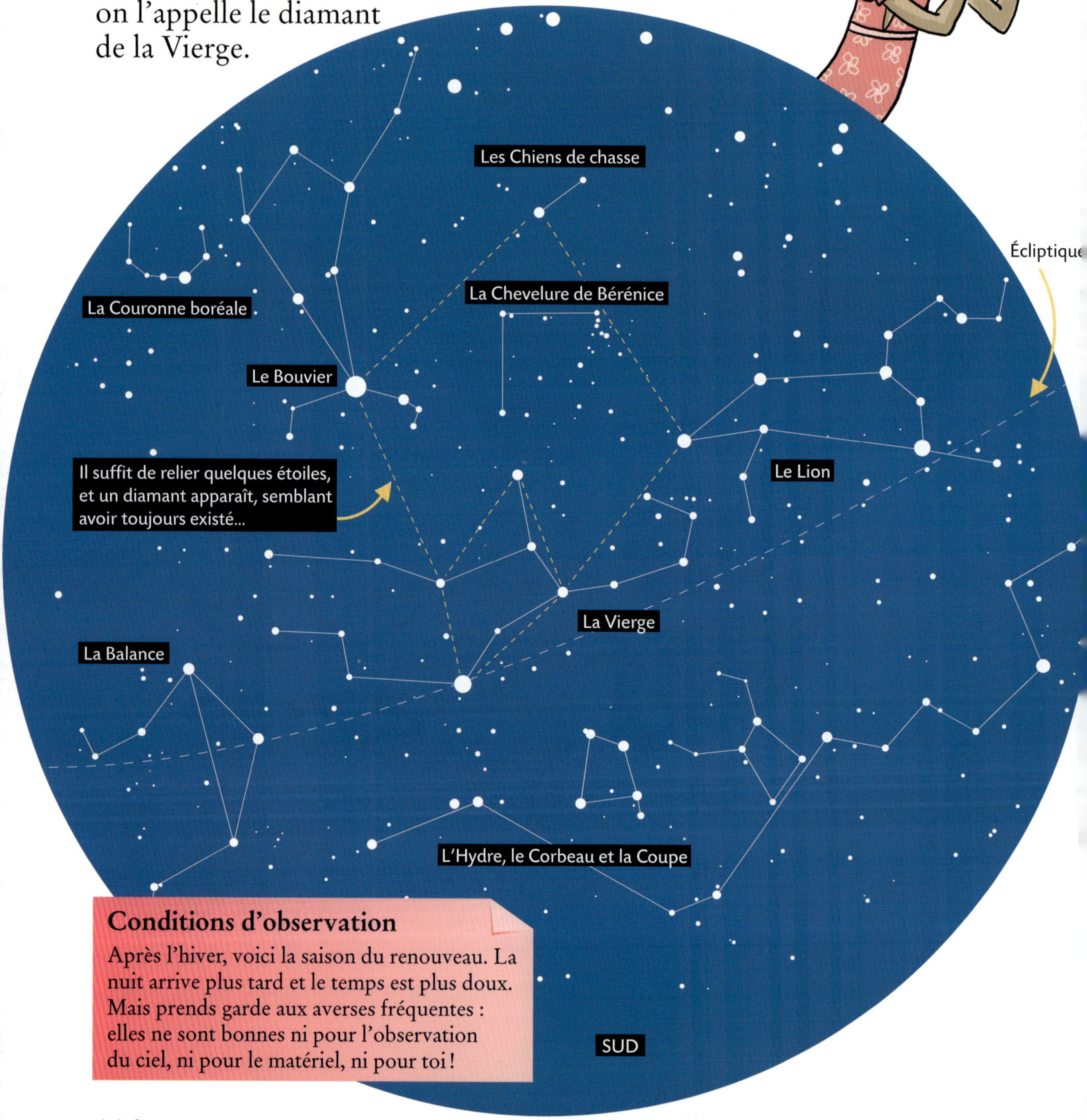

Conditions d'observation

Après l'hiver, voici la saison du renouveau. La nuit arrive plus tard et le temps est plus doux. Mais prends garde aux averses fréquentes : elles ne sont bonnes ni pour l'observation du ciel, ni pour le matériel, ni pour toi !

Le Lion

Le Soleil passe dans la constellation du Lion entre le 10 et le 16 septembre. Mais dans l'Antiquité, il y passait au moment du solstice d'été. C'est peut-être pour cette raison que cette constellation a reçu le nom du roi des animaux, le lion, une bête aussi puissante que la chaleur intense du Soleil d'été.

La deuxième étoile la plus brillante est Algieba (la crinière du lion, en arabe), une étoile double d'un beau jaune.

L'arrière-train du Lion est marqué par un triangle d'étoiles ; la plus brillante, Denebola, représente la queue.

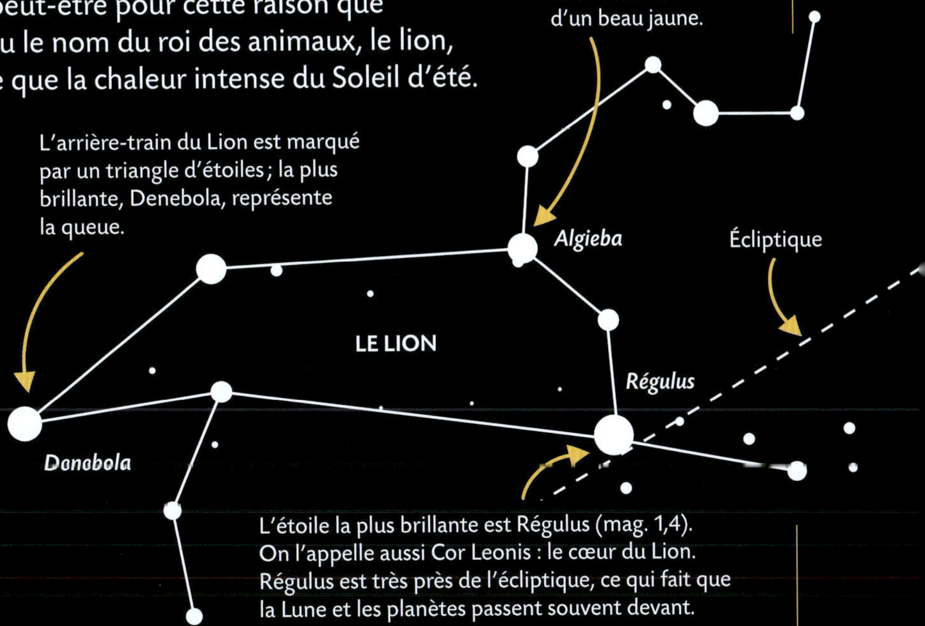

L'étoile la plus brillante est Régulus (mag. 1,4). On l'appelle aussi Cor Leonis : le cœur du Lion. Régulus est très près de l'écliptique, ce qui fait que la Lune et les planètes passent souvent devant.

Petite histoire du Lion

Pour les Grecs anciens, le Lion était le lion de Némée. C'était une créature magique à la peau impénétrable, qui ne pouvait pas être vaincu par un humain. La tâche de tuer ce lion revint à Heraclès dont ce fut le premier des 12 travaux.

L'Hydre, le Corbeau et la Coupe

L'Hydre est la constellation la plus étendue du ciel. Elle s'étend sur presque ⅓ de la sphère céleste.

La tête principale de l'Hydre est formée de 5 étoiles.

L'étoile la plus brillante est Alphard, une géante jaune, au milieu du cou du monstre.

Sur le dos de l'Hydre, Crater, la Coupe, et Corvus, le Corbeau.

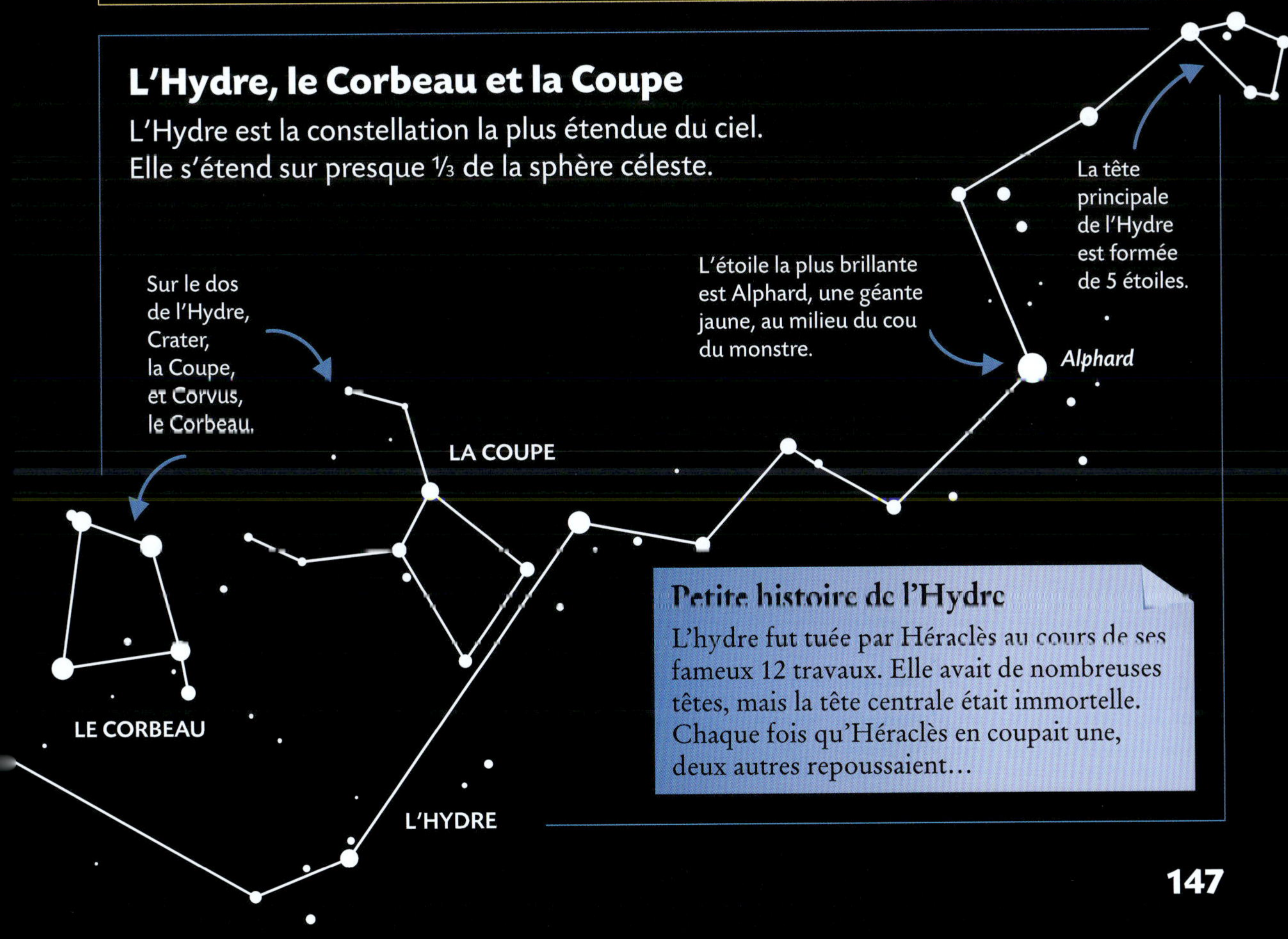

Petite histoire de l'Hydre

L'hydre fut tuée par Héraclès au cours de ses fameux 12 travaux. Elle avait de nombreuses têtes, mais la tête centrale était immortelle. Chaque fois qu'Héraclès en coupait une, deux autres repoussaient…

La Balance

Le mot zodiaque signifie le chemin des animaux. Une seule des constellations du zodiaque n'est pas un animal ou un humain, c'est la Balance. Pour les Grecs, elle n'existait pas et formait les pinces du Scorpion.

Petite histoire de la Balance

Le nom de balance vient du fait que, dans l'Antiquité, le Soleil y passait quand les jours et les nuits étaient d'égale longueur. Cette notion de balance, pesant le poids des jours, se retrouve dans différents pays.

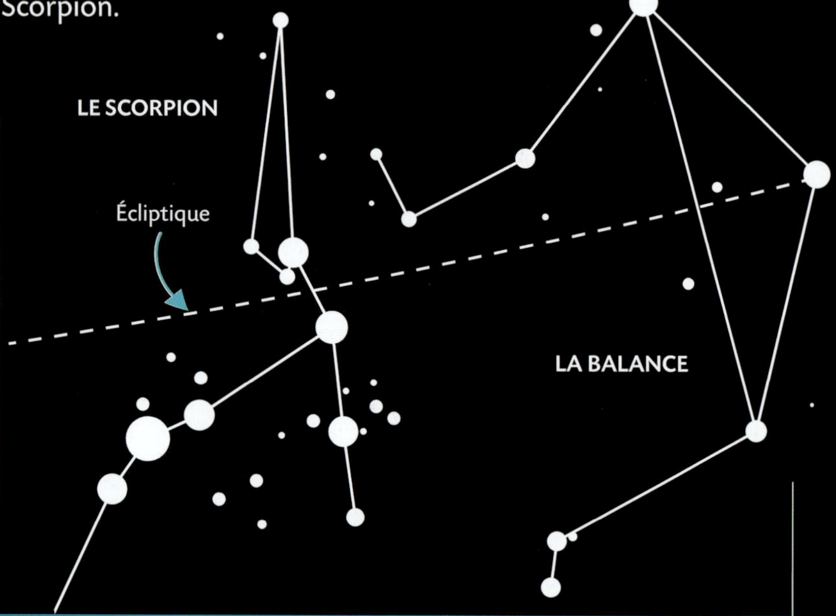

Dessine une galaxie

- **1 compas**
- **1 équerre**

1. Trace un cercle de 6 cm de rayon, et marque le centre du cercle. Reporte 12 fois 3 cm, sur le tour du cercle à l'aide de ton compas. Fais une marque à chaque fois.

2. Trace des lignes pour relier le centre du cercle à chaque marque du tour.

3. Avec ton équerre, trace une ligne qui part du point 1 vers le rayon 2. Ensuite, prolonge-la par une ligne perpendiculaire au rayon 3, et ainsi de suite jusqu'au centre du cercle.

4. Fais la même chose en partant de 4, 7 et 10. Forme les bras en prolongeant les spirales vers 3, 6 et 9 comme sur le dessin.

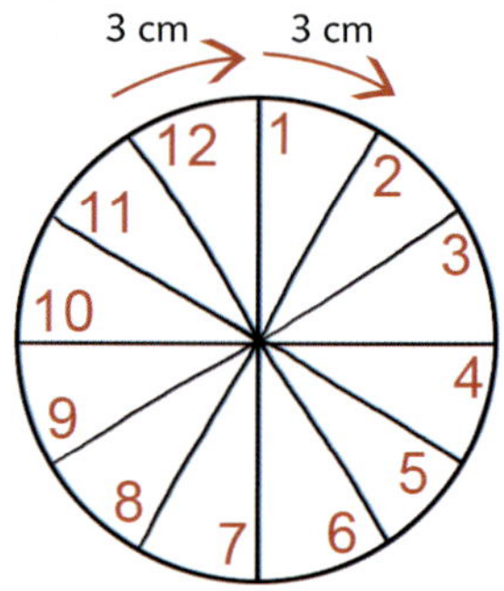

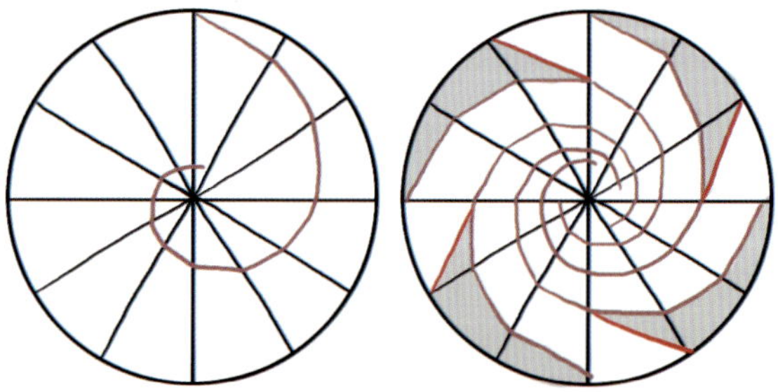

La Chevelure de Bérénice

Cette constellation, proche du zénith au printemps, n'est pas très visible. Elle était cependant connue par les Anciens comme « les nombreuses étoiles ».

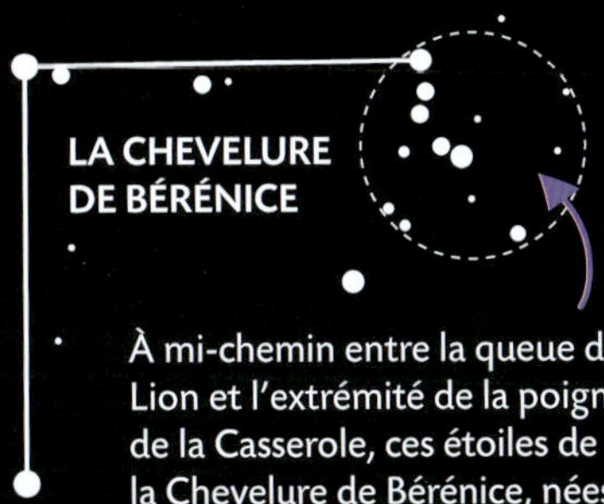

À mi-chemin entre la queue du Lion et l'extrémité de la poignée de la Casserole, ces étoiles de la Chevelure de Bérénice, nées du même nuage de gaz et de poussières, forment en fait un amas ouvert. C'est l'un des rares amas ouverts visibles à l'œil nu.

Vue au télescope, M 100 est une superbe galaxie spirale qui fait partie de l'amas de la Vierge.

Petite histoire de la Chevelure de Bérénice

La légende de cette constellation vient d'Égypte. La reine Bérénice fut folle de chagrin lorsque son époux partit combattre les Syriens. Elle jura de sacrifier ses beaux cheveux à la déesse de la beauté si son mari revenait indemne de la guerre.

La Vierge

Cette constellation recèle des trésors pour l'astronome amateur : c'est le royaume des galaxies. Elles sont si nombreuses qu'elles forment l'amas de galaxies de la Vierge.

Petite histoire de la Vierge

Dans les cartes anciennes, la Vierge tient de l'avoine dans ses bras. Les Égyptiens croyaient que les grains de cette céréale étaient transformés en une myriade d'étoiles formant la Voie lactée.

Au nord, on trouve de nombreuses galaxies qui renferment chacune des centaines de milliards d'étoiles.

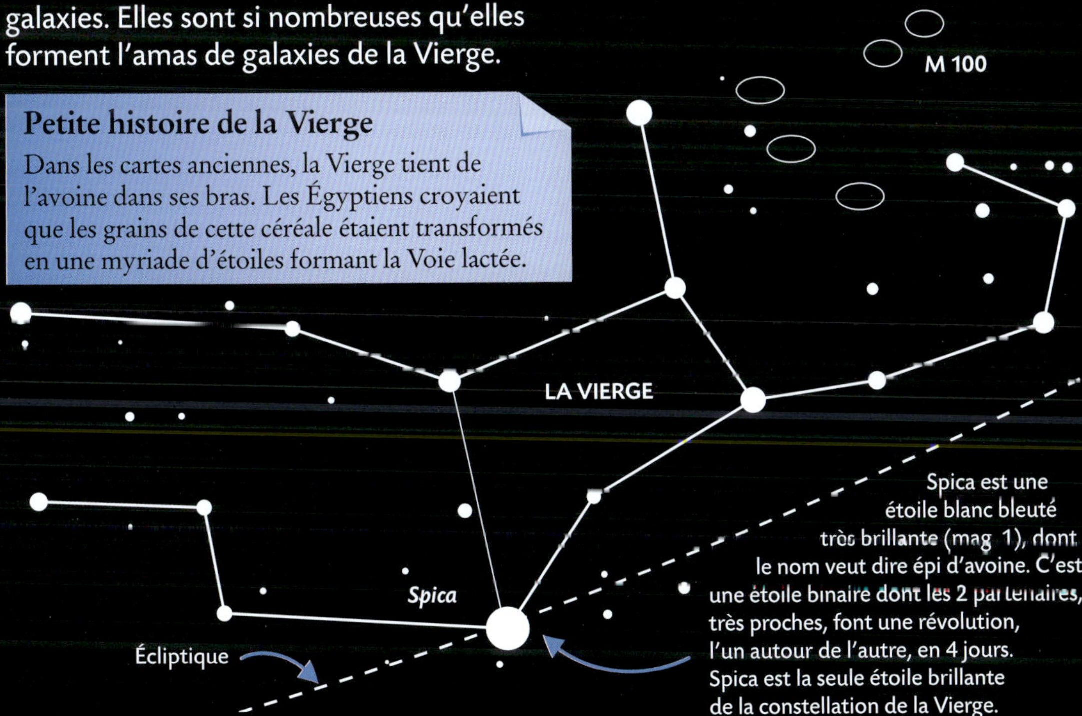

Spica est une étoile blanc bleuté très brillante (mag. 1), dont le nom veut dire épi d'avoine. C'est une étoile binaire dont les 2 partenaires, très proches, font une révolution, l'un autour de l'autre, en 4 jours. Spica est la seule étoile brillante de la constellation de la Vierge.

Le Bouvier

Cette constellation est très facile à repérer, avec sa forme en cerf-volant ou en cornet à glace. Arcturus, l'étoile la plus brillante, est dans le prolongement de la queue de la Grande Ourse. Le nom de cette constellation a au moins 3 000 ans ! Pour les Égyptiens, le Bouvier était censé garder la Grande Ourse.

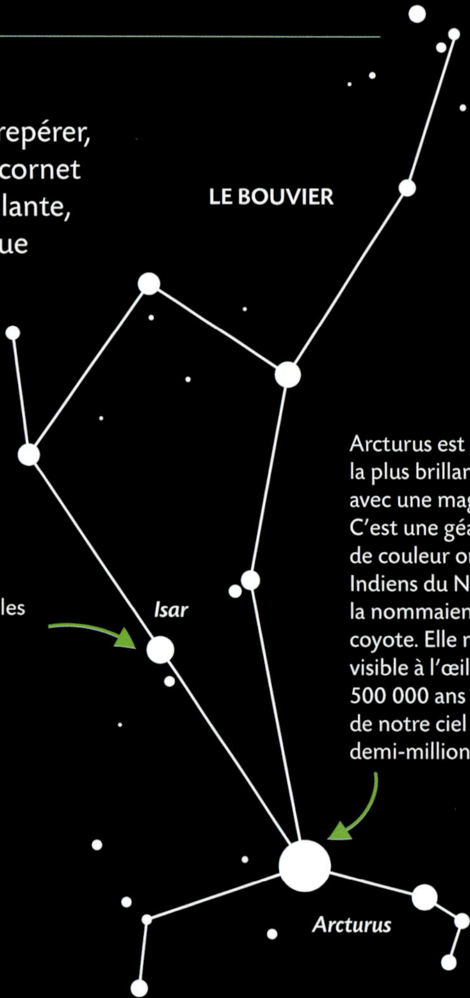

Le Bouvier comprend plusieurs étoiles doubles dont Isar, visible aux jumelles.

Arcturus est la 4e étoile la plus brillante du ciel, avec une mag. de – 0,04. C'est une géante rouge, de couleur orangée. Les Indiens du Nord-Ouest la nommaient l'Œil du coyote. Elle n'est devenue visible à l'œil nu qu'il y a 500 000 ans et disparaîtra de notre ciel dans un autre demi-million d'années.

Petite histoire du Bouvier

Dans la mythologie grecque, l'histoire du bouvier est une des plus tristes. Le bouvier avait appris à fabriquer le vin avec Dionysos, le dieu du vin. Ce qui ne lui attira que des malheurs !

Les Chiens de chasse

Les Chiens de chasse poursuivent la Grande Ourse, et sont situés juste en dessous de la queue de la Casserole. On y trouve une étoile brillante, Cor Caroli (mag. 3), qui est une vraie binaire.

Alkaïd (étoile de la queue de la Grande Ourse)

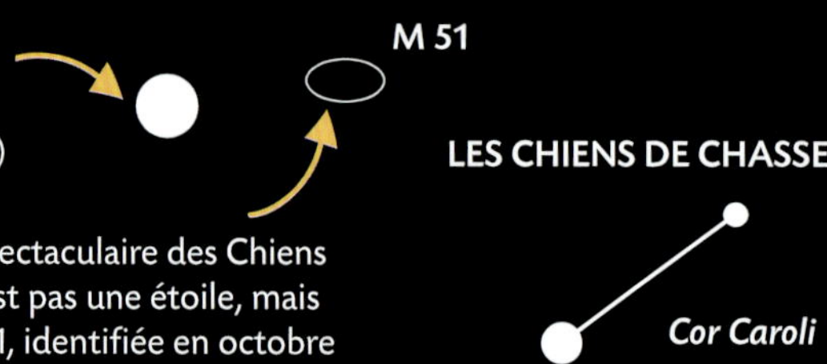

L'objet le plus spectaculaire des Chiens de chasse, ce n'est pas une étoile, mais une galaxie, M 51, identifiée en octobre 1773 par Messier dans son catalogue de tous les objets que l'on pouvait confondre avec les comètes.

M 51, ou la galaxie du Tourbillon (*Whirlpool galaxy*), est la première galaxie spirale jamais observée au télescope.

La Couronne boréale

Lorsque la nuit est bien noire, tu découvres alors sa forme régulière de diadème.

Petite histoire de la Couronne boréale

Pour les Indiens *Blackfoot*, c'est le dieu Araignée qui surveille la Terre depuis sa toile. Pour descendre sur Terre, elle utilise la Voie lactée. Pour les Grecs, c'était la couronne qu'Héphaïstos avait offerte à Ariane, la fille de Minos, dont le fil avait permis à Thésée de sortir du fameux labyrinthe.

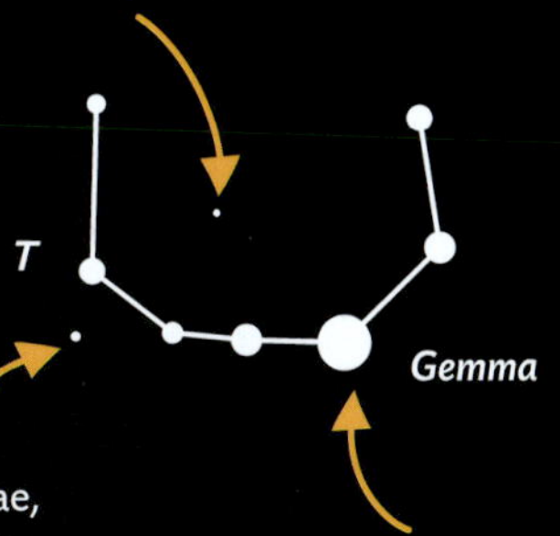

Mesure la hauteur des étoiles

Lorsqu'une étoile est basse sur l'horizon, sa lumière traverse une couche d'air plus importante que lorsqu'elle est au zénith : son image est brouillée. Donc, observe les astres quand ils sont hauts dans le ciel.

- **1 carte du ciel**
- **1 bâton de Jacob (*voir* p. 46)**
- **1 luminomètre (*voir* p. 125)**
- **1 calepin d'observation**

1. Choisis une étoile que tu sauras repérer facilement : Altaïr de l'Aigle ou Deneb du Cygne.

2. Au mois de juin, cherche-la, tôt dans la soirée, pour qu'elle soit encore basse dans le ciel. Avec ton bâton de Jacob, mesure sa hauteur sur l'horizon. Note-la, ainsi que la date, l'heure et les conditions météo.

3. Avec ton luminomètre, mesure sa magnitude et note-la.

4. Refais ces mesures 1 h puis 2 h plus tard. Recommence avec la même étoile 1 fois par semaine pendant 1 mois. Note aussi la couleur de l'étoile et mesure son scintillement.

5. Compare la magnitude de l'étoile et sa hauteur : cela te montre l'influence de l'épaisseur de l'atmosphère sur la luminosité des étoiles.

Ciel de l'hémisphère Sud

Dans les chapitres qui précèdent, tu as découvert le ciel proche de toi, celui de l'hémisphère Nord. Mais si tu descends vers le sud, le ciel va changer petit à petit, jusqu'à devenir complètement différent.

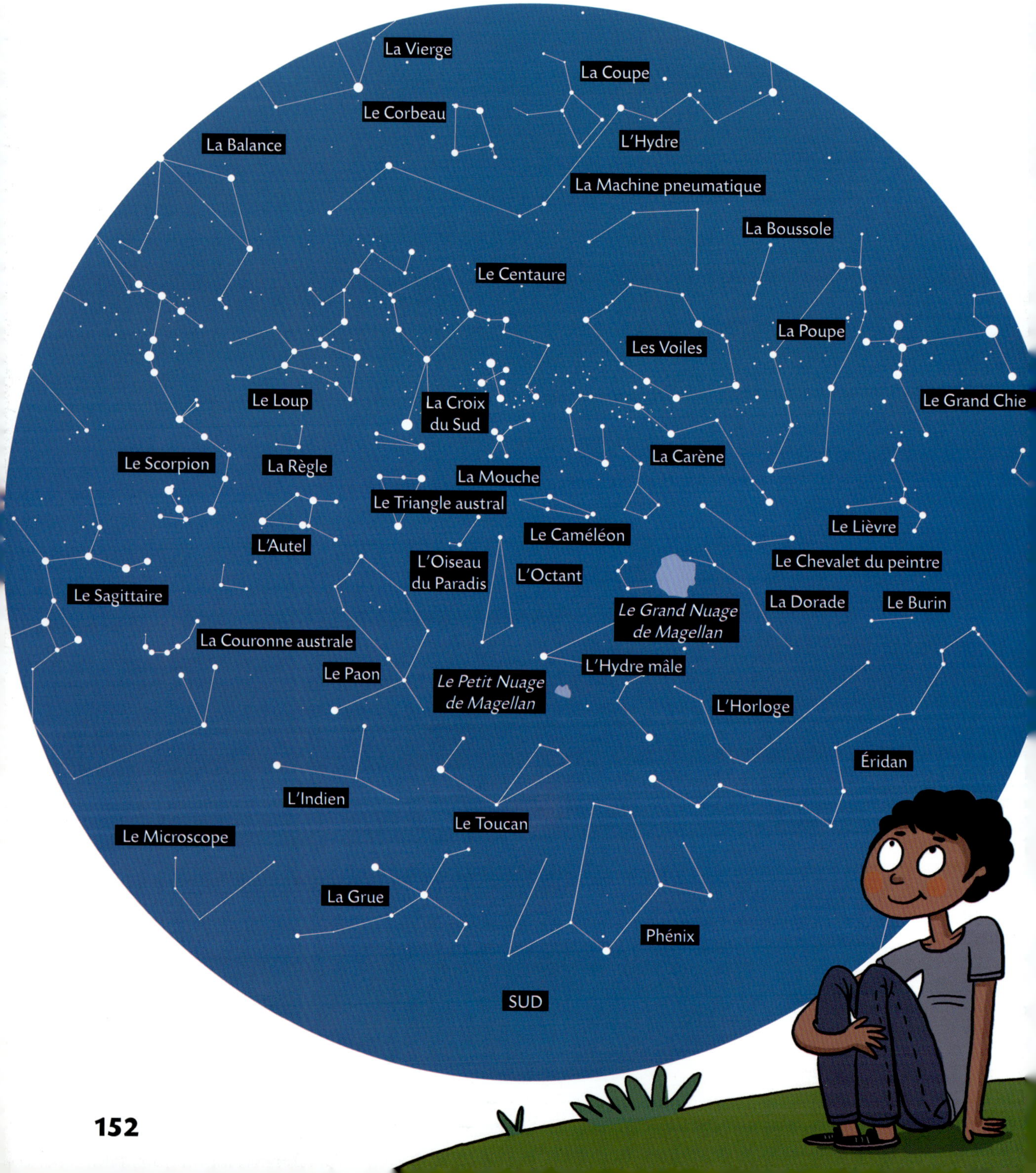

Le ciel austral

Quand on va vers le sud, le ciel austral apparaît. Il a été exploré plus tardivement par les Occidentaux que le ciel boréal. Ses constellations portent des noms à la gloire des animaux de l'hémisphère Sud : le Caméléon, la Dorade, la Grue, le Toucan, l'Oiseau du Paradis ; ou bien à celle de la technologie triomphante du XIXe siècle comme la Machine pneumatique (Antlia), le Microscope, l'Horloge, la Boussole ou le Télescope.

Le pôle Sud céleste

Comme dans l'hémisphère Nord, les étoiles tournent autour d'un point central : le pôle Sud céleste, mais ici, il n'y a pas d'étoile Polaire.

La nébuleuse de la Tarentule, située dans le Grand Nuage de Magellan, est la plus grande nébuleuse diffuse connue dans tout l'Univers. Visible à l'œil nu, si elle était à la même distance que la nébuleuse d'Orion, elle couvrirait une grande partie du ciel.

Près du pôle Sud, on peut voir à l'œil nu 2 taches dans le ciel. Ce sont le Grand et le Petit Nuage de Magellan. Il s'agit de galaxies satellites de la Voie lactée. Le Grand Nuage de Magellan est distant de 190 000 années-lumière.

Petite histoire du Centaure

Le centaure Chiron était un grand intellectuel, enseignant la médecine et la musique. Tué accidentellement par une des flèches d'Héraclès, il fut placé dans le ciel.

Le Centaure et la Croix du Sud

La constellation est au bord de la Voie lactée. Alpha et Bêta du Centaure forment les pointeurs qui indiquent la Croix du Sud. Celle-ci est coincée entre les pattes du Centaure et la Voie lactée.

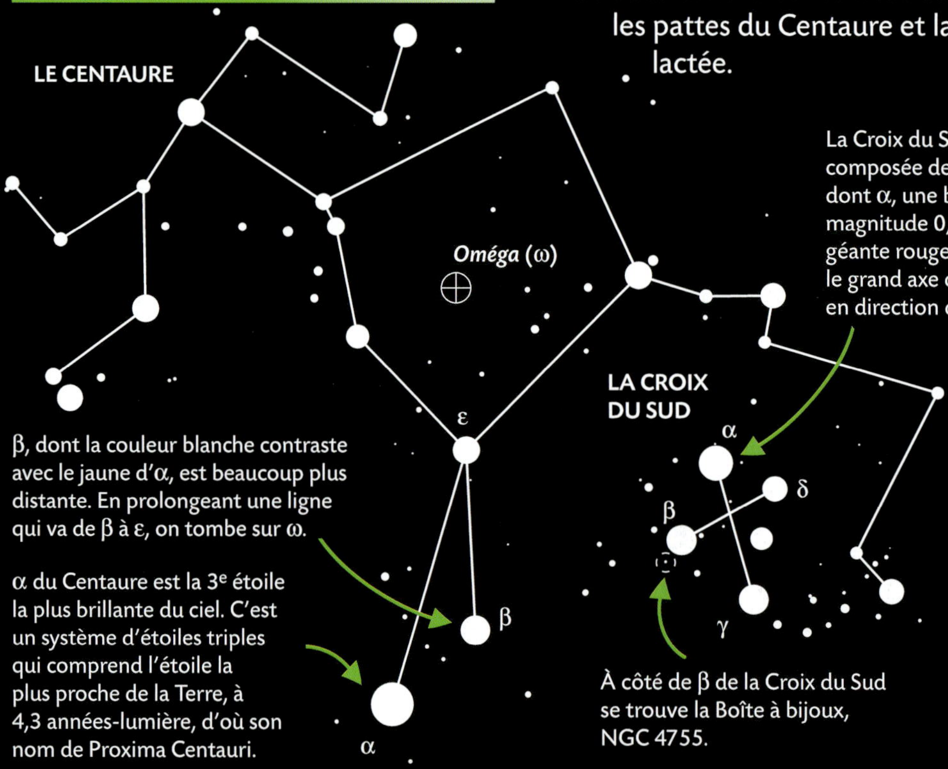

La Croix du Sud est visible dans tout l'hémisphère Sud et jusqu'à 25° de latitude nord. En Afrique du Nord, elle marque l'horizon sud, en direction des grands espaces du désert. Sa forme caractéristique orne de nombreux objets comme, par exemple, des selles de Bédouins ou des bijoux berbères.

Oméga du Centaure est en fait un amas d'étoiles. C'est le plus imposant de tout le ciel avec ses millions d'étoiles serrées. Il est si dense qu'on croyait depuis l'Antiquité qu'il s'agissait d'une étoile.

Le navire *Argo*

Le navire *Argo* navigue sur la Voie lactée, mais il a été découpé en trois constellations : la Poupe, la Carène et les Voiles.

Dans la Carène se trouve une nébuleuse diffuse visible à l'œil nu. Elle est très belle aux jumelles mais en plein milieu de la Voie lactée, dans une région truffée d'amas ouverts.

Canopus (α Carinae) est l'étoile la plus brillante du ciel après Sirius. Pour les Arabes et les Chinois, c'est un symbole de sagesse.

Petite histoire d'*Argo*

Le navire *Argo* est le bateau sur lequel les Argonautes explorèrent le monde antique sous la direction de Jason. Celui-ci devait rapporter la toison d'or pour reprendre le trône de son père.

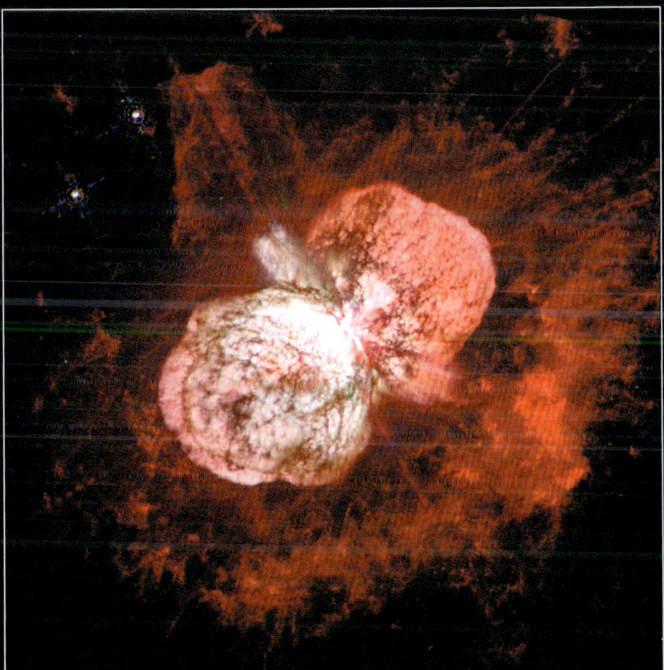

La nébuleuse Êta Carinae porte le nom de la grosse étoile qu'elle abrite et qui risque d'exploser en supernova.

Entre le Soleil et la Terre, il y a Mercure et Vénus. Puis viennent Mars, Jupiter, Saturne, Uranus et Neptune.

La famille

du Soleil

Ta planète, la Terre, fait partie de la grande famille du système solaire. Un patriarche trône au milieu : le Soleil. Autour de lui tournent la Terre et ses sept sœurs, chacune à son rythme, depuis des milliards d'années.

Les défricheurs du ciel

Chaque jour le Soleil revient, les planètes traversent le ciel. Depuis toujours, ces phénomènes impressionnent les hommes. Comment ne pas croire à l'harmonie du monde ? Cette croyance a inspiré les premiers astronomes, véritables défricheurs du ciel.

La Terre est au centre ?

Le savant Ptolémée vivait au IIe siècle en Égypte, à Alexandrie. Cette ville était le centre intellectuel du monde antique avec sa gigantesque bibliothèque de 700 000 volumes ! C'est là que Ptolémée inventa la géographie et écrivit le premier traité d'astronomie. Pour lui, la Terre est au centre de l'Univers et les astres se déplacent autour d'elle sur 88 cercles différents. Le monde entier croira à sa théorie pendant 14 siècles.

Comme Copernic savait que son système lui attirerait des ennuis avec l'Église catholique, il s'arrangea pour que ses travaux ne soient publiés qu'après sa mort.

Le Soleil est au centre ?

En 1543, Copernic, un prêtre polonais, affirme que le Soleil est le centre de l'Univers et que les 5 planètes connues (Vénus, Mars, Mercure, Jupiter et Saturne) plus une sixième (la Terre) décrivent des cercles autour de lui. Puis, en 1575, Tycho Brahé, un astronome danois, construit le premier observatoire moderne. Il mesure la position des astres avec des instruments qu'il invente. Mais il conclut que les planètes tournent autour du Soleil, qui tourne autour de la Terre. Qui croire ?

Tycho Brahé inventa des instruments géants, comme le grand *triquetum* de 3,60 m de long, ou son quadrant mural de 2,30 m de rayon. La précision de ces instruments permit à Kepler de calculer les orbites des planètes.

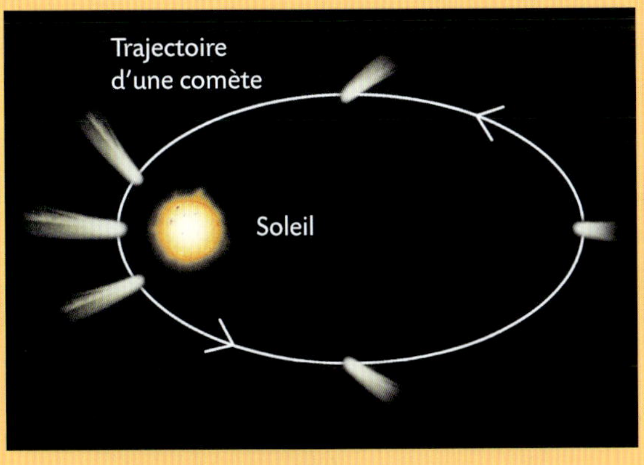

Il a fallu 20 ans de calculs à Kepler pour formuler les lois dont l'une dit que les orbites des planètes sont des ellipses. Ces lois sont aussi valables pour les comètes qui tournent autour du Soleil et tous les satellites qui tournent autour d'un astre.

Pour protéger ses découvertes, Galilée envoyait des messages si bien codés à ses correspondants que même Kepler n'arrivait pas les déchiffrer...

Et que dit l'Église ?

Au début du XVIIe siècle, Kepler, un mathématicien allemand, démontre que les planètes décrivent autour du Soleil des trajectoires en forme d'ellipse. Au même moment, un savant italien, Galilée, prouve que le système de Ptolémée est faux, que la Terre n'est pas au centre de l'Univers mais tourne autour du Soleil. Les gens d'Église l'accusent d'hérésie (opinion contraire aux croyances de la religion catholique) et Galilée échappe au bûcher en avouant qu'il s'était trompé.

Trace une ellipse

Pour reproduire le parcours des planètes autour du Soleil, il faut tracer une ellipse.

- **1 feuille de papier**
- **1 planche**
- **2 punaises**
- **Ficelle fine**
- **1 crayon**

1. Fixe la feuille sur la planche en enfonçant les 2 punaises comme sur l'illustration.

2. Attache la ficelle aux punaises pour qu'elle forme un triangle si on la tend avec le crayon.

3. Déplace ton crayon en tenant la ficelle tendue. Tu traces une ellipse. Change la longueur de la ficelle, pour tracer des ellipses plus ou moins aplaties.

Des calculs astronomiques

Grâce à la théorie de la gravitation universelle établie par Newton en 1687, les astronomes calculent les orbites des planètes. Les mathématiques envahissent l'astronomie. Mais ces calculs se compliquent rapidement…

Observation ou calcul ?

En 1781, William Herschel, qui était musicien et astronome amateur en Angleterre, découvre, par l'observation, la planète Uranus (la 7e planète). Par contre, ce sont les travaux de Newton qui ont permis à Le Verrier, en France, de déduire par le calcul l'existence et la position de Neptune. Cela a conduit à la découverte de cette planète en 1846.

Devenu célèbre, Herschel put construire d'énormes télescopes pour étudier les étoiles doubles et les nébuleuses.

Les planètes fantômes

Le Verrier, crut pouvoir expliquer les anomalies de l'orbite de Mercure par l'existence d'une autre planète, plus petite et plus proche du Soleil, qu'il nomma Vulcain. Malgré des recherches acharnées pendant plus de 50 ans, Vulcain resta cachée. Finalement, la théorie de la relativité d'Einstein permit d'expliquer l'orbite de Mercure et prouva que Vulcain n'existait pas.

La planète x

En 1971, l'astronome américain Joseph Brady calcule qu'il doit exister une 10e planète, 2 fois plus loin que Pluton (planète n° 9 à ce moment-là !), qui perturbe la trajectoire de la comète de Halley et qu'il nomme la planète x. D'autres astronomes l'ont décrite, mais personne ne l'a vue !

De nos jours, les astronomes utilisent de puissants ordinateurs pour les assister dans leurs travaux : ils pilotent les télescopes, effectuent des calculs de trajectoires, etc.

Fabrique un pendule de Foucault

Cette expérience, inventée en 1851 par le physicien français Léon Foucault, montre la rotation de la Terre. Le pendule, suspendu à un très long fil, se balance et parcourt au sol un cercle complet en un temps qui dépend de la latitude : 24 h au pôle Nord et 30 h environ au milieu de l'hémisphère Nord.

- **1 bouteille en plastique**
- **Sable (environ 2 kg)**
- **1 piton**
- **Ficelle (5 m)**
- **1 petit crayon**
- **Mastic**
- **1 feuille de papier à dessin**

1. Remplis la bouteille de sable jusqu'aux 2/3. Visse le piton au milieu du bouchon.

2. Demande à un adulte d'accrocher un fil de 5 m de long à un balcon, une branche d'arbre, une cage d'escalier ou dans un préau.

3. Fixe un crayon avec le mastic au bas de la bouteille.

4. Ajuste la longueur de la ficelle pour que le crayon effleure à peine la feuille de papier, posée au sol.

5. Soulève le pendule doucement et mets-le en mouvement.

6. Observe les marques sur le papier après ½ h, 1 h, et ainsi de suite.

Tu peux matérialiser au sol le chemin du pendule en mettant des morceaux de sucre debout, en cercle. Ils tomberont les uns après les autres, au fur et à mesure que le temps passe. Succès garanti !

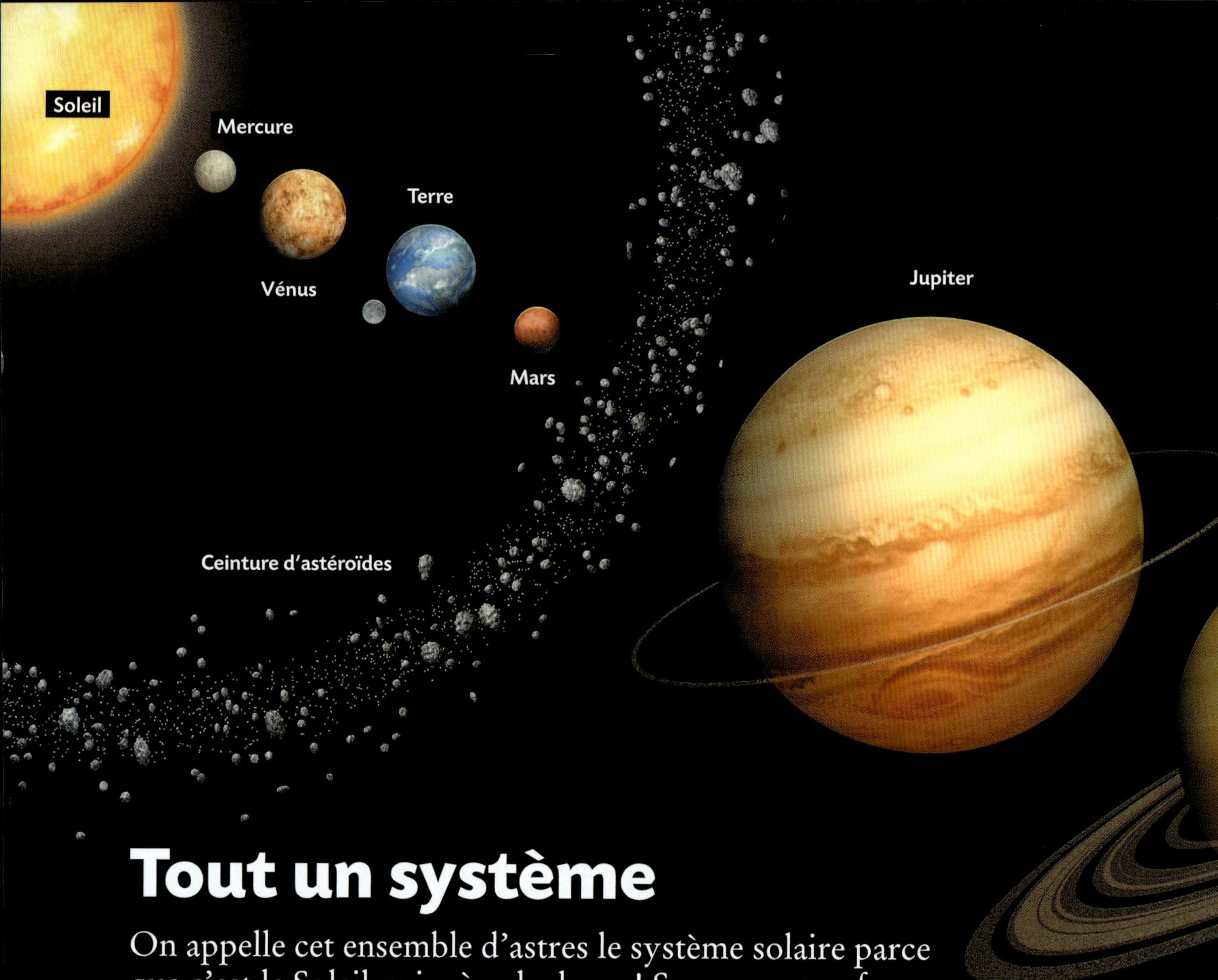

Tout un système

On appelle cet ensemble d'astres le système solaire parce que c'est le Soleil qui mène la danse ! Sa masse et sa force d'attraction extraordinaires maintiennent les planètes tout autour de lui, même à des distances énormes.

Une naissance tumultueuse

Lorsque le Soleil est né, toute la matière restante qui tournait autour de lui s'est réunie en un disque, appelé disque d'accrétion. Petit à petit, de gros blocs sont apparus. Sous l'effet de la force d'attraction, ils se sont percutés, les plus gros absorbant les plus petits. Si bien que 2 milliards d'années plus tard, il restait quelques planètes et de nombreux petits blocs. Ils sont devenus des astéroïdes, coincés entre Mars et Jupiter, ou des comètes, rejetées aux confins du système solaire.

Construis un système solaire

Réunis des copains pour cette activité. Dans ce modèle, chaque planète est à l'échelle.

1. Gonfle un ballon jusqu'à ce qu'il mesure 1 m de diamètre, c'est le Soleil.

2. Sur une plage par exemple, place 4 copains à la distance indiquée en leur mettant dans la main un objet (galet, caillou...) de la taille indiquée. Ils représentent Mercure, Vénus, la Terre et Mars.

Tournez planètes !

Si on pouvait regarder le système solaire du dessus, on verrait toutes les planètes tourner dans le sens inverse des aiguilles d'une montre, comme le faisait le disque d'accrétion. Au centre, le Soleil émet des radiations solaires qui ont repoussé la majeure partie du gaz loin de lui. Cela explique que ses 4 planètes proches, de Mercure à Mars, soient des planètes essentiellement solides ayant peu de gaz, alors que les planètes lointaines très massives sont essentiellement gazeuses.

La bonne idée

Comme les fusées ne sont pas capables d'envoyer des sondes de plusieurs tonnes loin de la Terre, on profite de la force de gravitation pour donner « un coup de pouce » aux sondes. Quand l'une d'elles s'approche d'une planète, elle est attirée par sa force de gravitation, ce qui l'accélère, comme si elle « tombait » vers elle. On corrige alors sa trajectoire pour la guider vers l'astre suivant. C'est un peu comme si l'on pouvait pousser des voitures ou des trains pour qu'ils roulent plus vite vers leur destination !

Que font les planètes ?

Les planètes tournent autour du Soleil, c'est leur révolution. Elles tournent aussi sur elles-mêmes : ce phénomène s'appelle la rotation. Le parcours qu'elles décrivent autour de leur étoile est une orbite.

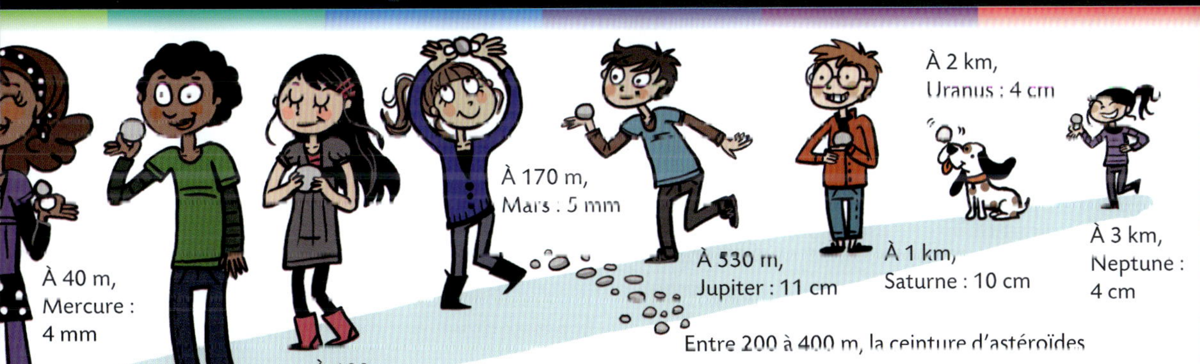

Si tu pouvais continuer, tu placerais d'autres copains comme sur l'illustration. Les 10 km suivants représenteraient la ceinture de Kuiper, et encore beaucoup plus loin il y aurait le nuage d'Oort.

Les missions en cours

L'homme a commencé par envoyer des sondes au milieu du système solaire, juste pour voir ! Puis il les a fait tourner en orbite autour des planètes, pour comprendre. Enfin, il a envoyé des robots un peu partout, pour faire des analyses.

Mission accomplie

Lancées en 1977, les sondes *Voyager 1* et 2 devaient explorer les planètes géantes gazeuses en profitant d'une position favorable qui n'a lieu que tous les 175 ans. *Voyager 1* a visité Jupiter, puis Saturne et sa lune Titan. Mais comme elle semblait avoir pris goût au voyage, les ingénieurs l'ont laissée continuer son périple vers le Nord du système solaire. *Voyager 2* l'a suivie de près, puis elle a été déviée vers Uranus et Neptune, qu'elle a atteint 12 ans plus tard, en 1989 !

Les sondes *Voyager*, ces petites merveilles de technologie, cesseront d'émettre quand elles auront épuisé leurs batteries nucléaires et leur carburant, après plus de 40 ans de fonctionnement, sans une seule panne !

Infatigables

Les 2 sondes « voyageuses » poursuivent encore leur exploration jusqu'aux confins du système solaire, en envoyant des informations sur le vent solaire. Elles traversent la zone où il est ralenti et repoussé par le vent interstellaire, à plus de 15 milliards de km de la Terre. Parcourant plus de 500 millions de km par an, les 2 sondes devraient quitter définitivement le système solaire vers 2020.

296 000 ans

C'est le temps qu'il faudra à *Voyager 2* pour croiser Sirius, l'étoile la plus brillante du ciel, située à plus de 8,6 années-lumière de la Terre.

La sonde *Cassini* a fait 2 fois le tour du Soleil. Elle a été accélérée grâce à Vénus, puis relancée par la Terre jusqu'à Jupiter qui l'a propulsée vers Saturne. Là, elle tournera en orbite jusqu'en 2017 avant de s'écraser volontairement sur la planète.

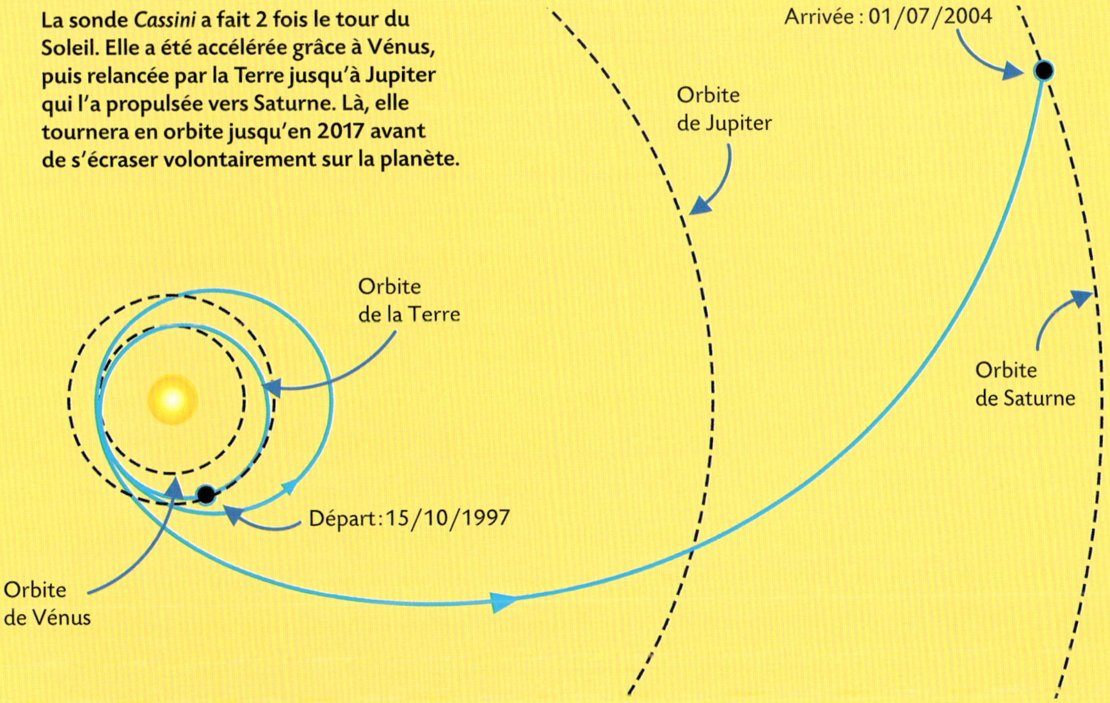

Cassini : l'espionne de Saturne

Lancée en octobre 1997, la sonde *Cassini* a atteint son orbite autour de Saturne en 2004, en profitant de l'assistance gravitationnelle. À l'arrivée, elle a largué la sonde *Huygens* qui s'est posée sur Titan, le plus gros satellite de Saturne. Depuis, *Cassini* tourne en orbite autour de Saturne, étudiant ses anneaux. Sa trajectoire est ajustée depuis la Terre, pour qu'elle survole et analyse les satellites de Jupiter.

Terminus, on descend !

La façon la plus simple d'explorer une planète (quand elle n'est pas gazeuse !), c'est d'envoyer des « atterrisseurs » qui se posent, font des photos, effectuent des mesures, comme sur Vénus. On peut aussi envoyer des robots, télécommandés depuis la Terre, qui se déplacent en véritables explorateurs.

Allô ! Ici la Terre, répondez !

Équipées d'antennes géantes, 3 stations dans le monde, comme celle-ci, à Madrid, en Espagne, reçoivent les informations des sondes. Elles leur envoient les instructions pour les piloter à des millions de km. Les 2 autres stations sont à Gladstone, en Californie, et à Canberra, en Australie.

Si tu vivais sur une autre planète...

Si tu visitais le système solaire, tu traverserais des mondes très différents où tous les exploits seraient possibles ! En route pour une visite… imaginaire, mais plutôt sportive !

Un tour de vélo sur Mars

Sur Mars, il y a très peu d'atmosphère donc peu de résistance de l'air : 100 fois moins que sur la Terre. Donc, quand tu descends une pente, ça va très vite, l'air ne te freine pas. Et les côtes sont très faciles à monter car tu pèses moins lourd, à cause de la faible pesanteur de la planète.

Du deltaplane sur Jupiter

Sur Jupiter, comme sur les autres planètes gazeuses, Saturne, Uranus et Neptune, il n'y a pas de sol, donc deltaplane obligatoire ! L'avantage de Jupiter, c'est qu'elle offre des milliers de kilomètres de descente dans une atmosphère pleine de couleurs, et de plus en plus dense. Si bien que tu navigueras au gré des vents tout autour de la planète. Mais gare aux ouragans de la grande tache rouge...

Du patin à glace sur Europe

En quittant Jupiter, arrête-toi sur l'un de ses satellites, Europe, dont le sol n'est qu'une épaisse couche de glace. Avec ses 3 000 km de diamètre, Europe est la plus grande patinoire du système solaire !

De l'escalade sur Miranda

Pour te promener sur ce satellite d'Uranus, il te faudra un bon matériel d'escalade ! Avec ses falaises de 15 km de hauteur, tu te régaleras avec quelques bonnes heures de grimpe. Et ce n'est pas ton poids qui te gênera car, sur ce petit satellite de 500 km de diamètre, tu ne pèses que 1 kg !

Repos sur Triton et ses aurores boréales

Titan et Triton sont parmi les rares satellites du système solaire à avoir une atmosphère. Celle de Triton est encore plus froide, record absolu : – 235 °C. C'est un monde de glace où des geysers d'azote retombent en neige. La proximité de Neptune et de son champ magnétique provoque de splendides aurores boréales. Un spectacle à ne pas manquer !

Vivre sur une autre planète ?

Sur certaines planètes, l'homme pourrait s'installer, mais il y fait ou trop chaud ou trop froid. Sur d'autres, pas question ! Il n'y a pas de terre ferme à se mettre sous les pieds, mais d'épais nuages de gaz brûlants. Pour respirer, il faut de l'air et les autres planètes n'en ont pas ! Quant à l'eau, il y en a sans doute un peu partout mais sous forme de glace… Donc, s'il y avait d'autres êtres vivants dans le système solaire, ce ne serait que des êtres minuscules, des bactéries. Et cela n'est même pas encore certain !

Du bateau sur Titan

Ce gros satellite de Saturne possède des saisons (qui durent 8 ans !), une atmosphère d'azote un peu fraîche, – 168 °C. Conséquence : on pense que sa surface est parcourue d'océans de méthane liquide. De quoi naviguer tout l'été, à condition d'être bien couvert... L'hiver, c'est pire : la température chute à – 200 °C, il pleut de l'azote liquide !

Ce satellite de Jupiter, Io, est un monde de volcans.

La ronde des pla

Le système solaire, c'est comme une famille où, souvent, les enfants ne se ressemblent pas. Nées de la même étoile, les planètes sont petites ou géantes, rocheuses ou gazeuses... Chacune est un monde à elle seule !

nètes

Les planètes, astres errants…

Dans le ciel de nuit, les planètes ne scintillent pas comme les étoiles. Comme leur nom l'indique (planète veut dire astre errant, en grec), elles changent de place d'une nuit à l'autre.

Qui chercher et où ?

Seulement 5 planètes sont visibles à l'œil nu : ce sont Mercure, Vénus, Mars, Jupiter et Saturne. Aide-toi d'un guide : il t'indique, jour par jour, l'heure de lever et de coucher des planètes ; leur distance par rapport à un autre astre ; leur orientation et leur luminosité (magnitude). Mais tu les trouveras toujours près de l'écliptique, dans les constellations du zodiaque.

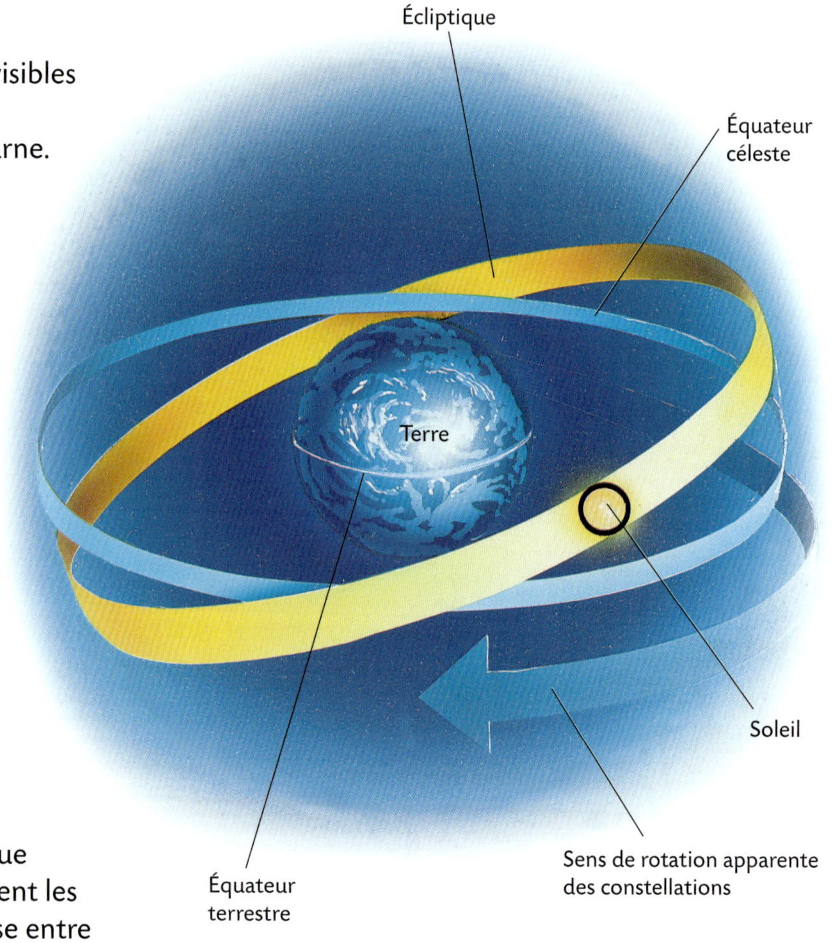

L'anneau magique : l'écliptique

On appelle plan de l'écliptique la zone du ciel où se produisent les éclipses, lorsque la Lune passe entre le Soleil et la Terre. Vu de la Terre, l'écliptique est comme un anneau dessiné par le trajet que fait le Soleil le jour et les planètes la nuit. Si on prolonge le plan de l'écliptique, il traverse les constellations du zodiaque, celles dans lesquelles on voit les planètes. La hauteur du plan de l'écliptique dépend de ta position sur la Terre : ta latitude.

Un bon truc !

Masque la lumière d'un astre à l'aide d'un fil de fer très fin, en le tenant verticalement et en fermant un œil. C'est possible pour les étoiles, mais pas pour les planètes. Plus proches de toi que les étoiles, elles brillent beaucoup et toute leur surface renvoie une lumière uniforme.

Localise les planètes

Pour localiser les planètes d'après un guide ou une carte, prends ton bâton de Jacob pour mesurer (en degrés) les coordonnées terrestres des planètes.

• **Bâton de Jacob (*voir p. 46*)**

1. L'altitude (Alt), la distance angulaire par rapport à l'horizon, se mesure en pointant le grand bâton côté nuit sur l'horizon, puis en alignant la planète sur l'extrémité du petit, tenu verticalement.

2. L'azimut (Az) est la distance angulaire par rapport au sud. Pointe le grand bâton côté nuit, vers le sud et à la hauteur de la planète (h). Puis aligne la planète sur l'extrémité du petit, tenu horizontalement.

Le mouvement des planètes

Les étoiles se déplacent toutes ensemble dans le ciel. Pas les planètes. Chacune possède sa trajectoire, sa vitesse, ses horaires. Donc, si tu crois reconnaître une planète, repère sa position par rapport aux étoiles plusieurs jours de suite. Si elle s'est déplacée de (1) à (2), c'est bien une planète.

Trahies par leur couleur !

Si les planètes sont basses sur l'horizon, elles paraissent toujours rouges, donc attends qu'elles soient hautes, dans un ciel bien noir, pour déterminer leur vraie couleur.

- Jaune pâle : Vénus et Jupiter
- Jaune vif : Saturne
- Orange : Mercure
- Rouge : Mars

Mercure, planète au cœur de fer

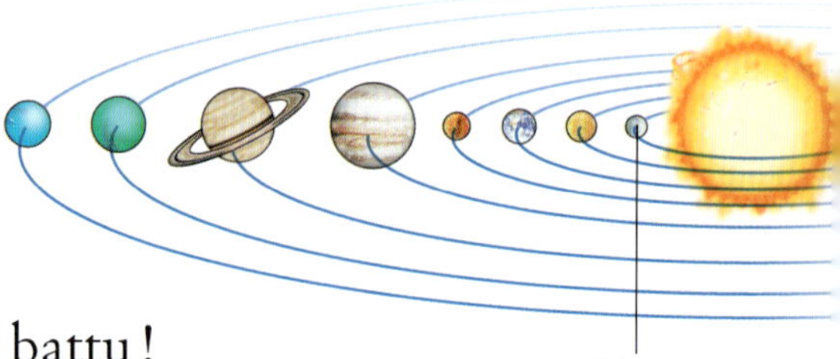

Malgré sa petite taille, Mercure est la plus rapide des planètes dans la course autour du Soleil : seulement 88 jours, tout record battu !

Petite histoire de Mercure

Dans la mythologie romaine, Mercure est si rapide, qu'il est le messager des dieux. Et comme il a des ailes aux pieds, ça aide !

Petite mais costaude !

Mercure est visible à l'œil nu, bas sur l'horizon, juste après le coucher ou avant le lever du Soleil. Le seul obstacle sérieux à son observation, c'est le Soleil, car elle est la planète qui en est la plus proche. À peine plus grosse que la Lune, Mercure est la plus petite planète du système solaire, mais elle se rattrape : elle est la plus dense avec 5,3 g/cm^3. Cela est dû à son énorme cœur de fer qui représente 60 % de sa masse totale.

D'où vient son cœur de fer ?

Les scientifiques ont émis 3 hypothèses.

- Mercure, très proche du Soleil, a reçu plus de fer que les autres planètes.
- Les radiations du Soleil ont balayé les éléments plus légers, ne laissant que le fer.
- Après une collision avec une autre planète, leurs noyaux ont fondu, les éléments légers ont été éjectés, Mercure a gardé son noyau de fer.

Mercure, la planète la plus proche du Soleil, est appelée planète inférieure, car elle est située entre le Soleil et la Terre.

Pas très accueillante...

Mercure ressemble beaucoup à la Lune. Comme elle, son sol est criblé de cratères d'impacts de météorites, parfois profonds et étendus. Des plaines et de hautes falaises serpentant sur des centaines de kilomètres. Son atmosphère est si fine qu'elle contient très peu de gaz et que sa température stagne pendant sa longue nuit à – 180 °C ou reste à 430 °C durant le jour. Et il pourrait y avoir de la glace au fond des cratères des pôles qui ne voient jamais le Soleil...

Vues par *Messenger*, lors de son premier passage, ces hautes falaises escarpées très longues sont uniques dans le système solaire. Elles se sont formées lorsque l'intérieur de la planète a commencé à refroidir, ce qui l'a fait rétrécir en créant ces failles gigantesques.

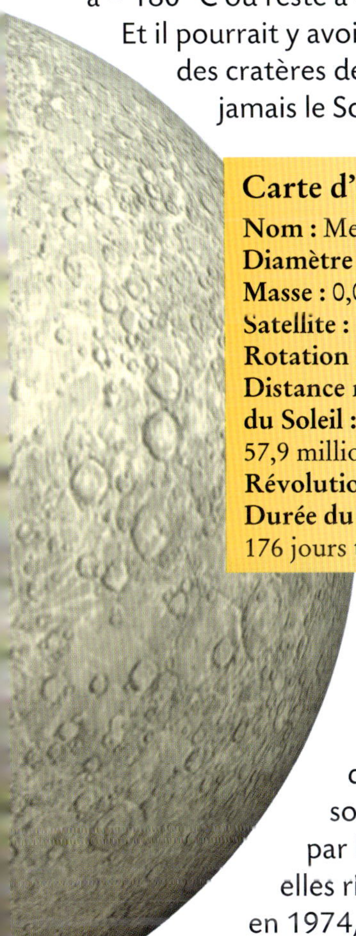

Carte d'identité

Nom : Mercure
Diamètre : 4 880 km
Masse : 0,056 fois la Terre
Satellite : 0
Rotation : 59 jours
Distance moyenne du Soleil : 57,9 millions de km
Révolution : 88 jours
Durée du jour mercurien : 176 jours terriens

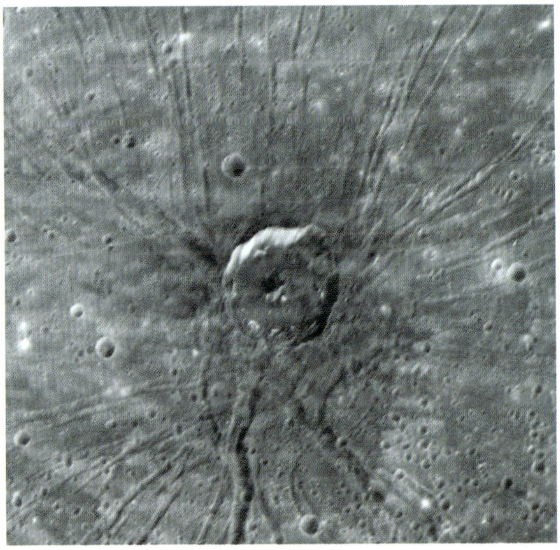

La plus grande formation est le bassin Caloris, un cratère d'impact dont la taille vient d'être réévaluée à 1 600 km de diamètre, le tiers du diamètre de Mercure.

Explorations à haut risque

La proximité du Soleil rend difficile la mise en orbite des sondes autour de Mercure. Attirées par l'énorme masse de l'étoile, elles risquent de s'y écraser ! Pourtant, en 1974, la sonde américaine *Mariner 10* photographie sa surface et étudie son champ magnétique, 100 fois plus faible que le champ terrestre. Lancée en 2005, *Messenger* a fait 15 fois le tour du Soleil, survolé 3 fois Mercure, parcouru 8 milliards de km avant de se placer en orbite en 2011. Cette sonde a montré que le cœur de fer de Mercure est en partie liquide et donc que cette planète possède bien un champ magnétique.

Rendez-vous autour de Mercure !

La mission européenne *Bepi-Colombo*, du nom du mathématicien italien qui a suggéré la trajectoire de *Mariner 10*, comprend 2 sondes. Lancement prévu en 2012, pour rejoindre *Messenger* en 2022.

Vénus, l'étoile du berger

Quand les bergers voyaient cette planète apparaître dans la soirée, c'était le signal : il fallait rentrer les moutons car il était tard ! D'où son surnom d'étoile du berger.

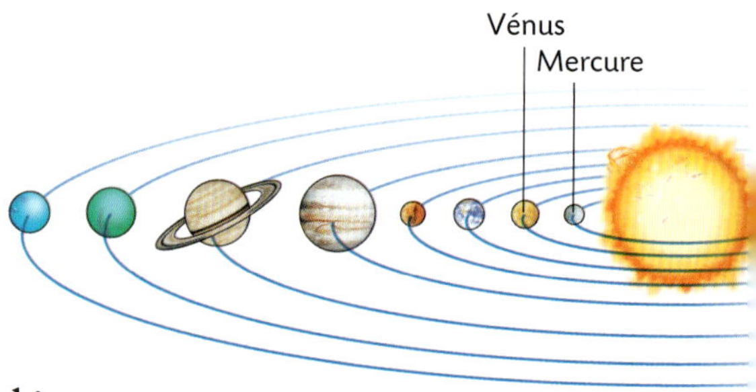

On appelle planètes inférieures celles qui sont plus près du Soleil que la Terre : Mercure et Vénus. Les autres sont les planètes supérieures.

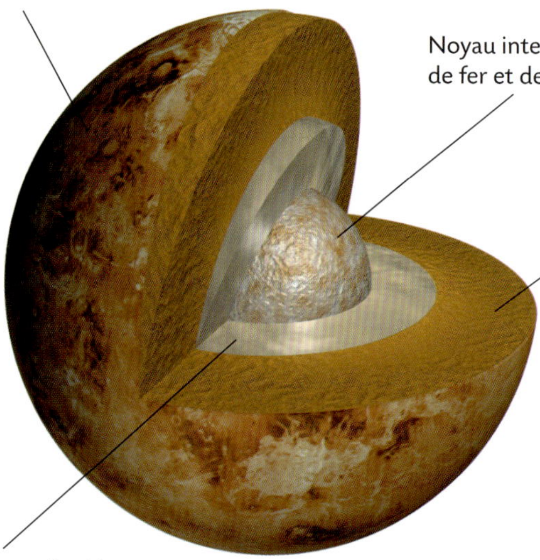

Où et quand voir Vénus ?

Vénus est l'astre le plus brillant du ciel, juste après le Soleil et la Lune : sa magnitude atteint jusqu'à – 4,7 ! Pendant 5 mois, elle apparaît à l'ouest, après le coucher du Soleil. Puis les 5 mois suivants, elle est visible à l'est, avant son lever. Mais elle n'est jamais décalée de plus de 2 heures par rapport au Soleil. Tu ne pourras donc pas voir Vénus au milieu de la nuit. Il arrive très souvent que la Lune et Vénus se montrent dans la journée, l'une près de l'autre, lorsque ce couple est éloigné du Soleil.

Petite histoire de Vénus

Déesse de l'amour pour les Grecs, elle symbolise la beauté féminine.

On reconnaît Vénus à sa couleur jaune clair très brillante. Cela est dû à l'épaisse couverture nuageuse jaune qui réfléchit fortement la lumière du Soleil. Mais ici, elle est représentée sans nuages !

Cache-cache avec le Soleil

Quand une planète inférieure, comme Vénus ou Mercure, est dans l'alignement du Soleil, elle est invisible depuis la Terre (1), cela s'appelle la conjonction supérieure. Lorsqu'elle est entre le Soleil et la Terre, elle présente sa face non éclairée, donc on ne la voit pas (2), c'est la conjonction inférieure. On la voit mieux quand elle est suffisamment écartée à la fois du Soleil et de la Terre, ce qui s'appelle l'élongation maximale (3). Tu verras Vénus, même en plein jour, si elle passe près de la Terre.

Carte d'identité

Nom : Vénus
Diamètre : 12 102 km
Masse : 0,815 fois la Terre
Satellite : 0
Rotation : 244 jours
Distance moyenne du Soleil : 108 millions de km
Révolution : 225 jours
Durée du jour vénusien : 234 jours terriens

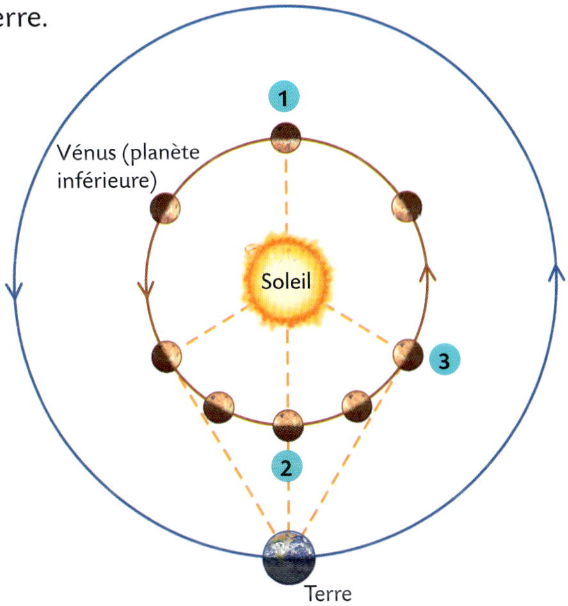

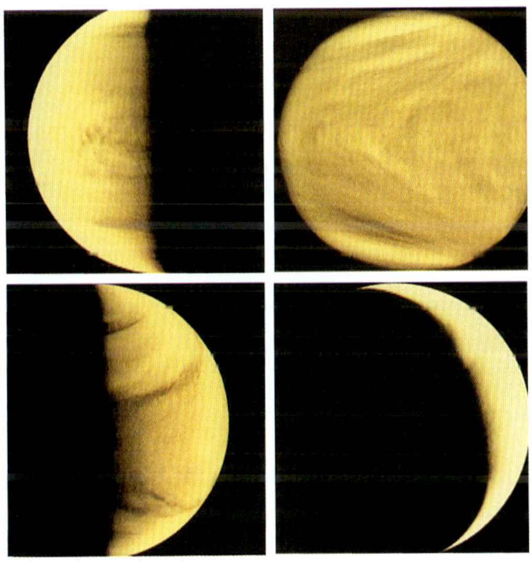

L'apparence de Vénus change : elle est en croissant, gibbeuse ou presque entière, en fonction de sa position dans l'espace. Ce sont les phases, identiques à celle de la Lune (ou de Mercure).

Bienvenue en enfer !

L'atmosphère de Vénus contient 96 % de dioxyde de carbone, 3 % d'azote et divers gaz ; et elle est traversée de nuages d'acide sulfurique. La pression est de 92 bars, celle que subit un sous-marin à 1 km sous la mer. La température est de plus de 400 °C et des éclairs zèbrent souvent le ciel tandis que le bruit du tonnerre roule le long des montagnes. Au sol, les vents sont lents mais la pression énorme fait qu'ils érodent la surface. En altitude, les nuages de 30 km d'épaisseur sont agités de vents de 360 km/h !

Vénus, la jumelle de la Terre ?

À leur naissance, elles se ressemblaient, avec de vastes océans et une atmosphère chargée en CO^2. La Terre a fixé l'essentiel de ce gaz dans les sédiments de ses océans. Mais Vénus, sans champ magnétique protecteur comme la Terre, a perdu son eau sous l'action du vent solaire et le CO^2 a créé l'effet de serre.

Le volcan Maât Mons de 8 000 m d'altitude est le plus grand volcan vénusien. Il a un sommet en forme de bouclier. Cette image est reconstituée à partir des données radar de la sonde *Magellan*.

Visite guidée de Vénus

On y voit une alternance de plaines, de plateaux, de chaînes montagneuses et des centaines de volcans, à la forme caractéristique en dôme ou en bouclier. Ils sont éteints depuis 500 millions d'années, mais il y en a peut-être quelques-uns encore actifs. Il y a peu de traces d'impacts de météorites. Toutes les formations de Vénus ont reçu des noms féminins, à l'exception des monts Maxwell (nom du physicien anglais), la plus haute chaîne de montagnes d'environ 10 000 m.

Le relief de Vénus est le résultat d'éruptions fréquentes.

Effet de serre, mortel !

L'atmosphère de Vénus est si lourde qu'elle crée un effet de serre : il augmente la température et la pression, et rend toute vie impossible. C'est ce qui arriverait sur Terre, si le dioxyde de carbone (CO^2) augmentait trop à cause de la pollution.

Explorée par plus de 30 sondes !

La sonde américaine *Mariner 2* survole Vénus en 1962, puis 2 sondes russes s'y posent, en 1970 et 1975, prenant la première photo du sol, avant d'y brûler, à 485 °C ! En 1989, la sonde américaine *Magellan* cartographie la planète grâce à son radar qui « voit » à travers les nuages. *Venus express*, lancée par l'ESA en 2005, étudie l'atmosphère. Elle a montré que le vent solaire se combine avec les rayons ultraviolets du Soleil pour détruire les molécules d'eau et les arracher à l'atmosphère de la planète.

Reproduis un effet de serre

Réalise cette activité avec l'aide d'un adulte.

- **2 bougies de 3 cm et 6 cm**
- **1 petit saladier en verre ou en métal à fond plat**
- **Vinaigre**
- **Bicarbonate de soude**

1. Pose les bougies dans le saladier.

2. Verse une tasse de vinaigre.

3. Allume les bougies.

4. Verse 2 cuillères à café de bicarbonate dans le vinaigre.

5. En quelques minutes, la petite bougie s'éteint, puis la plus grande. Privées d'oxygène, les bougies s'éteignent au fur et à mesure que le CO^2 s'accumule au fond du saladier, remplaçant l'air.

Mars la rouge

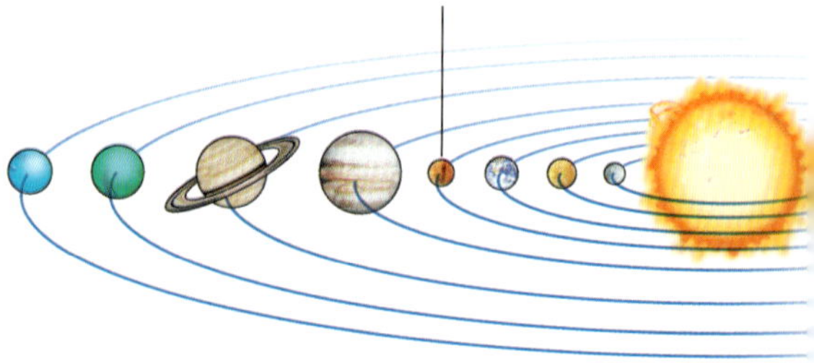

Parmi les planètes du système solaire, c'est celle qui ressemble le plus à la Terre. Sa couleur rouge sang lui a valu le nom du dieu romain de la guerre, Mars.

Où et quand la voir ?

Mars n'est pas très brillante, mais on la reconnaît à sa couleur rouge. Située plus loin du Soleil que la Terre, elle est bien visible lorsqu'elle est en opposition au Soleil, tous les 26 mois. Elle se lève alors à l'Est, au coucher du Soleil, et ne se couche qu'au lever du Soleil. Sa distance par rapport à la Terre varie car elle a une trajectoire plus elliptique que celle-ci. Donc sa taille apparente varie beaucoup. Consulte un guide pour savoir à quelle période elle sera la plus grosse et la plus brillante.

La couleur rouge de Mars est due aux oxydes de fer (la rouille) contenus dans son sol.

Carte d'identité

Nom : Mars
Diamètre : 6 794 km
Masse : 0,107 fois la Terre
Satellites : 2
Rotation : 24 h 37 min
Distance moyenne du Soleil : 228 millions de km
Révolution : 687 jours

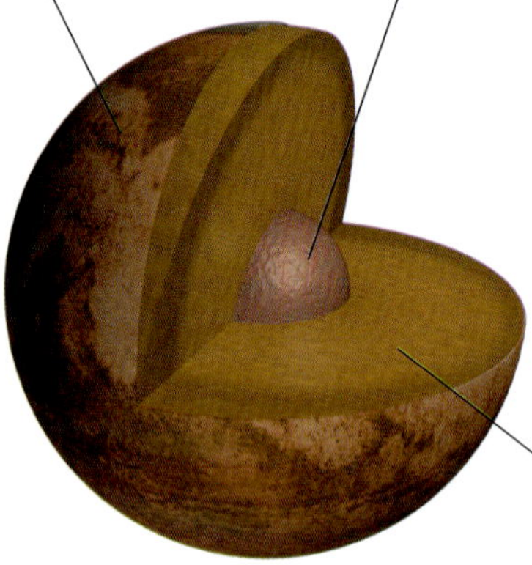

Mars avance... à reculons !

La Terre met 365 jours pour faire le tour du Soleil, Mars en met 687. Quand le Soleil, la Terre et Mars sont alignés, et que la Terre est juste derrière Mars, la Terre rattrape la planète rouge et la dépasse. Mars semble alors reculer, comme, vu du centre d'une piste, un coureur paraît aller à reculons quand il suit la ligne courbe extérieure d'une piste, par rapport à un autre coureur proche du centre.

Petite histoire de Mars

Dans la mythologie romaine, Mars est le dieu de la guerre. Il est aussi celui de la végétation, du printemps (d'où le nom du mois de mars, celui du printemps) et de la jeunesse, car, à l'époque romaine, c'est à la fin de l'hiver que les jeunes hommes repartaient livrer bataille.

Sur ce montage de photos prises pendant plusieurs mois, cette belle boucle montre le parcours de Mars dans le ciel, appelé mouvement rétrograde.

Pommes de terre martiennes

Ses 2 satellites, Phobos et Deimos, ce qui signifie la peur et la panique en grec, sont sans doute des astéroïdes capturés par Mars lors de sa naissance. Ces cailloux cabossés par les chutes de météorites ressemblent à des pommes de terre. Mesurant 27 km, Phobos tourne au ras de la planète où il se lève et se couche 3 fois par jour. Il s'en rapproche doucement et s'écrasera dans quelques millions d'années sur le sol martien. Deimos, plus petit et plus lent, met un peu plus d'un jour à faire un tour.

Suis la trajectoire de Mars

Rends-toi sur un site d'observation où tu peux revenir tous les soirs à la même heure.

• **Guide du ciel**

1. Repère les constellations visibles autour de Mars. Dessine-les.

2. Chaque soir, à la même heure, note la place précise de la planète par rapport aux étoiles.

La planète avance, reste immobile pendant quelques jours, puis elle va du côté opposé.

Longue de 4 000 km, la vallée Marineris, cette véritable « balafre » sur la face de Mars est une fracture qui s'est créée lorsque la surface s'est soulevée de plus de 10 km en formant le dôme de Tharsis.

Des cratères géants

Les terrains anciens très cratérisés sont surtout au Sud, alors que les jeunes plaines du Nord n'ont pas de cratères d'impact. On trouve aussi au Sud d'immenses bassins correspondant à la chute de météorites énormes, comme le bassin d'Argyre (600 km de diamètre) ou le bassin d'Hellas de 2 100 km de diamètre et profond de 9 km !

Le volcan Olympus Mons (600 km de diamètre, 26 km de haut) est 50 fois plus grand que le plus grand volcan de la Terre, à Hawaï. Mars possède plusieurs volcans géants, et celui-ci était sans doute encore en activité il y a « seulement » 30 millions d'années.

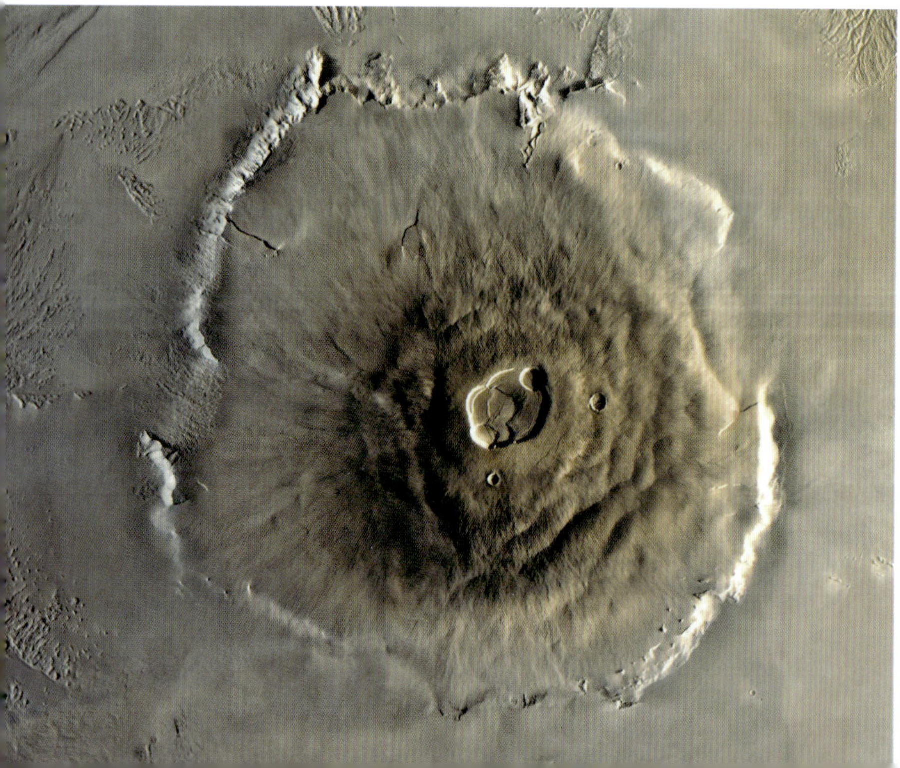

Des reliefs record

Mars possède les plus grandes formations géologiques du système solaire. La taille des fractures du sol, celle des volcans ou des cratères battent tous les records ! Pourtant les mêmes phénomènes ont eu lieu sur la Terre et sur Mars. Mais, du fait de sa petite taille, la planète rouge a refroidi beaucoup plus vite : son sol s'est stabilisé très tôt et il n'y a plus de volcanisme. Seule l'érosion est encore à l'œuvre. Un déséquilibre étrange existe entre les vastes plaines très basses de l'hémisphère Nord, les hauts plateaux et les montagnes de l'hémisphère Sud.

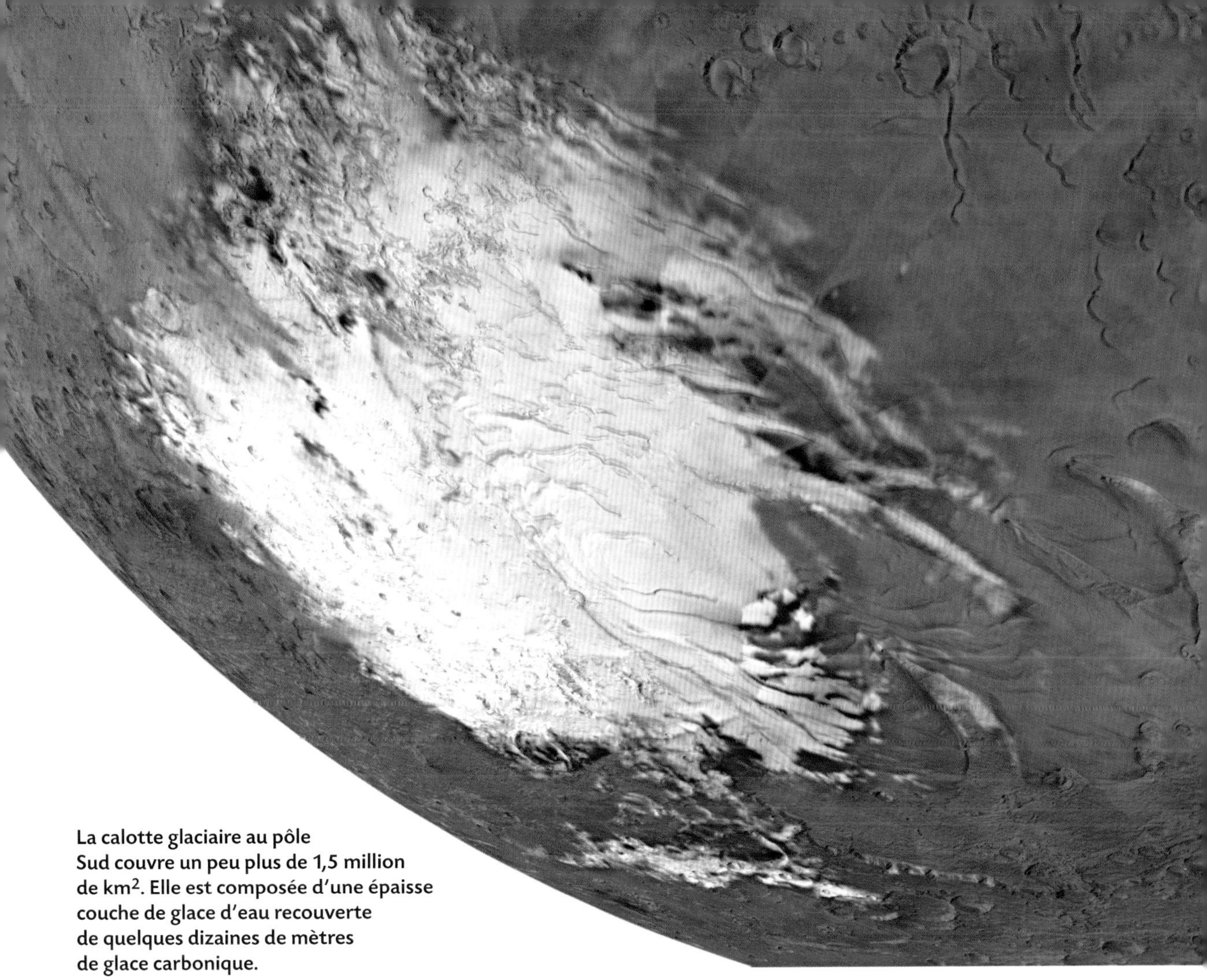

La calotte glaciaire au pôle Sud couvre un peu plus de 1,5 million de km². Elle est composée d'une épaisse couche de glace d'eau recouverte de quelques dizaines de mètres de glace carbonique.

Des saisons folles

L'axe de rotation de Mars est incliné de 25,2°, mais son orbite est beaucoup plus elliptique que celle de la Terre. Ce qui fait que les saisons dans l'hémisphère Sud sont plus marquées sur Mars que sur la Terre, car la planète reçoit davantage de lumière lorsqu'elle s'approche du Soleil que lorsqu'elle s'en éloigne. Par le passé, les saisons ont beaucoup varié car Mars n'a pas de gros satellite comme la Lune, pour limiter la précession des équinoxes.

Un air rare et irrespirable !

L'atmosphère de Mars, composée de dioxyde de carbone, de très peu d'azote, d'autres gaz et de vapeur d'eau, a une pression atmosphérique de seulement 6 millibars (1 013 millibars sur Terre). Les vents fréquents sont faibles, parfois des mini-tornades soulèvent la poussière du sol et des tempêtes recouvrent la planète entière d'un manteau de poussière. La température moyenne est de – 63 °C, variant de – 128 °C (la nuit aux pôles, l'hiver) à 27 °C (l'été à l'équateur). L'intensité solaire moyenne est le tiers de celle de la Terre.

Le rêve fou : aller sur Mars !

Coloniser une autre planète, s'y installer, y vivre, et peut-être échapper ainsi à une catastrophe qui ferait disparaître l'espèce humaine de la Terre ! Science-fiction ou réalité de demain ?

D'abord, trouver de l'eau !

Sans eau, la vie n'est pas possible. Alors, tous les efforts d'exploration mettent la recherche d'eau liquide au sommet de la liste des priorités. C'est ce que font les satellites comme *Mars Express* de l'ESA ou *Mars Reconnaissance Orbiter* (MRO), qui recherchent l'eau liquide en sondant sous la surface de Mars avec un radar. *MRO*, arrivé en 2006, va servir de relais Internet pour toutes les futures missions. Il est doté d'une caméra à très haute résolution qui va guider les futures sondes qui se poseront sur Mars.

Des traces de vie

Le robot *Curiosity*, arrivé sur Mars en 2012, est 4 fois plus gros que *Spirit* et *Opportunity*. Il est doté de nombreux instruments capables de détecter des traces de vie sur Mars. D'autres missions sont prévues pour étudier l'atmosphère martienne en 2014 et la géologie en 2016. Enfin, le premier robot européen de l'ESA sera posé sur Mars en 2016.

Les robots au travail

En 2004, les robots *Spirit* et *Opportunity* ont été déposés à 2 endroits opposés de la planète. *Spirit* est en panne car il s'est ensablé. *Opportunity* continue son exploration. Chaque hiver, il cherche un refuge, puis il repart au printemps suivant, lorsqu'il y a assez de soleil pour recharger ses batteries. Il se déplace seul, fore les roches, prélève et analyse des échantillons, et filme tout. Les scientifiques de la NASA lui fixent des objectifs variés pour comprendre l'histoire de l'eau sur Mars.

Les flancs ravinés de ce cratère photographié par *MRO* montrent bien qu'il y a eu plusieurs écoulements violents. Ceux-ci ont créé des rigoles qui s'entrecroisent et sont jonchées de rochers.

Présence d'eau, enfin la preuve !

Sur les bords du cratère Endurance, le robot *Opportunity* a photographié ces petites billes, des sphérules d'hématite, un minerai qui ne se forme que dans les lacs et les sources chaudes sur Terre. Surnommées « myrtilles » à cause de leur aspect gris bleuté, ces sphérules prouvent qu'il y a eu de l'eau liquide à cet endroit. Cette image est un montage : celle du robot y a été superposée, car personne n'était là pour le prendre en photo !

Vivre sur Mars ?

Mars a un sol stable, une atmosphère fine, de l'eau et même des saisons. L'été, de grandes tempêtes de sable balaient l'hémisphère Nord du sol martien. Les calottes glaciaires s'agrandissent l'hiver et rétrécissent l'été. Mais, sans champ magnétique global, rien n'empêche les radiations solaires de détruire petit à petit l'atmosphère, de décaper le sol et d'éradiquer toute vie sur la planète. Mars ne sera donc jamais une planète hospitalière pour l'homme...

Les robots risquent fort d'être les seuls habitants de Mars pendant encore longtemps, et cela paraît plus prudent !

Jupiter, la géante

Jupiter est la planète la plus facile à voir. Très brillante, très grosse, toujours entourée de ses lunes, elle règne majestueusement dans le ciel de nuit…

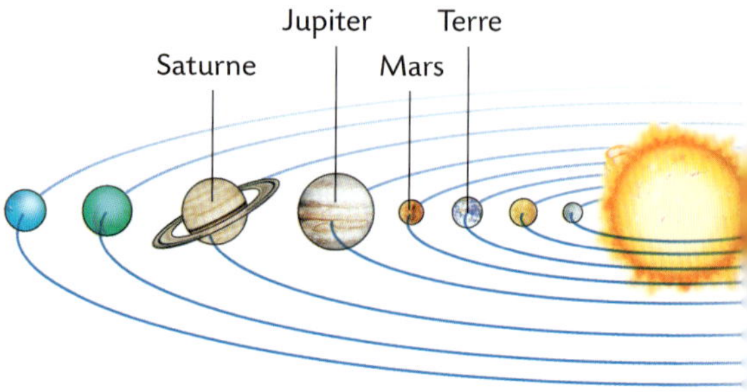

Les planètes supérieures sont situées derrière la Terre par rapport au Soleil. 3 sont visibles à l'œil nu : Jupiter, Mars et Saturne.

Petite histoire de Jupiter

Jupiter est le dieu des dieux chez les Romains. Il est à la fois le dieu du ciel, de la lumière du jour, de la foudre, du tonnerre…

Carte d'identité

Nom : Jupiter
Diamètre : 142 984 km
Masse : 318 fois la Terre
Satellites : 66
Rotation : 9 h 55 min
Distance moyenne du Soleil : 773,3 millions de km
Révolution : 11,86 ans

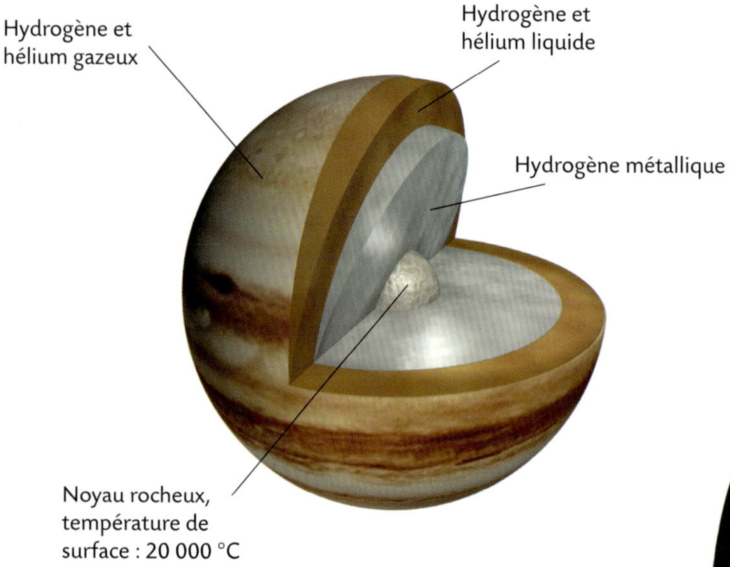

Avec une lunette ou un télescope équipé d'un filtre, tu verras mieux les couleurs et les motifs particuliers de la surface de Jupiter.

Monstre gazeux au cœur de pierre

Jupiter est une énorme boule de gaz très lourde ! Elle représente à elle seule les $2/3$ de la masse du système solaire (sans le Soleil). Des bandes sont visibles de chaque côté de l'équateur. Sur la bande sud, il y a une tache rouge, c'est un énorme anticyclone qui est assez grand pour engloutir l'équivalent de deux fois la Terre. Des vents y circulent à 500 km/h ! Ses 3 anneaux, très fins, n'ont été découverts qu'en 1979.

Pèse un gaz

Jupiter contient surtout des gaz ; pourtant sa masse est énorme. Les gaz ont donc un poids. En voici la preuve.

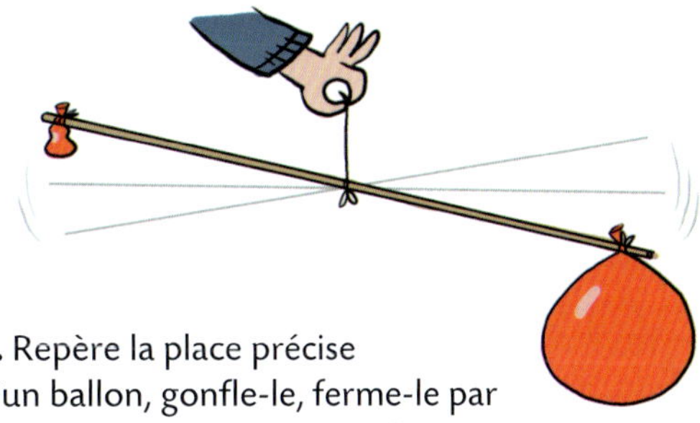

- **Ficelle**
- **1 baguette de bois**
- **2 ballons**

1. Attache la ficelle au milieu de la baguette.

2. Fixe un ballon à chaque bout de la baguette. Elle doit être horizontale. Si nécessaire, modifie la place d'un ballon pour l'équilibrer.

3. Repère la place précise d'un ballon, gonfle-le, ferme-le par un nœud et remets-le à sa place.

La baguette penche du côté du ballon gonflé de gaz : il est plus lourd que l'autre.

Où et quand la voir ?

Comme les autres planètes supérieures, Jupiter s'observe mieux lorsque le Soleil, la Terre et la planète sont alignés : on dit qu'elle est en opposition. Son disque et ses principaux satellites sont visibles toute la nuit avec des jumelles. Cherche-la au sud, pendant 6 mois, elle est magnifique ! Ensuite, quand elle est dans l'alignement du Soleil, elle est invisible depuis la Terre.

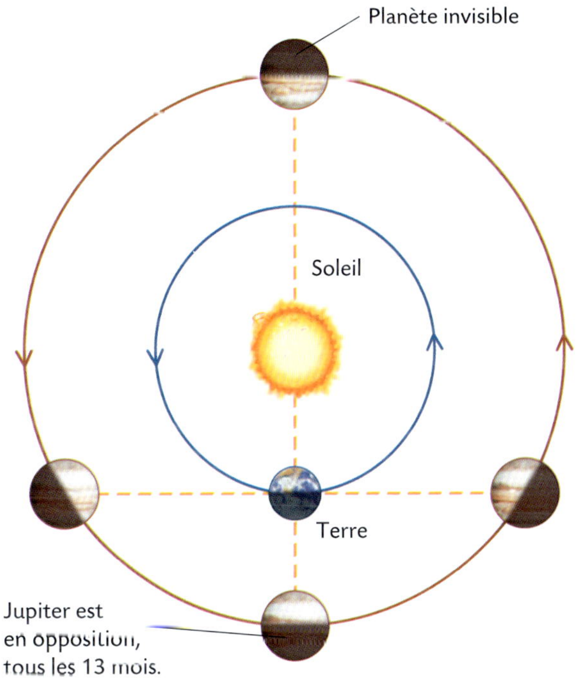

Galileo, la sonde économe

Les photos de Jupiter envoyées par les sondes américaines *Voyager* étaient tellement surprenantes qu'il semblait important d'y retourner. La sonde *Galileo* est mise en orbite en 1995. Quand elle s'écrase sur la planète en 2003, elle a alors parcouru 4,6 milliards de km, avec très peu de carburant, grâce à l'assistance gravitationnelle. Une nouvelle sonde, *Juno*, lancée en 2011, se placera en orbite en 2016 et elle sera même capable d'observer la planète à travers les nuages !

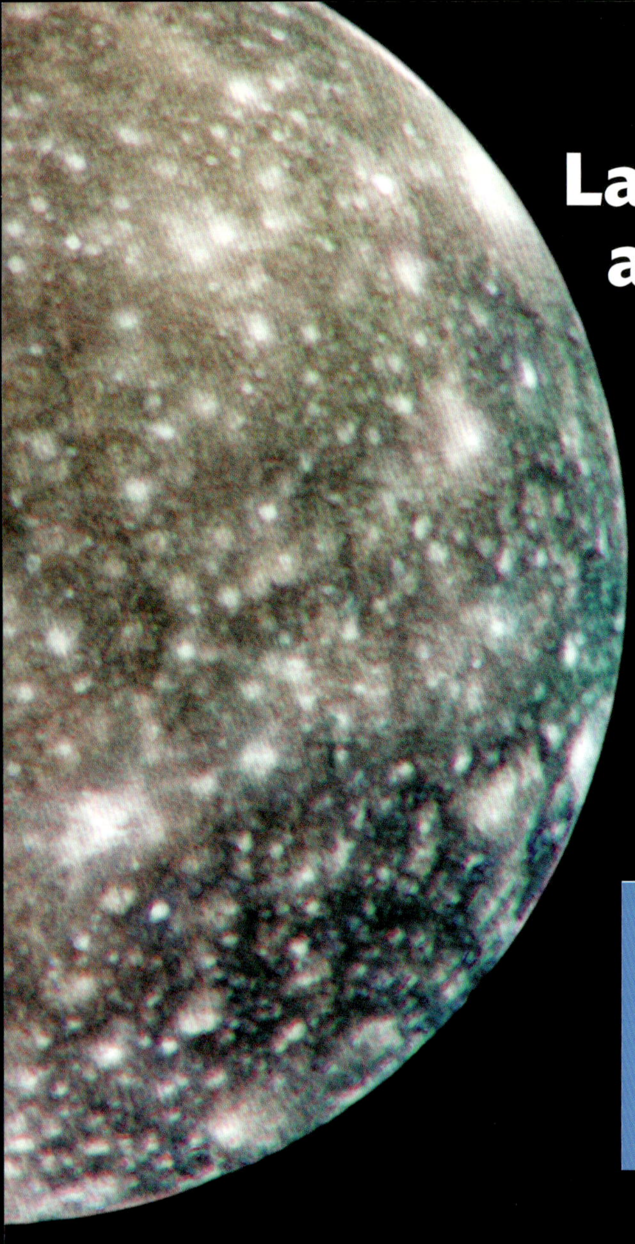

La planète aux 66 satellites !

Parmi les satellites de Jupiter, 4 sont faciles à voir aux jumelles. On dirait qu'ils dansent autour de Jupiter. Chaque nuit, ils changent de place : tantôt, il y en 2 de chaque côté, tantôt 3 d'un côté et 1 seul de l'autre. Plus loin, des dizaines de petits satellites tournent, prisonniers…

À peine plus petit que Ganymède, Callisto est fait de glace et de roche, sans noyau central. Son grand éloignement de Jupiter l'a maintenu dans un état presque identique à ce qu'il était à l'origine, contrairement aux 3 autres satellites galiléens, du nom de leur découvreur Galilée. Sa surface sombre est couverte de cratères.

Prisonniers de la géante !

Quand les 4 petits satellites proches de Jupiter sont bombardés par des météorites, cela produit des nuages de poussière qui forment des anneaux tournant autour de la planète. D'autres satellites se répartissent sur des orbites éloignées. Ce sont sans doute des astéroïdes ou des fragments de comètes capturés par Jupiter.

Plus gros que Mercure, Ganymède est le plus grand satellite du système solaire ! Il a un champ magnétique et son noyau de fer est entouré d'un manteau rocheux couvert d'une énorme couche de glace. Sa surface est un patchwork de terrains sombres et de zones claires, formées de glace récente.

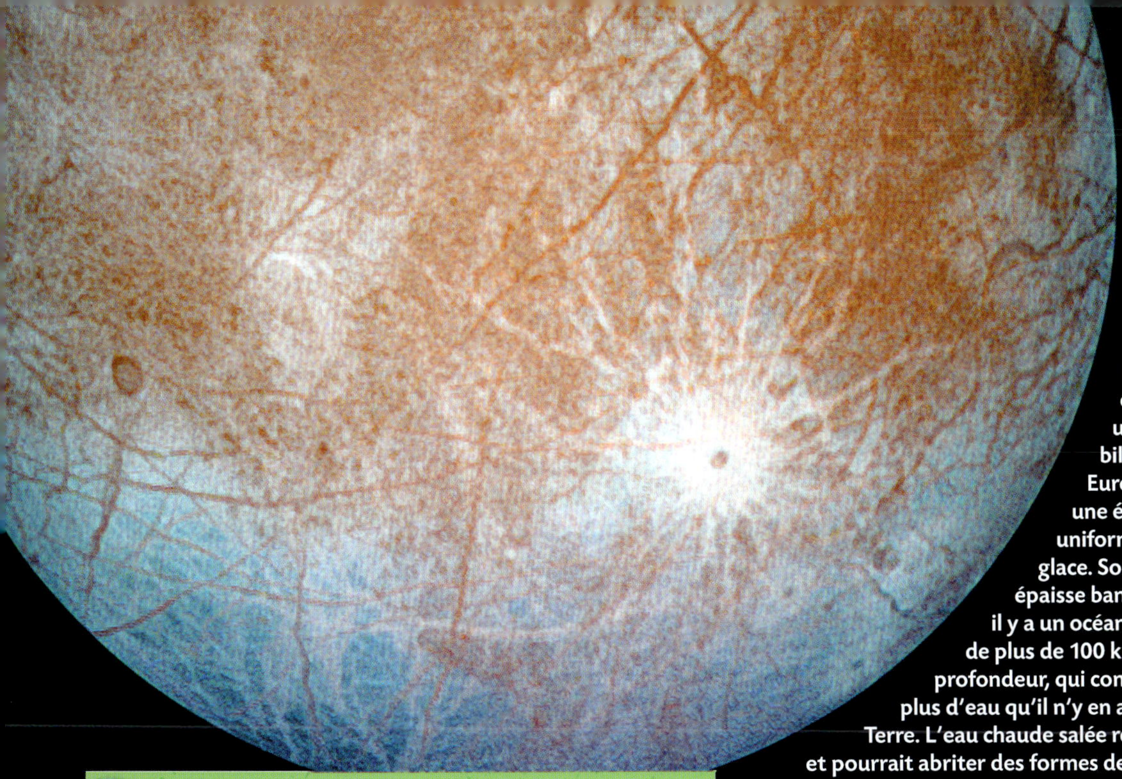

Lisse comme une bille, Europe est une étendue uniforme de glace. Sous son épaisse banquise, il y a un océan salé de plus de 100 km de profondeur, qui comprend plus d'eau qu'il n'y en a sur Terre. L'eau chaude salée remonte et pourrait abriter des formes de vie comme celle du fond des océans sur Terre.

« Europe » propre

Comme il est possible que le satellite Europe abrite de la vie, la NASA a choisi de précipiter la sonde *Galileo* dans l'atmosphère de Jupiter plutôt que sur le sol du satellite. Elle aurait risqué de le contaminer avec des traces de vie terrestre, comme on l'a déjà fait sur la Lune et peut-être sur Mars !

En regardant le satellite Io, on comprend bien pourquoi on l'a surnommé la pizza ! Plus de 80 cratères éjectent une lave riche en soufre. Les sondes découvrent de nouveaux volcans, surmontés d'immenses panaches de fumée. L'attraction de Jupiter et d'Europe provoque des étirements de son sol à 100 m de haut, comme des marées, ce qui est à l'origine du volcanisme.

Saturne, princesse des anneaux

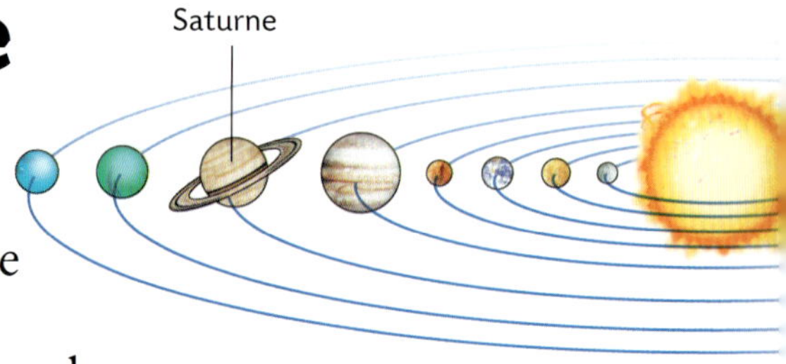

Le grand astronome Galilée est sans doute le premier homme à avoir vu les anneaux de Saturne à travers sa lunette. Comme il ne les distinguait pas bien, il a cru que la planète avait des oreilles !

Petite histoire de Saturne

Le dieu nommé Saturne par les Romains s'appelait Cronos chez les Grecs. Il dirigeait l'Univers avec ses frères, les Titans. C'était le père de Zeus (Jupiter pour les Romains).

Où et quand la voir ?

Pendant environ 10 mois par an, Saturne se déplace lentement d'une nuit à l'autre dans le ciel. Elle est aussi brillante que Véga, l'étoile la plus brillante du triangle d'été. Tu peux repérer sa couleur jaune, mais impossible de voir ses anneaux aux jumelles. Il faut un petit télescope ou une petite lunette. Tu pourras alors voir le plus gros des satellites de Saturne, Titan, visible lorsqu'il est bien séparé de la planète.

Le disque fin d'anneaux brillants qui entourent Saturne en fait une des plus belles planètes du système solaire.

Un ballon léger, mais infernal !

Composée surtout de gaz, Saturne est la planète la moins dense du système solaire : elle pourrait flotter sur l'eau... Au centre, la température et la pression sont si élevées que son noyau est sans doute liquide. Des vents violents de 1 800 km/h soufflent à l'équateur. La température passe de – 130 °C en surface à 8 000 °C à 30 000 km de profondeur ! Jusqu'aux récents voyages dans l'espace, on ne connaissait que 8 gros satellites, dont Titan, découvert par le Hollandais Huygens, et 4 autres par le Français Cassini, au XVIIe siècle.

Carte d'identité

Nom : Saturne
Diamètre : 120 536 km
Masse : 95 fois la Terre
Satellites : 62
Rotation : environ 10 h
Distance moyenne du Soleil : 1 429 millions de km
Révolution : 29,46 ans

Une étrange cohorte

Parmi les 62 satellites de Saturne, certains ont des comportements curieux : Épiméthée et Janus partagent la même orbite et se croisent sans jamais se percuter. Thétis et Dioné ont chacun des satellites troyens, un devant et un derrière, qui les suivent autour de la planète. Les 40 plus petits satellites sont des astéroïdes ou des comètes capturés par la gravité de Saturne et tournant très loin d'elle.

Lancée en 1997, la sonde *Cassini* s'est mise en orbite autour de Saturne en 2004. Elle a largué la sonde *Huygens* en 2005, qui s'est posée sur Titan.

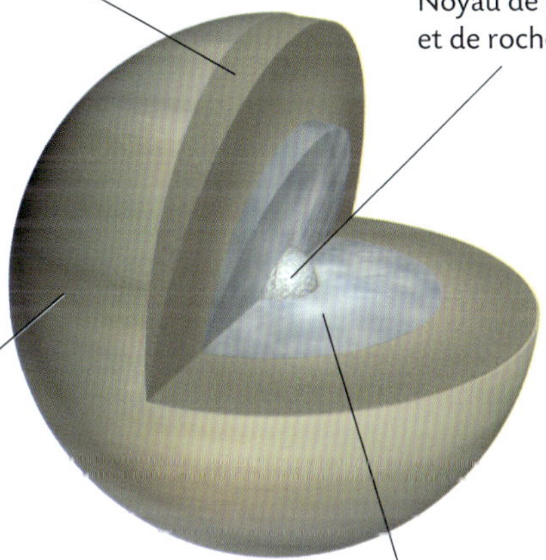

De la vie sur Titan ?

Titan est recouvert de lacs d'hydrocarbures et de dunes de charbon, qui représentent des centaines de fois l'équivalent des réserves de la Terre ! Il possède la même atmosphère que la Terre au moment où la vie y est apparue. Seul problème, la température : – 180 °C au sol.

Des bijoux de glace

Chaque anneau est désigné par une lettre, selon l'ordre de sa découverte. Au petit télescope, on voit les 3 premiers découverts : A, B et C. Plus spectaculaires que ceux de Jupiter et d'Uranus, ils réfléchissent bien la lumière du Soleil. La division de Cassini apparaît comme un large trait noir entre A et B. Au-delà de F, très fin, on a G et E, si transparents qu'ils sont invisibles depuis la Terre, et D est à l'intérieur de C. Composés de millions de blocs et de poussières de glace, les anneaux ressemblent à un disque de presque 1 million de km de diamètre, épais de seulement quelques dizaines de mètres à quelques kilomètres.

Les lunes « bergères »

Il y a 18 satellites associés aux anneaux. Prométhée et Pandore retiennent les particules à l'intérieur de l'anneau F; on les appelle des lunes bergères (« lune » désignant un gros satellite). C'est aussi le rôle d'Épiméthée sur le bord extérieur de F.

Seuls les anneaux A, B et C, sont visibles depuis la Terre. L'anneau F forme un trait fin sur le bord extérieur, séparé de A par la division Kepler. La mince division Enke, dans l'anneau A, contient un satellite, Pan.

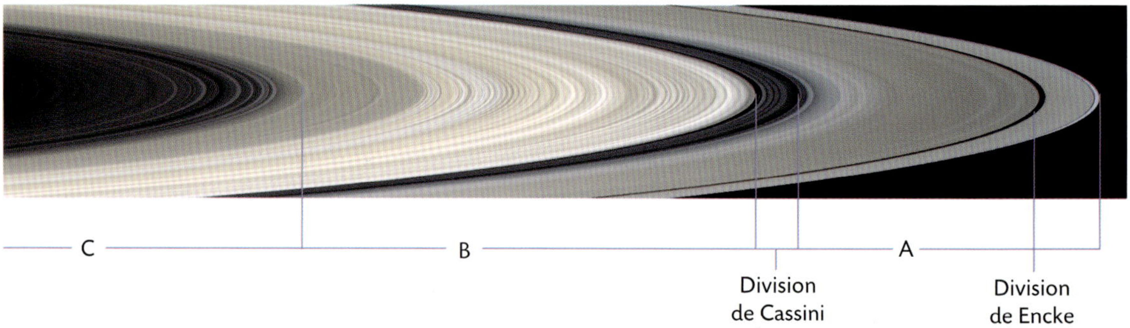

D'où viennent les anneaux ?

Ce sont peut-être des débris issus de la collision de 2 satellites de Saturne, ou entre l'un d'eux et une comète ou un astéroïde. On pense qu'ils ne se sont pas formés en même temps que la planète. De plus, la poussière de glace est récente, ce qui fait dire que les anneaux n'ont « que » quelques centaines de milliers d'années ! Le satellite Encélade fournit encore aujourd'hui la poussière de glace qui constitue l'anneau E.

En août 1995, *Hubble* a photographié les anneaux de profil, fins comme une lame de rasoir, avec les satellites Mimas, Téthys, Janus et Encelade.

Fais tourner un satellite

Un satellite ne peut pas s'éloigner de sa planète à cause de la gravitation, force centripète. Mais il garde ses distances grâce à son mouvement de révolution qui crée une force centrifuge.

- **Ficelle**
- **1 bobine de fil**
- **1 bouchon**
- **1 écrou**

1. Passe une ficelle fine dans une bobine de fil.

2. D'un côté de la ficelle, attache un bouchon, de l'autre un écrou.

3. Quand tu fais tourner de plus en plus vite le bouchon, la force centrifuge augmente et l'écrou monte.

Si tu mets 2 écrous, il te faudra tourner le bouchon 2 fois plus vite pour que le bouchon reste à la même distance.

À distance égale, plus une planète est massive, plus son satellite doit tourner vite pour ne pas tomber sur elle.

Fabrique les anneaux de Saturne

Les anneaux ont toujours une inclinaison de 26,7° par rapport à l'orbite de la planète. Tous les 15 ans environ, ces anneaux ne sont plus visibles car, de la Terre, on les voit de profil.

- **1 balle**
- **1 bande de papier**
- **1 rapporteur**
- **Pâte à modeler**

1. Réalise une maquette de Saturne avec une balle et une bande de papier pour figurer les anneaux.

2. À l'aide d'un rapporteur, incline la planète de 27°. Fixe-la sur un support en pâte à modeler.

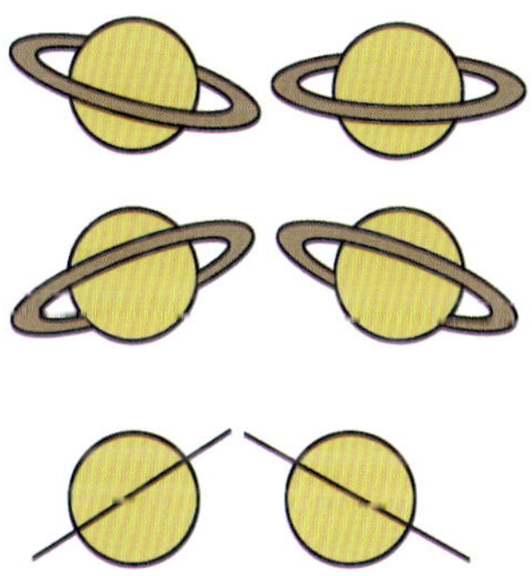

Suivant l'angle de vue, ses anneaux seront plus ou moins visibles. De profil, on ne voit qu'une mince ligne.

Oh, les belles bleues !

Uranus et Neptune se ressemblent. Elles sont géantes, lointaines, faites de gaz et de glace. Leur atmosphère de méthane leur donne cette belle couleur bleue, mais elles sont si distantes du Soleil, qu'il les éclaire à peine. Ce qui les rend difficiles à voir, dommage !

Uranus, le monde de l'étrange...

D'ordinaire, les planètes tournent autour d'un axe, qui est plus ou moins vertical. Celui d'Uranus est très incliné, ce qui donne l'impression qu'elle roule sur le côté... De plus, contrairement aux autres planètes géantes, elle ne possède pas de source de chaleur interne, toute son énergie vient du Soleil. Comme elle est très éloignée de lui, elle met 84 ans pour en faire le tour. Si bien qu'aux pôles, l'hiver (ou l'été) dure 42 ans !

Malgré sa distance, de très bons amateurs réussissent à voir Uranus, à l'œil nu, par temps clair : elle ressemble à une étoile.

Petite histoire d'Uranus

Découverte en 1781, on l'a appelée Uranus, nom du père de Saturne, père de Jupiter, lui-même père de Mars (dans la mythologie romaine), car Uranus est située après ces planètes.

Le satellite Miranda est le plus proche des cinq gros satellites d'Uranus. Falaises vertigineuses, stries colossales... Il est si cabossé qu'on dirait qu'il a été heurté par un corps céleste avant de se recoller au petit bonheur !

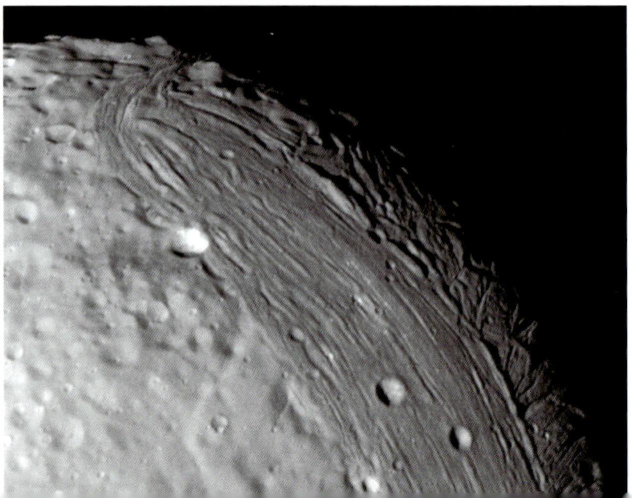

Carte d'identité d'Uranus

Diamètre : 51 118 km
Masse : 14,5 fois la Terre
Satellites : 27
Rotation : 17 h 20 min
Distance moyenne du Soleil : 2 875 millions de km
Révolution : 84 ans

Neptune, la dernière des géantes

Avant de voir Neptune, on a découvert sa présence par son influence sur Uranus. Ensuite, les calculs savants de l'astronome français Le Verrier ont permis de la localiser. Balayée par des vents violents, Neptune possède une grande tache blanche, appelée le Scooter, qui tourne autour d'elle à toute vitesse, en 16 heures. Comme Jupiter, elle a un ouragan, appelé par analogie la Grande Tache sombre, qui fait un tour en 10 jours. Mais le plus étrange, c'est que ces 2 taches tournent en sens inverse...

Ce gros satellite, Triton, le 2e du système solaire possédant une atmosphère, a été capturé par Neptune et s'y écrasera dans 100 millions d'années. Ce qui créera des anneaux aussi beaux que ceux de Saturne !

Petite histoire de Neptune

Sa couleur bleue, donnée par le méthane de son atmosphère, lui a valu le nom de Neptune, le dieu de la mer.

Aux jumelles, avec une bonne carte du ciel et beaucoup de patience, on peut voir Neptune, seulement comme un petit point lumineux.

Carte d'identité de Neptune

Diamètre : 49 528 km
Masse : 17,2 fois la Terre
Satellites : 13
Rotation : environ 16 h
Distance moyenne du Soleil : 4 504 millions de km
Révolution : 164,8 ans

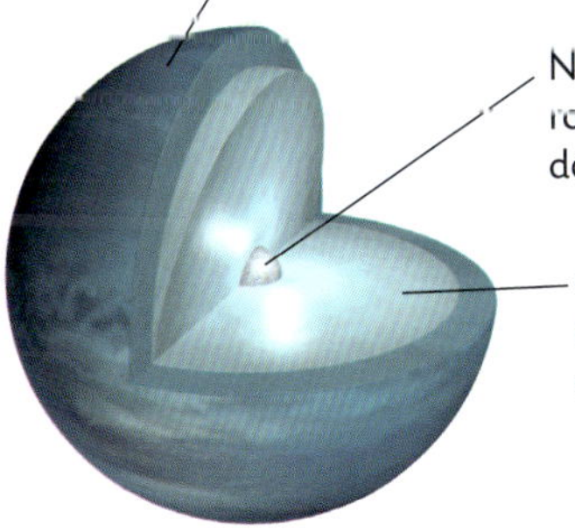

Reproduis l'aplatissement des pôles

Les planètes paraissent rondes, mais en fait elles ne le sont pas. Cette expérience montre pourquoi toutes sont aplaties aux pôles, surtout les gazeuses.

- **1 cercle de carton fort (diamètre = 10 cm)**
- **2 bandes de carton de 2 x 31,5 cm**
- **1 m de ficelle**

1. Dans le cercle, perce 2 trous distants de 1 cm à 5 mm du centre.

2. Colle les bandes de carton. Positionne les pôles et l'équateur.

3. Perce-les de chaque côté et passes-y la ficelle.

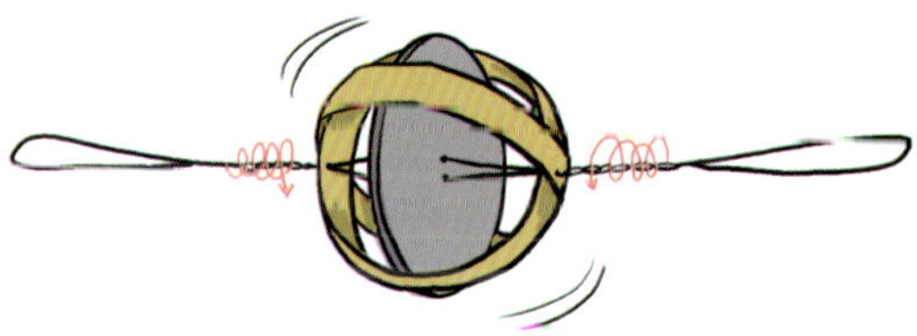

4. Noue la ficelle, passe un doigt de chaque côté et fais tourner la sphère dans un sens.

5. Déroule-la en tirant sur la ficelle. Tu vois la sphère s'aplatir sous l'effet de la force centrifuge. Puis elle reprend sa forme habituelle.

Au-delà des planètes

Au-delà de Neptune, on est toujours dans le système solaire, devant une immense étendue glacée, sur des milliards de km. Les distances sont tellement énormes, qu'on a inventé une nouvelle mesure, l'unité astronomique, pour parler de ces mondes lointains, encore très mystérieux.

Neptune, à 30 UA du Soleil, exerce une grande influence gravitationnelle sur la ceinture de Kuiper qui comprend sans doute près de 100 000 objets de plus de 100 km de diamètre.

L'unité astronomique

Une unité astronomique (UA) est égale à la distance de la Terre au Soleil : 1 UA = 150 millions de km. Neptune, la dernière planète du système solaire, est située à 30 UA du Soleil.

Neptune, c'est le grand chef ?

Les objets liés à Neptune ont des vitesses synchronisées. Pluton, le plus gros, a donné son nom à la famille des plutinos, dont Orcus et Ixion, plus petits. Plus lents, ils parcourent 2 orbites autour du Soleil, quand Neptune en fait 3. Des zones de la ceinture sont « interdites » par Neptune qui en expulse tous les gros objets, vers l'extérieur ou l'intérieur du système solaire. Par contre, d'autres objets, comme 1992 QB one, qui a donné son nom à la famille des cubewanos, ne subissent pas l'influence de Neptune et ont des orbites circulaires.

Ceinture de glace

Située entre 30 et 55 UA, la ceinture de Kuiper, du nom d'un planétologue américain, est la source des comètes périodiques. Les millions d'objets qui orbitent autour du Soleil à cette distance sont composés de glace, de méthane, d'ammoniac et d'eau, les plus gros ayant un noyau rocheux. C'est un peu comme la ceinture d'astéroïdes, mais en 20 fois plus grand et beaucoup plus épais. La ceinture de Kuiper s'arrête brutalement à 50 UA. On y a identifié plus de 1 000 objets !

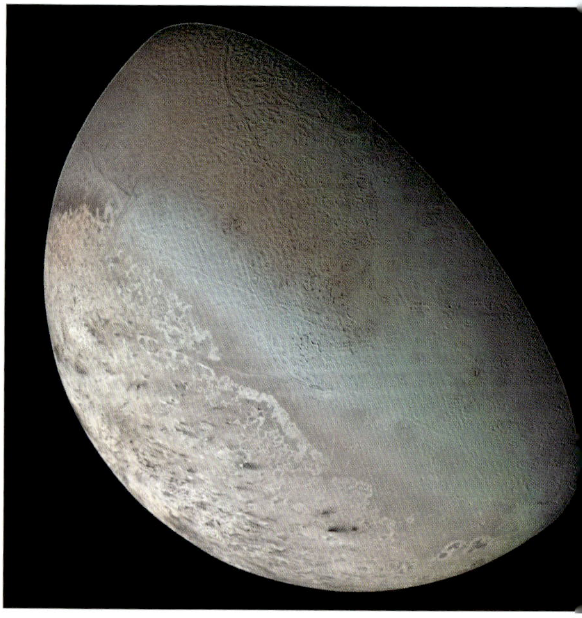

Capturé par Neptune, Triton est un satellite un peu plus gros que Pluton qui faisait initialement partie de la ceinture de Kuiper.

À presque 6 milliards de km de la Terre, Pluton, photographiée ici avec Charon par le télescope spatial *Hubble*, a été rétrogradée en 2006 dans la famille des planètes naines, qui comprend des dizaines de membres.

Hill et Oort, petit et grand nuage

Loin après la ceinture de Kuiper, c'est le domaine des comètes à longue période, le nuage d'Oort. La partie proche, en forme d'anneau de 20 000 UA environ, est le nuage de Hill. Il s'évase ensuite pour donner une sphère qui s'étend jusqu'aux limites de l'attraction que peut exercer le Soleil, 100 000 fois plus loin que la Terre ! Sedna, une planète naine, est l'objet connu le plus éloigné du Soleil, à 1 000 UA : elle met 12 000 ans pour en faire le tour !

L'exploration continue...

Lancée en 2006, la sonde *New Horizons* visitera Pluton en 2015 et continuera d'explorer la ceinture de Kuiper pendant quelques années, comme le font encore les télescopes terrestres du programme *Pan-STARR*.

Les « dispersés », exclus de la ceinture

Éris est une planète naine, plus grosse que Pluton. Neptune l'a envoyée sur une autre orbite. Les Centaures, dont le plus connu est Chiron, sont des astéroïdes qui orbitent entre Jupiter et Neptune. Issus de la ceinture de Kuiper et rejetés par Neptune, ils sont mi-astéroïdes, mi-comètes.

Petite histoire de Quaoar

Quaoar, le plus gros cubewano avec 1 250 km de diamètre, porte le nom du dieu des Indiens Tongva, les premiers habitants du bassin de Los Angeles. Selon la légende, Quaoar descendit du paradis, transforma le chaos en ordre et mit le monde sur le dos de 7 géants. Puis il créa les animaux et les hommes...

Si tu étais sur Pluton, tu verrais son gros satellite, Charon, et, plus loin, ses 3 petits satellites, Nix, Hydra et P4.

Vers de nouvelles planètes ?

Dans l'Univers, des milliards de galaxies tournent avec des milliards d'étoiles. Alors, il y a sûrement une planète semblable à la Terre, près d'un autre Soleil, où vivent... des extraterrestres ?

À Hawaï, le télescope *Keck* utilise l'interférométrie pour rechercher les planètes autour des étoiles. Le satellite *Kepler*, lancé en 2009, a découvert plus de 100 planètes en analysant les transits sur 150 000 étoiles à la fois.

Planète, où es-tu ?

Une planète est toujours des millions de fois moins lumineuse que l'étoile dont elle reflète la lumière. Pour la voir, il faut cacher l'étoile avec un coronographe, mais c'est difficile si la planète est très proche d'elle. Une autre technique, l'interférométrie, utilise des miroirs qui combinent électroniquement différentes images de l'étoile pour que leur intensité lumineuse s'annule : les planètes voisines sont alors visibles. De la même façon, des vagues qui se font face peuvent disparaître si leurs forces s'annulent, grâce à un petit décalage.

Comme Vénus devant le Soleil

Quand une planète passe devant son étoile, elle masque une partie de sa lumière. Pendant ce passage (le transit), la baisse de luminosité permet de calculer la taille et l'orbite de la planète. Lancé en 2006, le satellite *Corot*, de l'ESA, a déjà trouvé des transits planétaires.

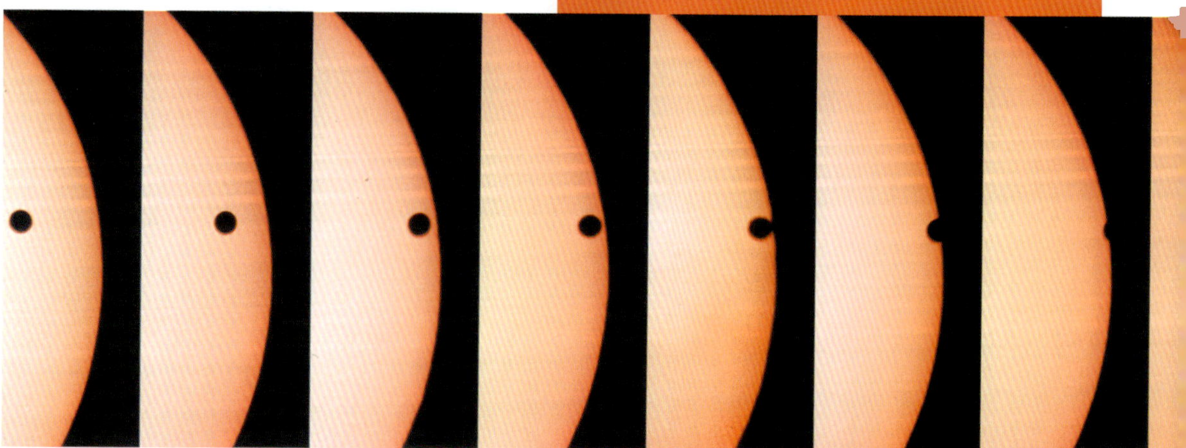

Une planète vivable, c'est comment ?

Elle doit avoir de l'eau liquide, être ni trop chaude, ni trop froide, ni trop grosse (sinon elle devient gazeuse et son atmosphère est toxique). La proximité d'une grosse planète chassant les astéroïdes menaçants et une magnétosphère protégeant des rayonnements mortels de l'étoile sont bienvenues ! On recherche donc des systèmes planétaires ayant une planète géante comme Jupiter : la mission *Gaia* va tenter d'en trouver !

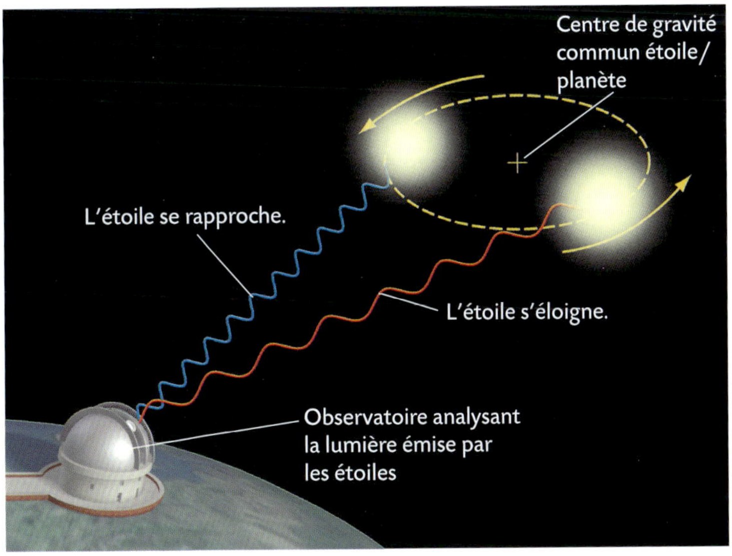

Ce phénomène étonnant, l'effet Dopler, est utilisé pour détecter les mouvements des étoiles autour de planètes inconnues.

Les couleurs de la vitesse

Quand un train arrive, tu entends un son de plus en plus aigu et quand il part, il devient plus grave, car le son, une onde qui fait vibrer l'air, est modifié par la vitesse. En se rapprochant, le son est plus aigu car l'onde se comprime et si elle s'éloigne, elle s'étire : le son est plus grave. Comme le son, la lumière est une onde que la vitesse modifie. Si le TGV roulait 1 000 fois plus vite, tu le verrais de teinte bleutée lorsqu'il s'approche, et rouge en s'éloignant !

Bêta pictoris, dans la constellation du Peintre, est une jeune étoile avec un système planétaire complet en cours de formation. À surveiller de près !

Où trouver la vie extraterrestre ?

Si on soupçonne une planète d'être habitée, on cherche s'il y a de l'ozone, détectable depuis la Terre. Cela signifie que l'atmosphère contient de l'oxygène en grande quantité. Or, sur la Terre, l'oxygène atmosphérique est totalement d'origine biologique, produit par la photosynthèse des plantes. Même si on sait maintenant que ce gaz n'est pas indispensable à la vie, ce sera le plus facile à détecter.

La première planète extrasolaire !

Newton a montré que lorsque 2 corps sont en orbite, chacun tourne autour de leur centre de gravité commun. Dans le couple étoile/planète, le centre de gravité est proche de l'étoile, plus massive que la planète. Donc la planète décrit une longue orbite autour de l'étoile, qui elle, bouge peu. Mais cette oscillation suffit pour que sa lumière décalée vers le rouge, puis vers le bleu, indique la présence d'une planète. Les astronomes suisses Mayor et Queloz ont trouvé ainsi, en 1995, la première planète extrasolaire, près d'une étoile de la constellation de Pégase. Depuis, on en a trouvé des centaines d'autres !

L'immense queue irisée de la comète Mac Naught traverse le ciel d'Australie.

Tombés

du ciel

Minuscules ou énormes, faits de fer, de pierre ou de glace, des objets traversent l'espace et tombent sur Terre par milliers. Mais d'où viennent-ils ? Qu'ils s'appellent météorites, comètes, ou astéroïdes, quelle force mystérieuse les anime ?

Météorites, pierres du ciel

La plupart des météorites sont nées avec le système solaire, il y a plus de 4 milliards d'années. Et pourtant, elles tombent encore du ciel à toute vitesse : 100 fois celle d'un avion supersonique !

D'où viennent-elles ?

À la naissance du système solaire, des millions de roches n'ont pas réussi à s'agglutiner pour former une planète et sont restées entre Mars et Jupiter. Elles ont constitué un anneau, appelé la ceinture d'astéroïdes. Mais là, au cours de collisions, des roches ont été éjectées, elles ont voyagé dans l'espace, jusqu'à la Terre, la Lune ou la planète Mars. Sous la violence du choc, ces roches ont parfois éjecté des fragments de leur sol, qui retombent à leur tour sur une autre planète...

Ne pas confondre...

Météorite : fragment rocheux ou métallique d'origine extraterrestre qui pénètre dans l'atmosphère.
Météore : phénomène lumineux que les météorites engendrent en traversant l'atmosphère.
Astéroïde : petit corps céleste en orbite, rocheux, de forme irrégulière, plus petit qu'une planète.

Chaque année, au début du mois d'août, il y a une pluie d'étoiles filantes. Ce moment est devenu celui d'une grande fête de l'astronomie : la Nuit des étoiles.

Quelle chute !

La chaleur produite par le frottement de l'air fait fondre la croûte extérieure de la météorite. Elle peut exploser avant de toucher le sol en une multitude de fragments. Ou bien elle creuse un cratère et sera désintégrée dans ce choc.

Tour de taille ?

De la taille d'une tête d'épingle, les météorites qui se volatilisent vers 50 km au-dessus de la Terre sont appelées (à tort !) étoiles filantes. Celles qui ne laissent dans le ciel de nuit que de belles traînées lumineuses sont appelées des météores. Rien à craindre ! Mais si elles sont plus grosses et parviennent à traverser l'atmosphère, elles prennent le nom de météorites. En 20 ans, les satellites américains ont photographié plus de 200 explosions de météorites, d'une taille comprise entre 10 et 50 m !

Étoiles filantes, où et quand ?

Les étoiles filantes sont visibles, sous forme de pluies, dans des endroits particuliers du ciel. On peut prédire où sera le centre des départs des pluies, et la date précise où elles seront visibles en grand nombre chaque année : de 10 à 100 par heure (*voir* tableau dans le cahier pratique).

Des météorites par milliers

Chaque jour, il tombe en moyenne entre 100 t et 1 000 t de météorites sur Terre. Évidemment, même si tu lèves le nez pendant plusieurs jours, tu ne verras sans doute rien venir. Pourtant, les faits sont là ! Quand on voit, ce qui est rare, une boule de feu traverser l'atmosphère, on lui donne alors – officiellement – le nom de bolide. Mieux vaut ne pas être dessous ! D'ailleurs, le 10 août 1972, une météorite de plus de 1 000 t a traversé le ciel des États-Unis, sans tomber ! Cette fois-là, la planète l'a échappé belle...

Aux États-Unis, en Arizona, un cratère de 1 200 m de large et 180 m de profondeur (Meteor crater) témoigne de la chute d'une météorite tombée il y a 50 000 ans. Elle pesait plus de 300 000 tonnes !

Des pierres d'orage ?

Quand les météorites arrivent sur la Terre, elles passent le mur du son (1 100 km/h) avec un bruit de tonnerre. On a longtemps cru que ces chutes étaient liées aux orages. Le philosophe Descartes pensait même qu'elles étaient des pierres formées par la fusion de l'atmosphère sous l'effet de la foudre. D'autres pensaient qu'il s'agissait de pierres projetées en l'air quand la foudre frappait le sol. En 1803, une énorme explosion en plein jour fut suivie de la chute de plus de 3 000 pierres sur le village de l'Aigle, en Normandie, dissipant tous les doutes quant à leur origine, car les habitants les ont vues tomber !

Les météorites sont très recherchées par des scientifiques qui étudient leur provenance et leur composition. Dans le monde entier, des collectionneurs les échangent ou les achètent à prix d'or !

Récolte des météorites

Elles ressemblent souvent à des poussières métalliques, et elles tombent du ciel. Alors, pars à la chasse aux météorites, et bonne chance !

- **1 bassine**
- **1 aimant**

1. Par temps de pluie, laisse une bassine dehors, plusieurs jours.

2. Vide doucement l'eau de la bassine. Dans le fond, des particules minuscules se sont accumulées. Ne les jette pas !

3. Laisse le peu d'eau restant s'évaporer au soleil.

4. Tu peux alors, avec un aimant, récolter les petites particules métalliques : ce sont sans doute des poussières de météorites.

Les météorites ressemblent parfois à de vrais bijoux !

Des super loupes !

De multiples outils sont capables de percer le secret des météorites : le microscope à lumière polarisée, le microscope électronique à balayage, la microsonde, le spectromètre de masse. Les scientifiques analysent la composition chimique, la radioactivité des gaz rares qu'elles contiennent... Les résultats obtenus permettent, au fil des années, d'en savoir un peu plus sur la formation de l'Univers. Quelle était la composition du nuage originel qui a donné naissance au Soleil ? Ce nuage a-t-il été ensemencé par une autre étoile plus ancienne ?

De quoi sont-elles faites ?

Si elles sont métalliques, ce sont des sidérites ; faites de pierres, des aérolites ; et les deux à la fois, des sidérolites. Mais lorsqu'on examine leur origine, on distingue les chondrites, témoins de la naissance du système solaire, et les météorites différenciées, beaucoup plus rares, qui proviennent de corps volumineux (planètes ou gros astéroïdes) ayant subi des fusions. Depuis des milliers d'années, des hommes font des armes et des outils avec les sidérites. Ils les trouvent surtout au pied des montagnes, poussées par les glaciers, ou dans les déserts.

Le secret de la Pierre noire

Le lieu le plus saint de l'islam est La Mecque, en Arabie Saoudite. Au cœur de la Grande Mosquée, les fidèles tournent en priant autour d'un édifice cubique dans lequel est scellée la Pierre noire. Elle aurait été donnée à Abraham par l'archange Gabriel. Cet objet sacré est une météorite !

Mystérieuses comètes

Voici les stars, les vraies : les comètes. À la nuit tombée, ces grandes dames élégantes traversent le ciel en laissant derrière elles des traînées étincelantes… Certaines promettent de revenir, et d'autres gardent tout leur mystère !

Nées dans un disque

Les comètes sont les vestiges de l'époque agitée où les planètes naissent, autour du jeune Soleil. Des débris glacés rejetés au loin jusqu'aux limites du système solaire, forment 2 immenses réservoirs de comètes. Le plus lointain est le nuage d'Oort, un nuage sphérique qui entoure tout le système solaire. Plus près de nous, la ceinture de Kuiper s'étend au-delà de Neptune. Parfois, suite à des collisions, l'un des corps glacés qu'elle renferme est éjecté et vient nous visiter. Une comète naît !

La comète de Halley

Témoin de toute l'histoire de l'homme, cette comète revient environ tous les 75 ans. Surprenante, elle est très belle en 1910, quelconque en 1986, et elle ne reviendra qu'en 2061. Des sondes spatiales lui rendent visite. Mais vue de près, elle n'est qu'une énorme cacahuète de 16 km de long et de 8 km d'épaisseur ! Pourtant, sans instruments optiques ni fusées, les Chinois la connaissent déjà 2 siècles av. J.-C. Quelques siècles plus tard, on la trouve reproduite sur une pièce à l'effigie de Jules César.

La comète de Halley est une énorme boule de neige sale, plus légère que la glace. Enveloppée d'un vaste nuage d'hydrogène et de poussières, elle semble faite de la même matière que celle qui a donné naissance au système solaire.

Une queue remarquée !

La queue d'une comète se forme quand elle se rapproche du Soleil. Elle peut mesurer 300 millions de km, rien que ça ! Cette queue est divisée en 2 parties. La première, constituée de gaz, est rectiligne et souvent bleutée. La seconde, plus large et incurvée, est faite de poussières qui créent peu à peu des nuages. La plupart des pluies d'étoiles filantes qui illuminent le ciel proviennent de ces nuages que la Terre traverse au cours de son périple autour du Soleil.

La mort des comètes

Chaque fois que les comètes passent près du Soleil, elles fondent un peu. Parfois, quand elles passent trop près, leur noyau explose sous l'influence gravitationnelle du Soleil. Certaines deviennent des astéroïdes quand elles ont épuisé tout leur gaz, ou s'enfuient dans l'espace pour ne jamais revenir…

La tapisserie de Bayeux, qui date de 1070, raconte la conquête de l'Angleterre par les Normands. Une comète a été vue pendant cet événement. Plus tard, elle sera baptisée comète de Halley.

Quand une comète s'écrase sur Jupiter, que se passe-t-il ? De belles images, de grands commentaires des astronomes, mais à peine une égratignure sur la planète géante !

Plus de 60 !

C'est le nombre de fois que les hommes ont vu passer la comète Encke, depuis sa découverte, en 1786, car elle revient tous les 3 ans et demi !

Carte d'identité de Hale-Bopp

Période orbitale : autour de 3 000 ans
Première observation : 1995
Taille : noyau de 35 km de diamètre

Cette comète a été découverte par hasard et séparément par 2 astronomes amateurs, Hale et Bopp, lorsqu'elle était encore entre Jupiter et Saturne. Elle est passée près de la Terre en 1997. Reconnaissable à ses 2 queues très distinctes, l'une rose et l'autre bleue, elle a aussi impressionné par sa brillance due à son énorme noyau.

Yakutake a « frôlé » la Terre à 15 millions de km. Visible à l'œil nu, elle était très brillante ; on la voit ici entourée par les traces des étoiles. Lors de son passage, on a capté pour la première fois des rayons X, émis lors du contact de sa queue de gaz avec le vent solaire.

Carte d'identité de Yakutake

Période orbitale : environ 30 000 ans
Première observation : 1996
Record : plus grande queue détectée (570 millions de km)

Carte d'identité de Mac Naught

Période orbitale : inconnue
Première observation : 2006
Magnitude record : – 6

Cette superbe comète a illuminé le monde entier pendant plusieurs mois. Sa magnitude exceptionnelle de – 6 en a fait l'astre le plus brillant du ciel, juste derrière la Lune. À tel point qu'elle a même été visible en plein jour. Les longues stries de sa queue montrent les traces du passage du vent solaire.

La comète Holmes a été « perdue » de 1906 à 1964. Sa luminosité très faible, soudain multipliée par 1 million, l'a rendue visible à l'œil nu en 2007. Son noyau est très petit et sa forme générale très ronde est surprenante. Elle est en fait plus grosse que le Soleil, mais sa masse faible laisse voir les étoiles par transparence. Sa queue n'est pas visible depuis la Terre.

Carte d'identité de Holmes

Période orbitale : 7,35 ans
Première observation : 1892
Volume : supérieur à celui du Soleil

Carte d'identité de Tempel 1

Période orbitale : 5,5 ans
Première observation : 1867
Invisible à l'œil nu

En 2005, la sonde *Deep Impact* envoie sur Tempel 1 un percuteur de 400 kg destiné à percer un cratère de plusieurs mètres de profondeur dans le noyau de la comète. Cette photo a été prise juste après l'impact. La violence du choc a produit une température très élevée, vaporisant le sol de la comète et provoquant un flash lumineux. Puis, en 2011, la sonde *Stardust* a pu analyser la structure du cratère.

La ronde des astéroïdes

Entre les planètes Mars et Jupiter, très loin dans l'espace, un énorme anneau, large de 240 millions de km, fait le tour du Soleil. Ces millions d'astéroïdes qui font la ronde tournent, tournent…

La planète imaginaire...

D'après les calculs des astronomes, une planète aurait dû se trouver entre Mars et Jupiter. Mais rien ! Néant ! En 1800, une « police du ciel », composée de 24 astronomes, se mit en chasse. Ils cherchèrent... Une nuit, en 1801, le père Giuseppe Piazzi, directeur de l'observatoire de Palerme, découvrit enfin un petit astre : Cérès. Mais il était, hélas, beaucoup plus petit qu'une planète. Dommage ! Ensuite, il y eut Pallas, petit lui aussi... En 1802, on leur donne le nom d'astéroïdes, ce qui signifie semblables aux étoiles. Au fil des années, on en trouva près de 5 000 !

Astéroïdes en danger

Les métaux contenus dans ces mini-planètes font rêver. Des industriels imaginent qu'ils pourront capturer les astéroïdes qui passent près de la Terre en les emprisonnant dans un champ magnétique... À voir ! Les sondes spatiales, quant à elles, vont rendre visite à ces corps célestes pour les voir de plus près. On peut alors obtenir des images très détaillées, mais à quand le séjour d'une semaine, voyage compris, sur un astéroïde ?

Attention, à droite ! Virage à gauche... Ce slalom périlleux au milieu des astéroïdes n'est pas pour demain, ne rêve pas ! Il te faudrait aller au-delà de Mars : 100 millions de km plus loin.

Les Troyens

Sur l'orbite de Jupiter, des millions d'astéroïdes tournent autour du Soleil, tenus à distance par la force de gravitation du Soleil et de Jupiter. Ce sont les Troyens. On pense qu'il y a plus d'astéroïdes troyens près de Jupiter qu'il n'y en a dans la ceinture d'astéroïdes, entre Mars et Jupiter.

Grâce à une recherche systématique, on a découvert plus de 200 000 astéroïdes. On pense qu'il pourrait en exister plus d'un milliard !

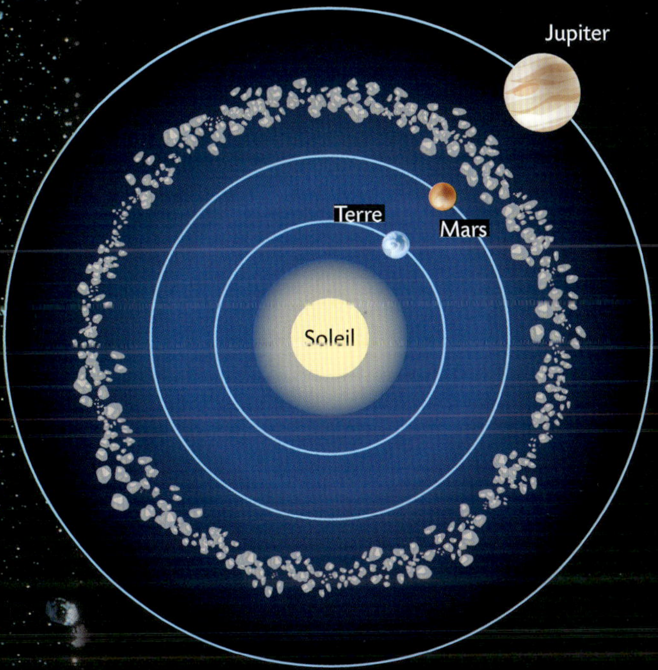

Comment tu t'appelles ?

Les premiers astéroïdes ont reçu des noms de dieux grecs ; puis, comme cette ceinture immense était faite d'une foule d'objets, cela ne suffisait plus ! Après les noms de fleurs (tulipe, pétunia, etc.), on leur attribua donc des noms d'hommes célèbres… comme Bach, Evita Peron, Spock, ou Les Beatles !

Carte d'identité de Cérès

Diamètre : 960 km
Période orbitale : 4,6 ans
Date de découverte : 1er janvier 1801

Cérès est le premier astéroïde découvert. Le directeur de l'Observatoire de Palerme scrutait les étoiles quand il a remarqué un astre qui avait bougé pendant la nuit. C'était un astéroïde, le premier objet céleste d'une famille dont les astronomes soupçonnaient l'existence depuis longtemps. Cérès est le plus gros astéroïde connu. À la naissance du système solaire, environ 600 astéroïdes étaient plus gros que lui, et même aussi gros que la planète Mars ! Lancée fin 2010, la sonde *Dawn* va visiter successivement les astéroïdes Cérès et Vesta.

Carte d'identité de Gaspra

Longueur : 18 km
Période orbitale : 3,29 ans
Date de découverte : 1916

Gaspra a reçu la visite de la sonde spatiale *Galileo* en 1991. Ses photos ont révélé une surface très grise, des bords de cratères récents bleutés et des zones anciennes plutôt rouge. Les cratères se forment lors d'une collision avec d'autres astéroïdes plus petits.

Carte d'identité d'Itokawa

Longueur moyenne : environ 500 m
Période orbitale : 1,52 an
Date de découverte : 2006

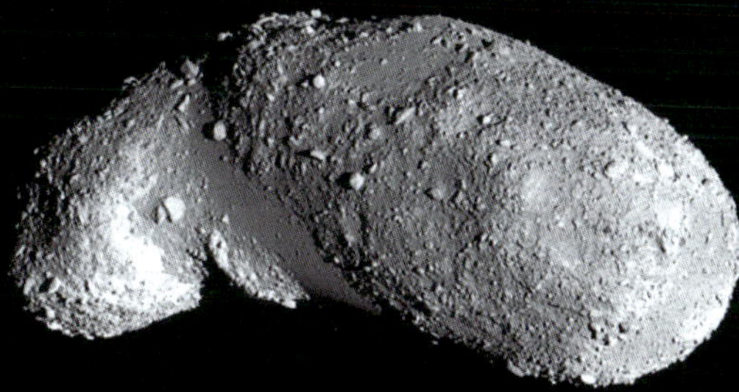

La surface de ce tout petit astéroïde, appelée régolithe, est constituée de zones lisses et d'autres rocheuses. On pense qu'il a subi des secousses qui ont fait tomber dans des creux les débris et les poussières. Sans pouvoir se poser, une sonde japonaise a fait des prélèvements qui ont été largués et récupérés en 2010 en Australie.

Ida présente une surface criblée de cratères, 5 fois plus que Gaspra par unité de surface. Le compagnon d'Ida, Dactyl, est le premier satellite d'astéroïde découvert dans les images envoyées par la sonde *Galileo* en 1993. Minuscule par rapport à Ida, il mesure 1,6 km de long.

Carte d'identité d'Ida

Longueur : 60 km
Période orbitale : 4,84 ans
Date de découverte : 1884

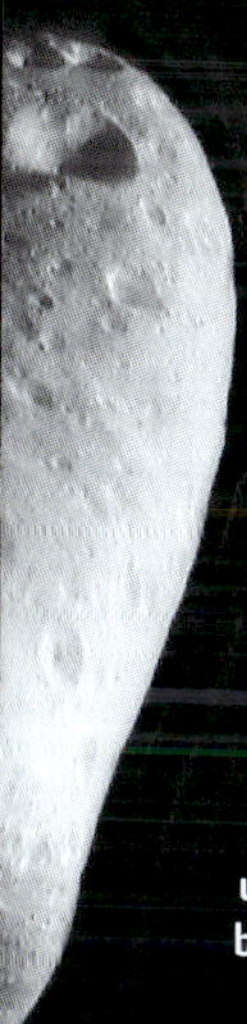

De forme irrégulière, victime de nombreuses collisions, Éros suit une orbite proche de la Terre. C'est le premier astéroïde sur lequel une sonde spatiale s'est posée, en 2001. Les analyses ont montré qu'il n'était pas un amas de débris, mais un gros rocher riche en silicates et réfléchissant beaucoup la lumière.

Carte d'identité d'Éros

Longueur : 31 km
Période orbitale : 1,76 an
Date de découverte : 1898

Par Toutatis !

Ce juron était le préféré de tes ancêtres les Gaulois. Ils n'avaient peur que d'une chose (*voir Astérix* !) : que le ciel leur tombe sur la tête ! En implorant ce dieu puissant, ils pensaient éviter cette catastrophe…

Les trois « A »

Les scientifiques ont réparti les astéroïdes qui coupent l'orbite terrestre en trois groupes : les Aten tournent à l'intérieur de la route de la Terre ; les Apollo restent près de Mars et croisent parfois la trajectoire de la Terre ; les Amor vont très loin, croisent parfois la route de Mars et s'approchent de celle de la Terre. On estime que plus de 1 000 d'entre eux mesurent au moins 1 km de diamètre, et une centaine sont identifiés et suivis en permanence.

Pas de panique ! Les plus gros astéroïdes sont connus et ne menacent pas la Terre. S'ils devaient se diriger vers elle, des scénarios prévoient de les bombarder pour les dévier, les faire exploser… Pas rassurant !

Qui a tué les dinosaures ?

Le coupable est peut-être l'un de ces monstres tombés du ciel ! Il y a 65 millions d'années, une météorite énorme déclenche un incendie gigantesque, un raz de marée, un nuage toxique… Mais de grands reptiles semblent avoir survécu à cette catastrophe. Alors, mystère !

Et quand ils tombent!

Depuis l'espace, on voit sur la Terre des cratères, presque effacés par le temps, de plusieurs dizaines de kilomètres de diamètre. Ils ont été creusés par des chutes d'objets de plus d'1 km de diamètre et pesant des millions de tonnes ! Pour s'en préserver, on surveille les objets proches de la Terre qui se déplacent vite. Aux États-Unis, à l'observatoire du Mont Palomar, un téléscope photographie le ciel tous les jours, au début et à la fin de la nuit. Mais s'ils devenaient vraiment une menace, les moyens de riposter n'existent pas encore...

Les chutes récentes

En 1794, une pluie de météorites s'abat sur Sienne : 200 pierres tombent sur cette ville italienne. En Sibérie, une forêt (heureusement déserte !) de 200 000 ha est ravagée par une météorite, en 1908. Elle contenait de l'iridium : un métal que l'on ne trouve que dans les objets extraterrestres. Au Mexique, en 1969, les paysans du village d'Allende voient exploser une météorite. On retrouve ses fragments sur une distance de 50 km !

Catastrophe !

Si un astéroïde de 10 km de diamètre tombe dans l'océan, un raz de marée haut de plusieurs mètres balaye les côtes à la vitesse de 700 km/h. La terre tremble, comme s'il y avait 250 000 éruptions volcaniques. Des milliards de tonnes de roches et de vapeur d'eau sont projetées dans l'espace, ce qui provoque un ouragan terrible. Et la Terre est recouverte en 24 h d'un manteau de suie et de vapeur. L'air est chauffé de plus de 300 °C, des incendies détruisent 90 % des végétaux de la planète. Une couche de nuages noirs de 30 km d'épaisseur arrête les rayons du Soleil. Il fait nuit. Il fait moins de 0 °C, l'hiver s'installe pour au moins un an. À quoi ressemblera la planète après tout cela ?

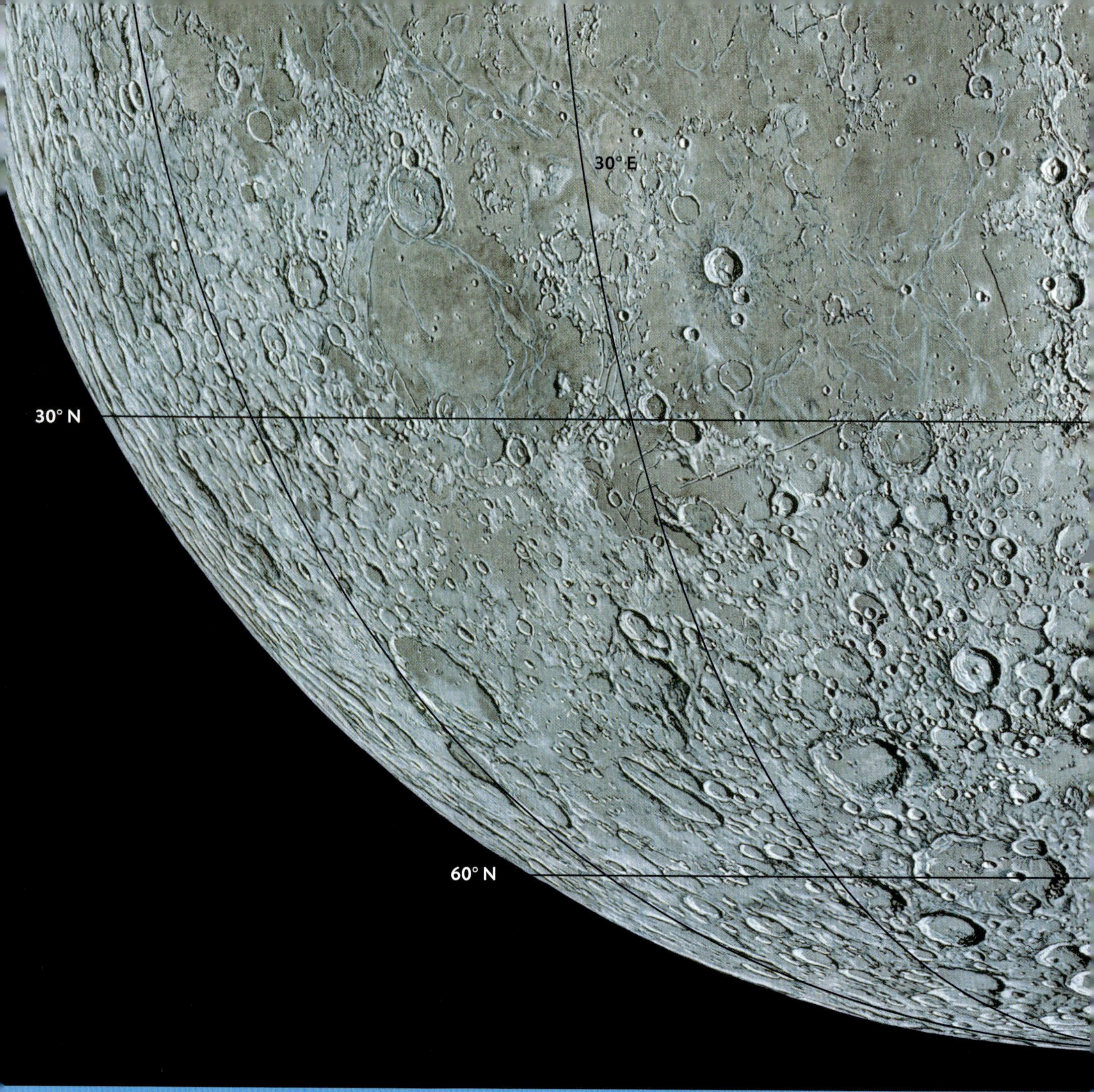

Sur les cartes, on mesure le plus souvent les distances en degrés et en minutes. Un degré est égal à 60 minutes.

Visite

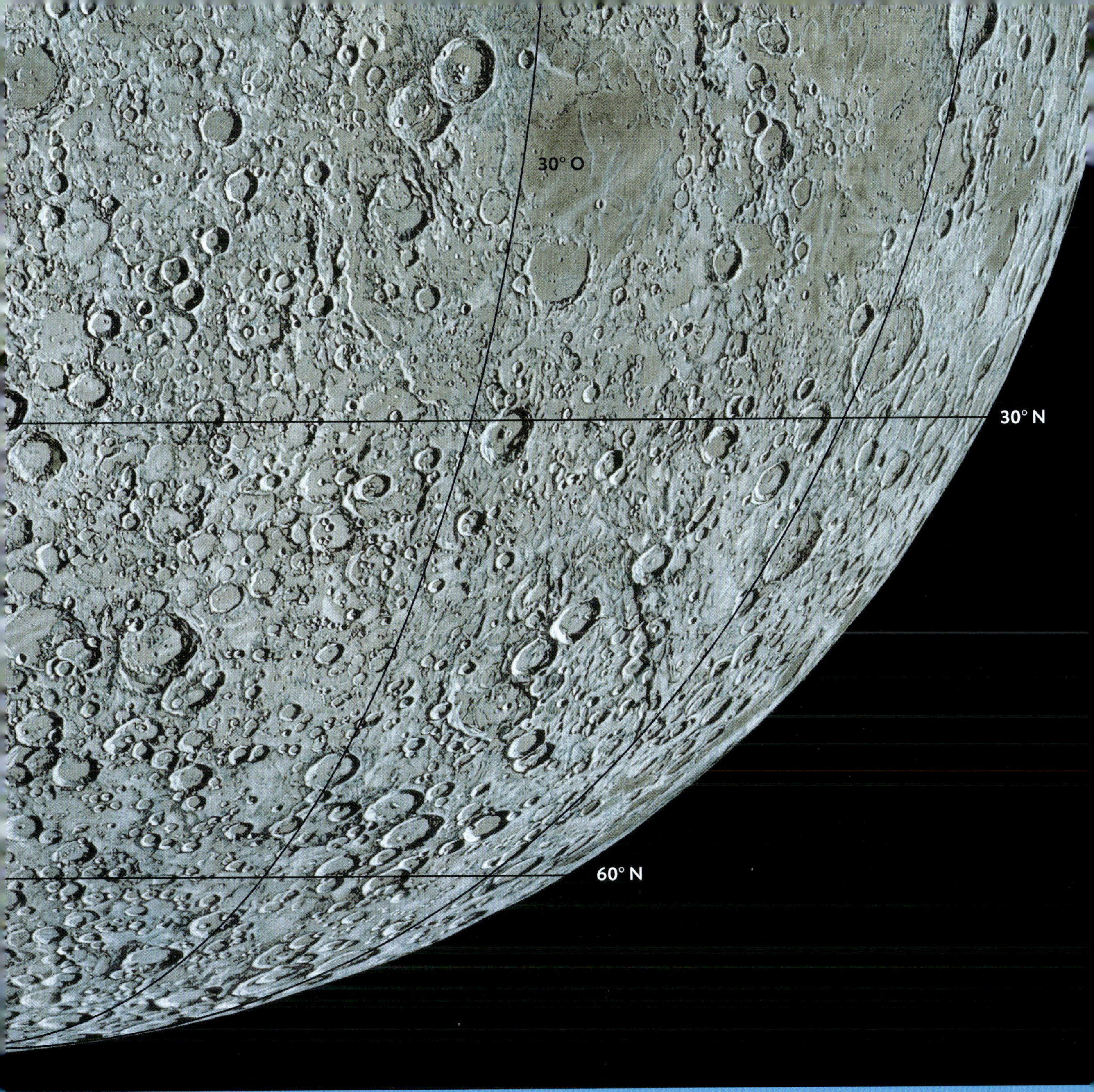

En voyage, les cartes sont des guides précieux qui t'évitent de te perdre. Tu trouveras, dans les pages qui suivent, tout ce qu'il faut pour visiter le ciel de nuit, explorer les constellations et la Lune.

guidée

Fabrique ta carte du ciel mobile

Ce planisphère céleste se compose de 2 éléments : 1 carte des constellations *(ci-contre)* et 1 disque mobile *(ci-dessous)*. Il t'aidera à repérer facilement les principales constellations visibles, en fonction de la date et de l'heure.

- **Colle**
- **Carton**
- **Ciseaux**
- **1 transparent (feuille de plastique translucide)**
- **1 attache parisienne**

1. Photocopie chaque disque.

2. Colle la photocopie du grand disque sur un carton rigide. Découpe en suivant le contour.

3. Découpe et évide le petit disque et colle-le sur un transparent.

4. Superpose le petit disque au-dessus de la carte. Fixe au centre, sur l'étoile Polaire, une attache parisienne pour relier les 2 disques, après avoir fait une petite entaille. (Tu peux aussi mettre une punaise piquée sur un morceau de bouchon en liège.)

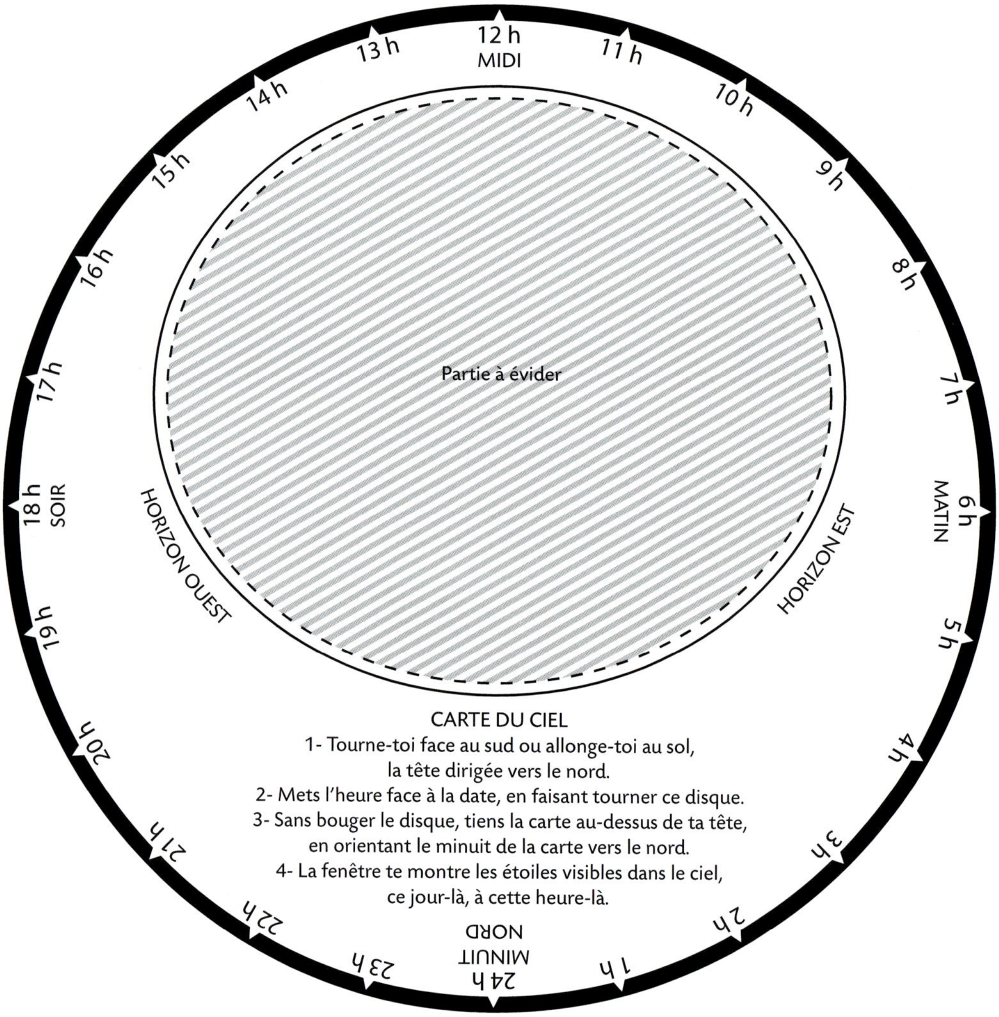

5. Découpe le transparent à la taille de la carte. De cette façon, ton planisphère est protégé.

Attention ! L'heure de la carte est l'heure locale (en France) d'hiver. En été, il convient donc d'afficher sur le disque l'heure de ta montre moins 1 heure.

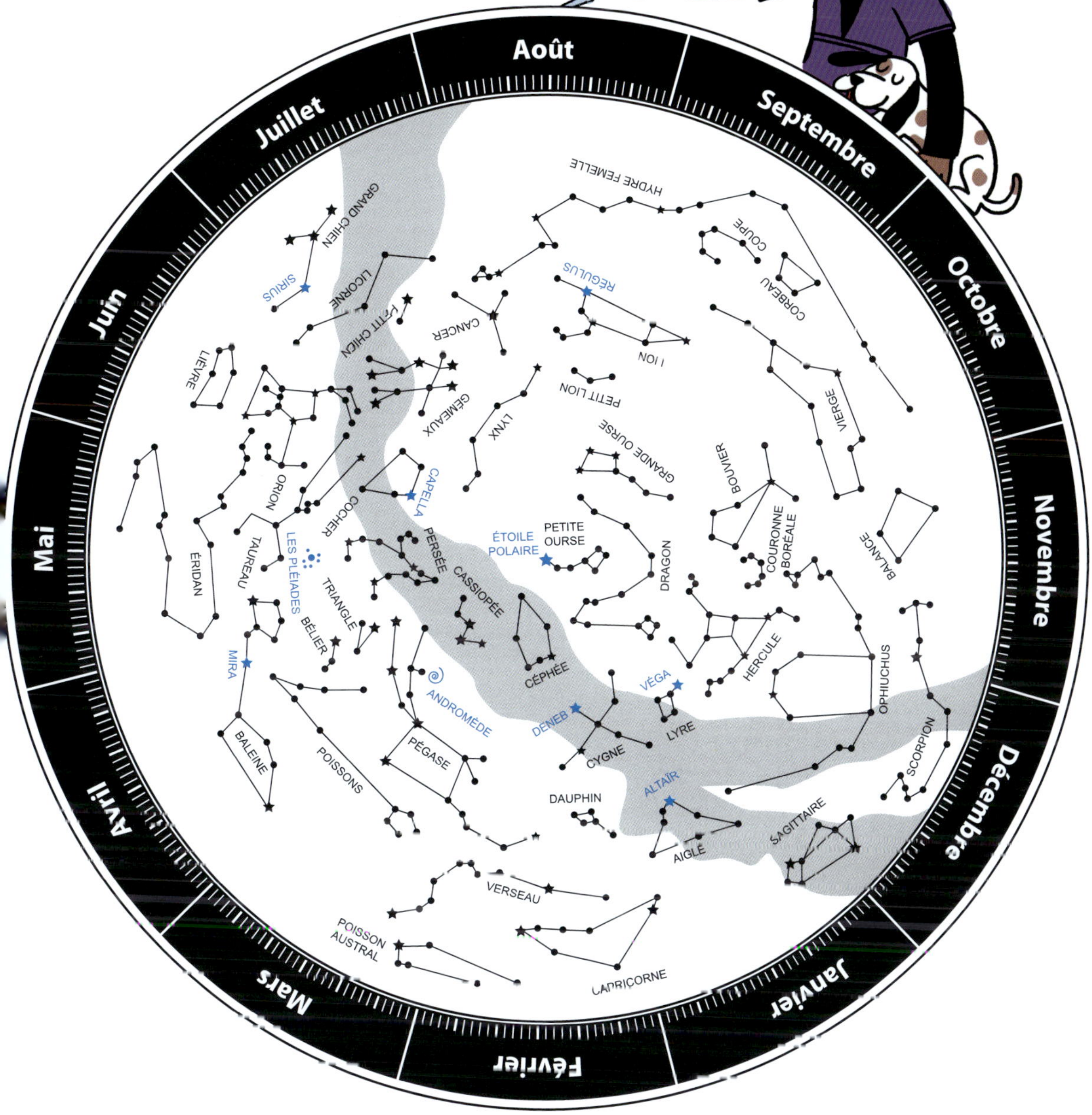

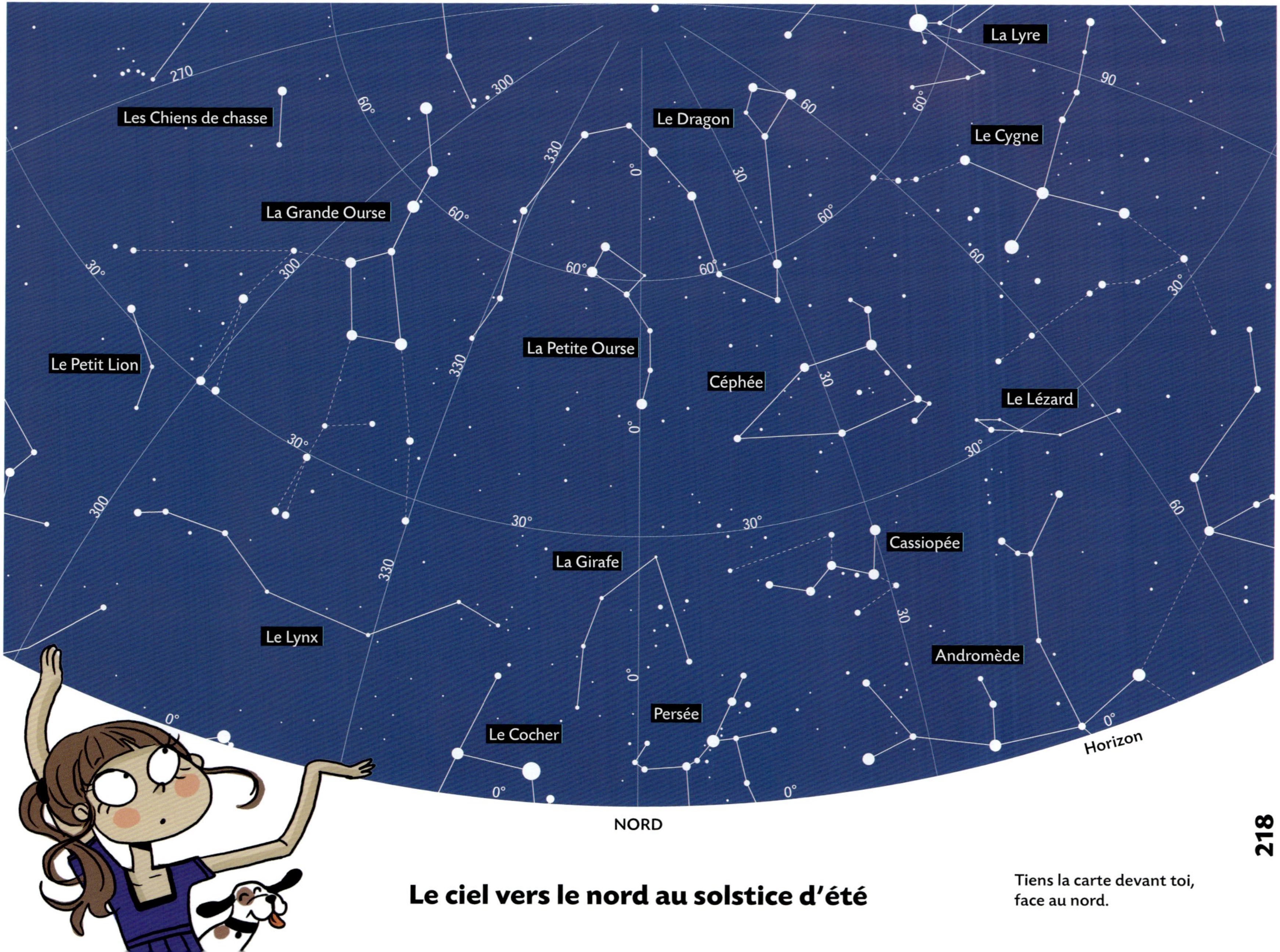

Le ciel vers le nord au solstice d'été

Tiens la carte devant toi, face au nord.

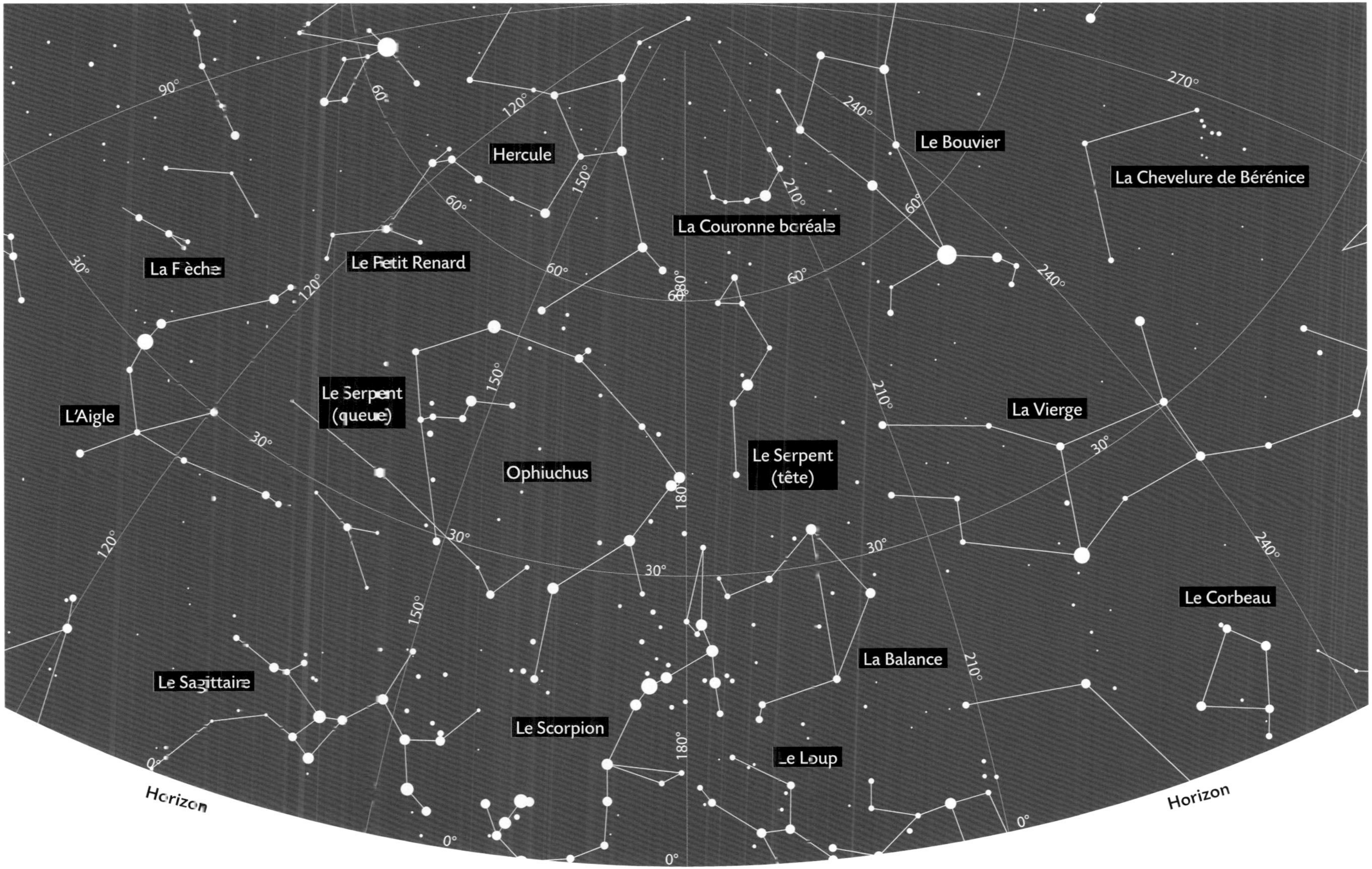

Tiens la carte devant toi, face au sud.

Le ciel vers le sud au solstice d'été

Tiens la carte devant toi, face au nord.

Le ciel vers le nord à l'équinoxe d'automne

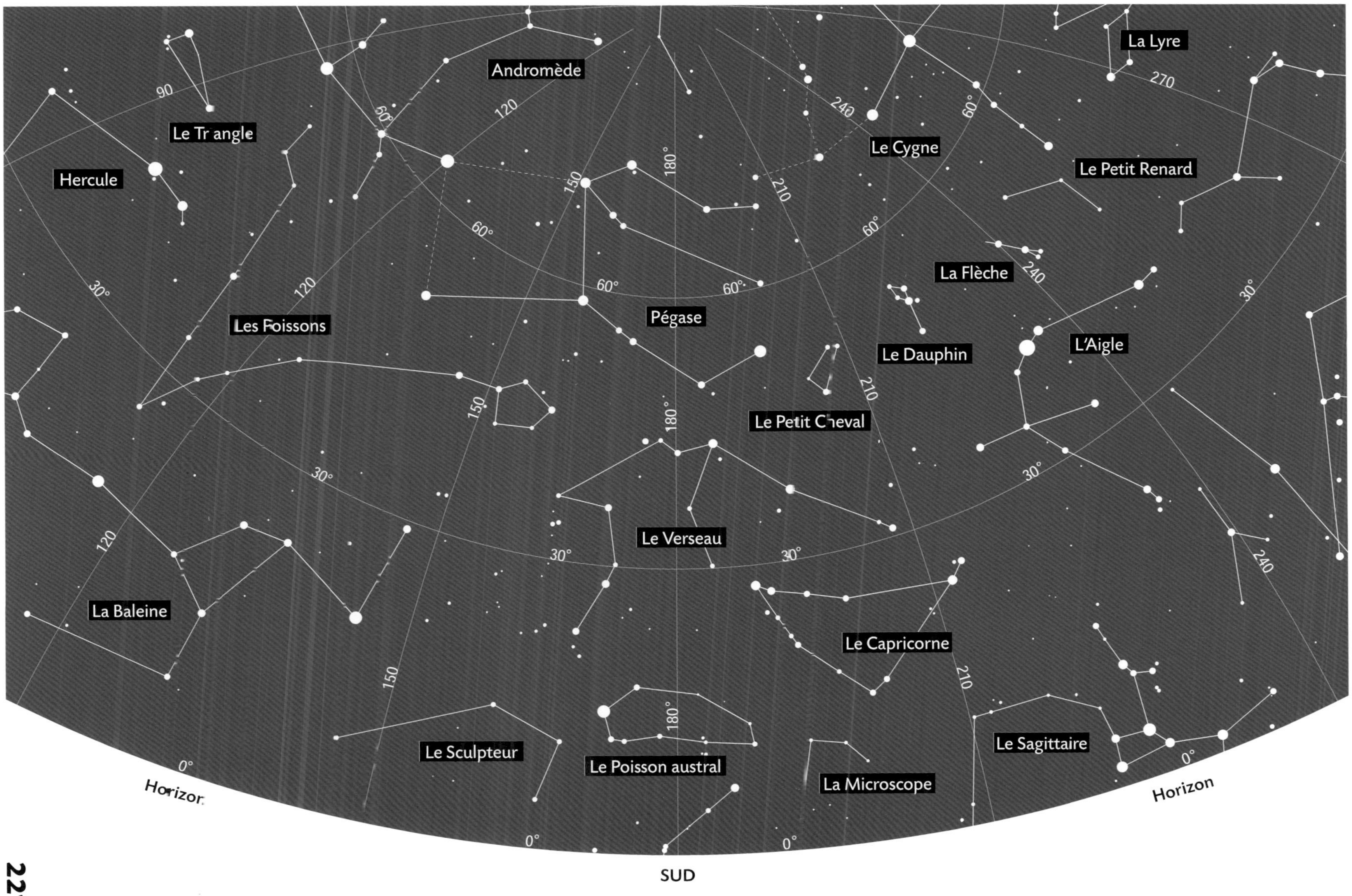

Tiens la carte devant toi,
face au sud.

Le ciel vers le sud à l'équinoxe d'automne

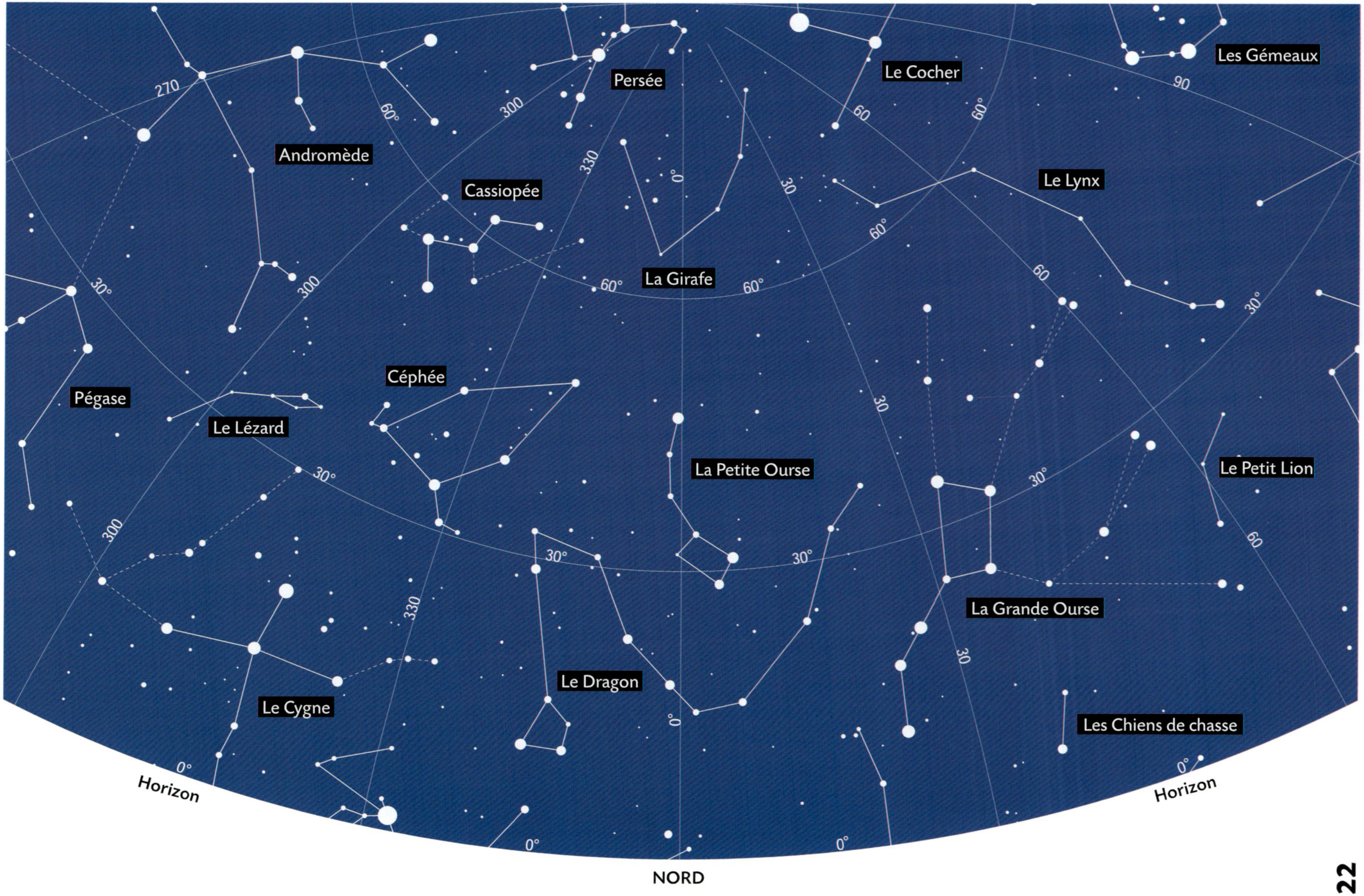

Le ciel vers le nord au solstice d'hiver

Tiens la carte devant toi, face au nord.

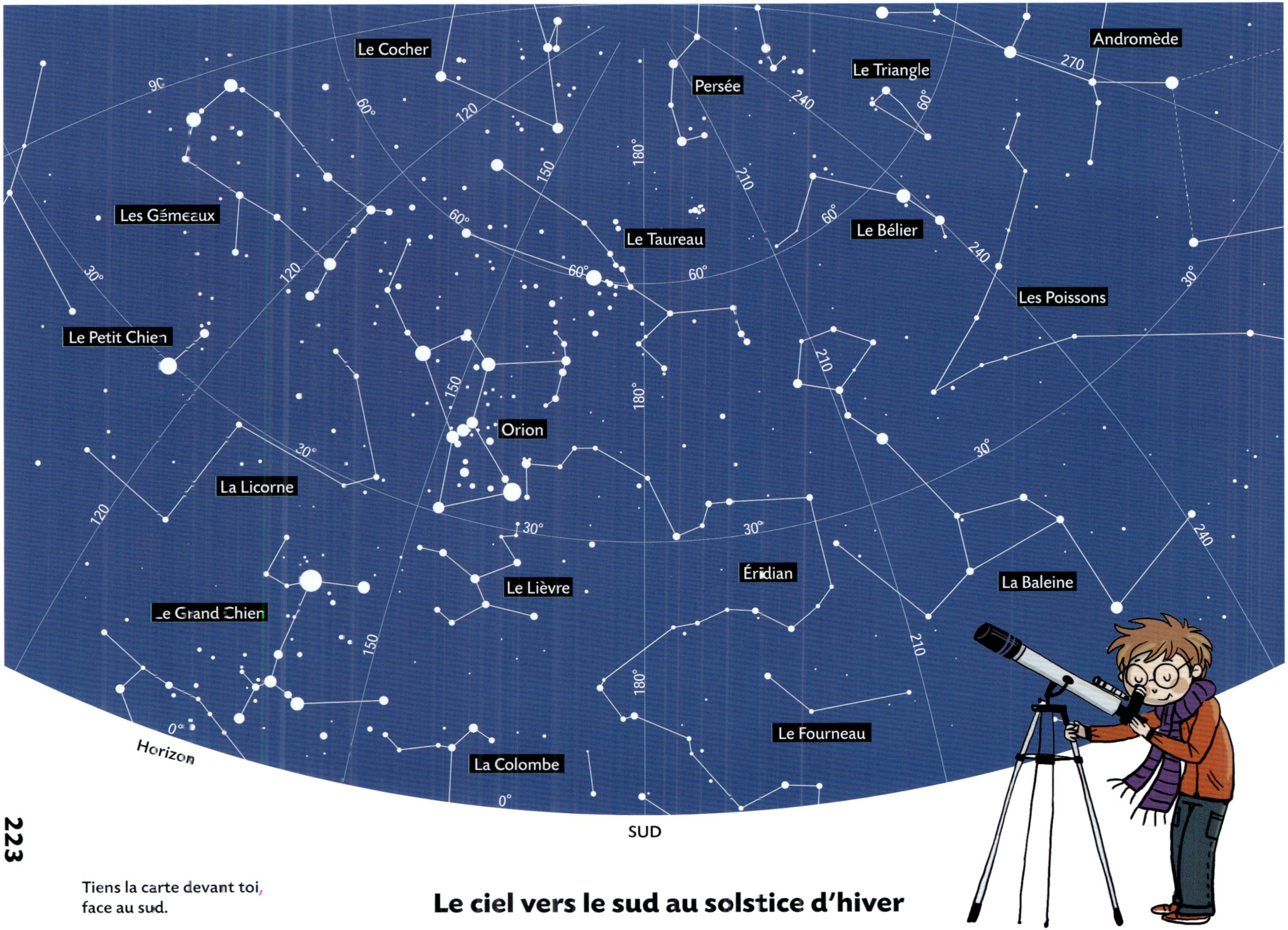

Tiens la carte devant toi, face au sud.

Le ciel vers le sud au solstice d'hiver

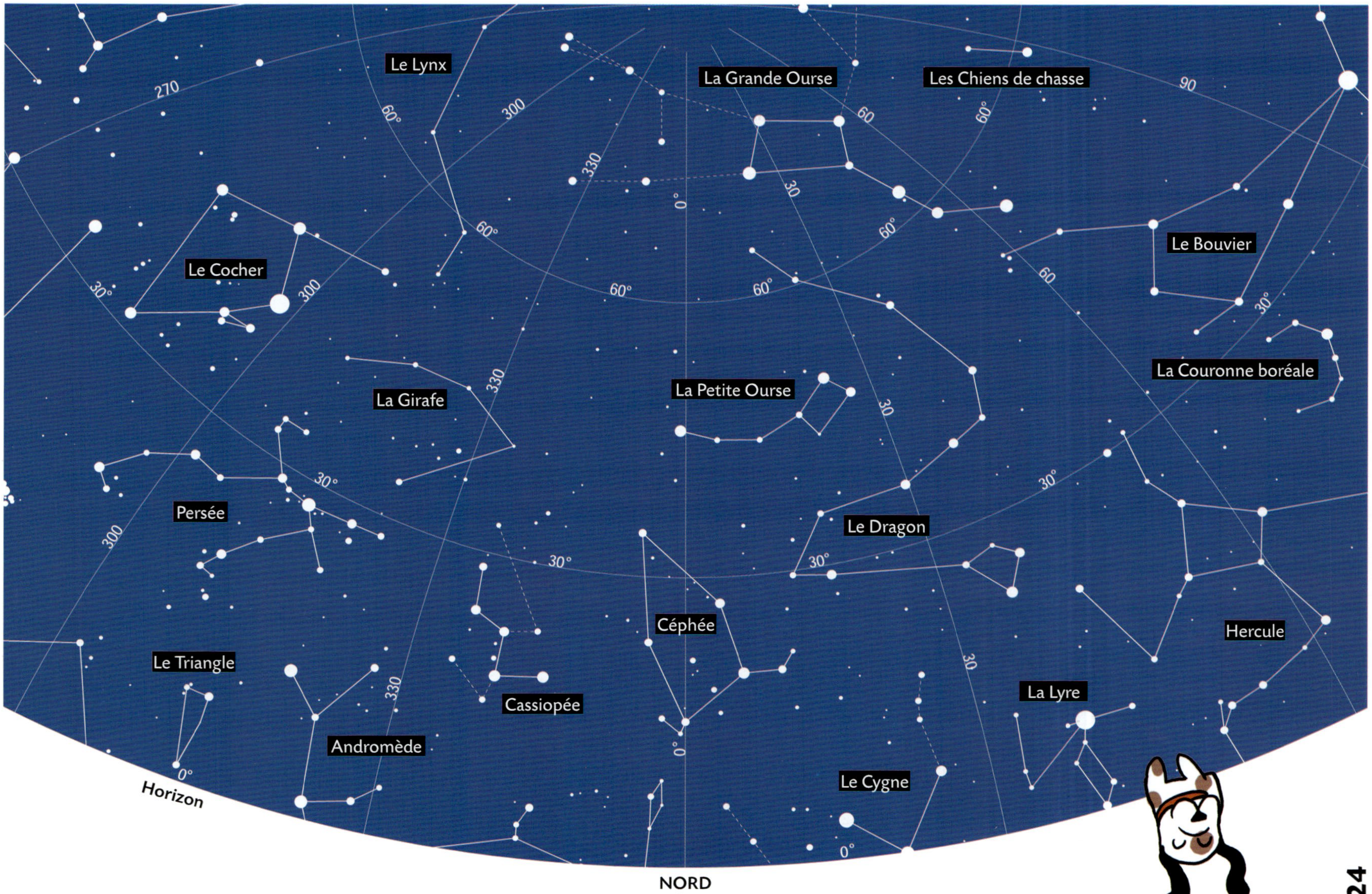

Tiens la carte devant toi, face au nord.

Le ciel vers le nord à l'équinoxe de printemps

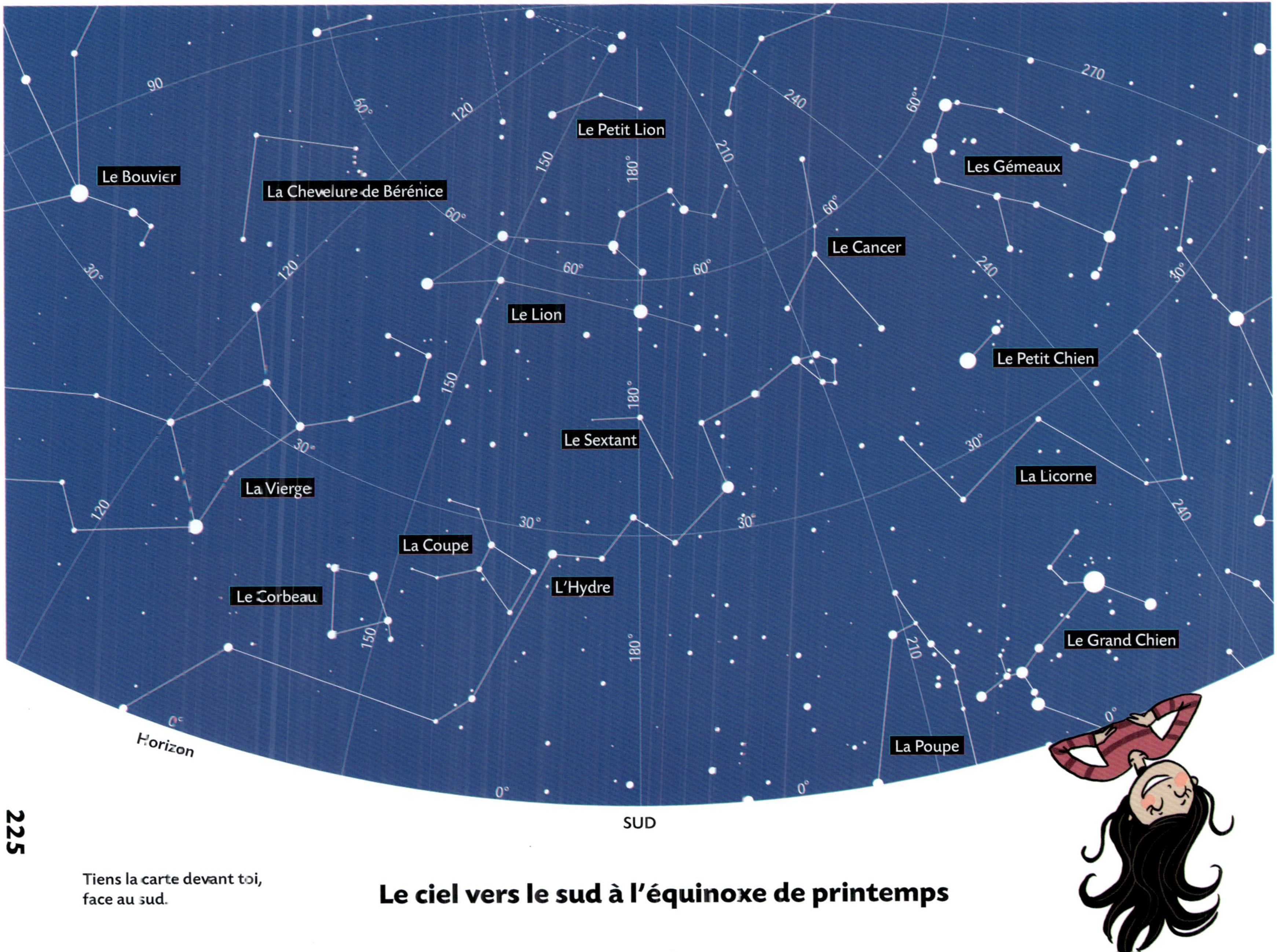

Tiens la carte devant toi, face au sud.

Le ciel vers le sud à l'équinoxe de printemps

Explore la Lune !

Dans chaque région de la Lune, ici découpée en 4, il y a des reliefs intéressants à découvrir. Tu peux reproduire chaque quart et les assembler pour obtenir une carte complète.

Bien visible à l'œil nu pendant toute la lunaison, la mer des Crises est à observer juste après la PL. C'est sans doute la « mer » la plus récente de la Lune. Bien circulaire, sa position et sa déformation permettent de suivre la libration en longitude.

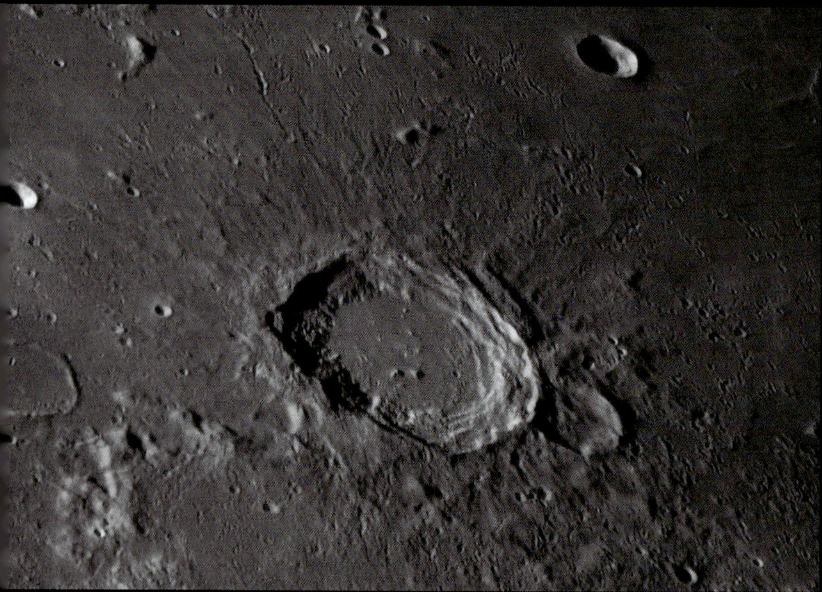

Codes utilisés pour les phases Lune

- Nouvelle lune : NL
- Premier quartier : PQ
- Pleine lune : PL
- Dernier quartier : DQ

Au nord de la mer de la Sérénité, le cratère Aristote mesure 87 km de diamètre. Sa muraille descend en gradins partiellement éboulés vers le fond. Observe Aristote sur le terminateur, 6 jours après la NL ou 5 jours après la PL.

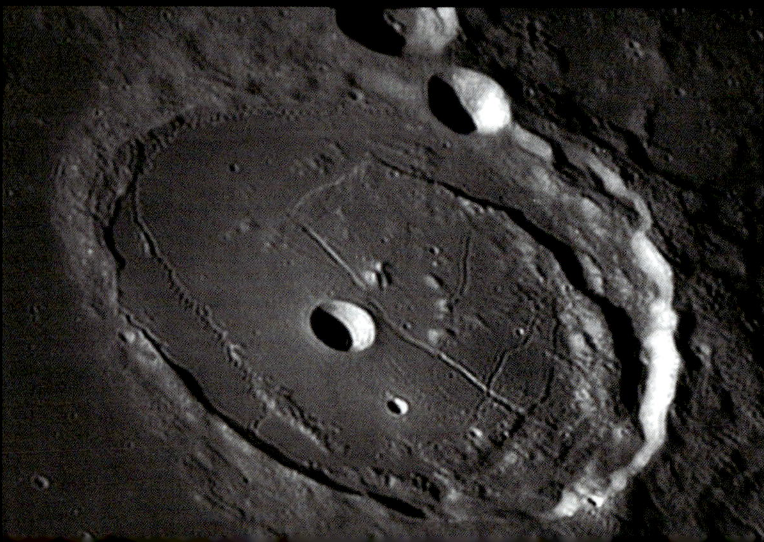

Posidonius est un vieux cratère de 95 km de diamètre, situé sur la rive nord-est de la mer de la Sérénité. Un petit cratère de 10 km le transperce, presque en son centre.

Les montagnes
1 Alpes
2 Apennins
4 Caucase

Les mers
2 Golfe Central
7 Lac des Songes
10 Mer des Crises
12 Mer du Froid
17 Mer de la Sérénité
18 Mer de la Tranquillité
19 Mer des Vapeurs

Les cratères
2 Agrippa
8 Ariadaeus
10 Aristillus
11 Aristote
13 Atlas
17 Cameron
18 Cauchy
20 Cleomedes
25 Delambre
29 Euxode
33 Hercule
37 Hyginus
47 Macrobius
50 Manilius
52 Menelaus
55 Messier
66 Pline
67 Posidonius
72 Sabine
80 Triesnecker

Attention !

Si tu observes la Lune avec une lunette ou un télescope, retourne cette carte à 180°. Utilise un point de repère comme la mer des Crises (10) qui, aux jumelles, apparaît près du bord droit, dans le quart supérieur.

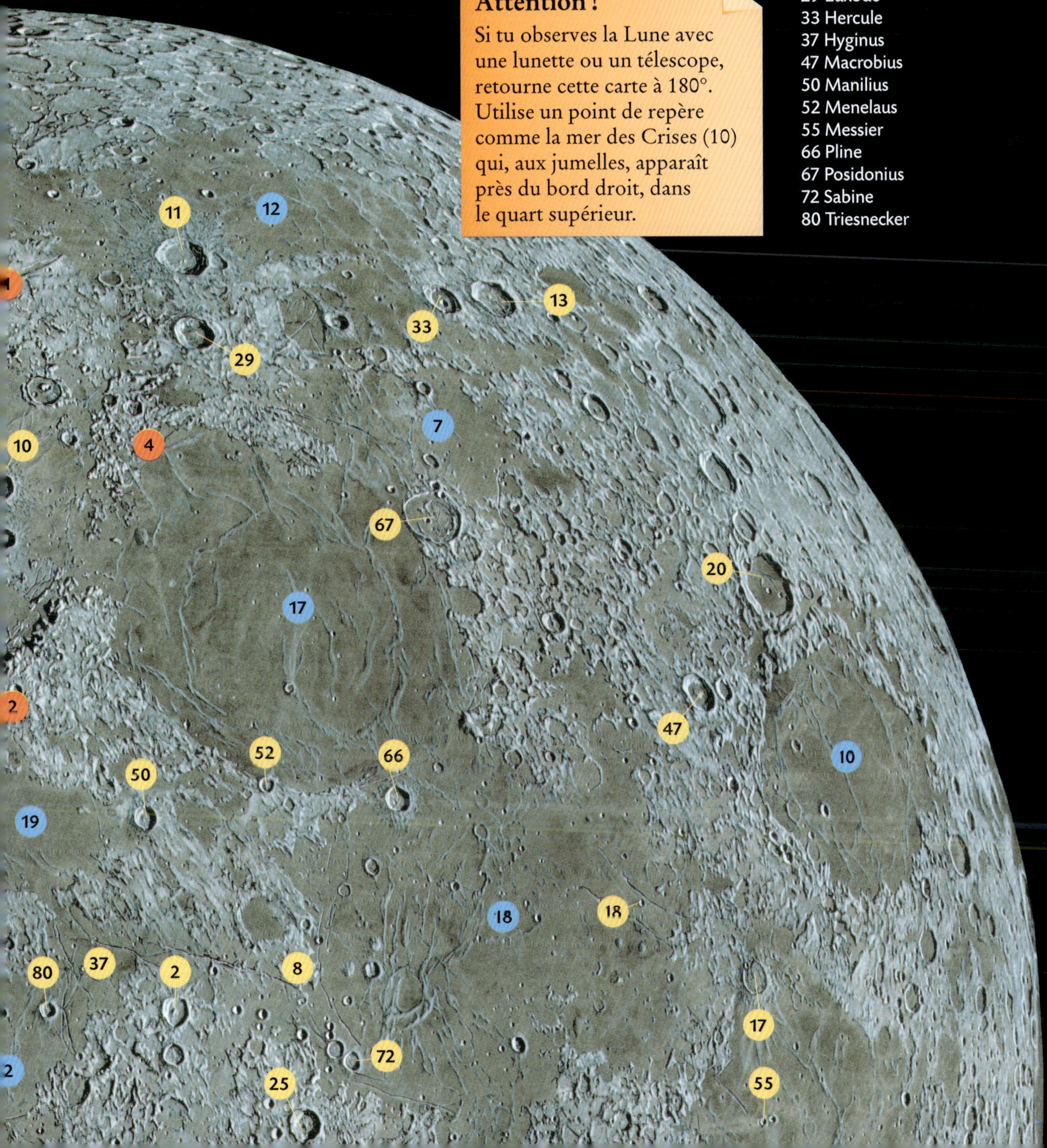

Fracastorius est un cratère de plus de 100 km de diamètre, en partie englouti par la lave de la mer du Nectar qui s'est formée il y a près de 4 milliards d'années. Toute la région est intéressante avec le trio Théophile, Cyrille et Catherine au nord-ouest et le profond cratère Piccolomini au sud. Observe Fracastorius 5 jours après la NL ou 4 jours après la PL.

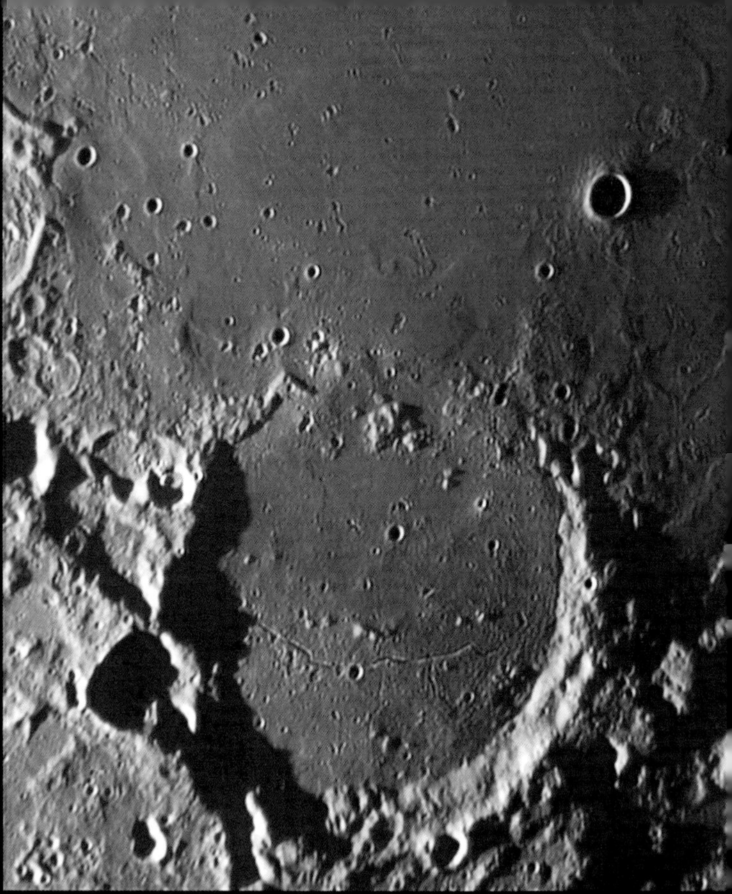

Mesurant 133 km, Langrenus est un beau cratère aux versants escarpés et tourmentés. Il se situe sur la rive est de la mer de la Fécondité, juste sous la mer des Crises. Brillant à la PL, c'est l'un des premiers cratères visibles 3 jours après la NL. Observe-le aussi sur le terminateur, 2 jours après la PL.

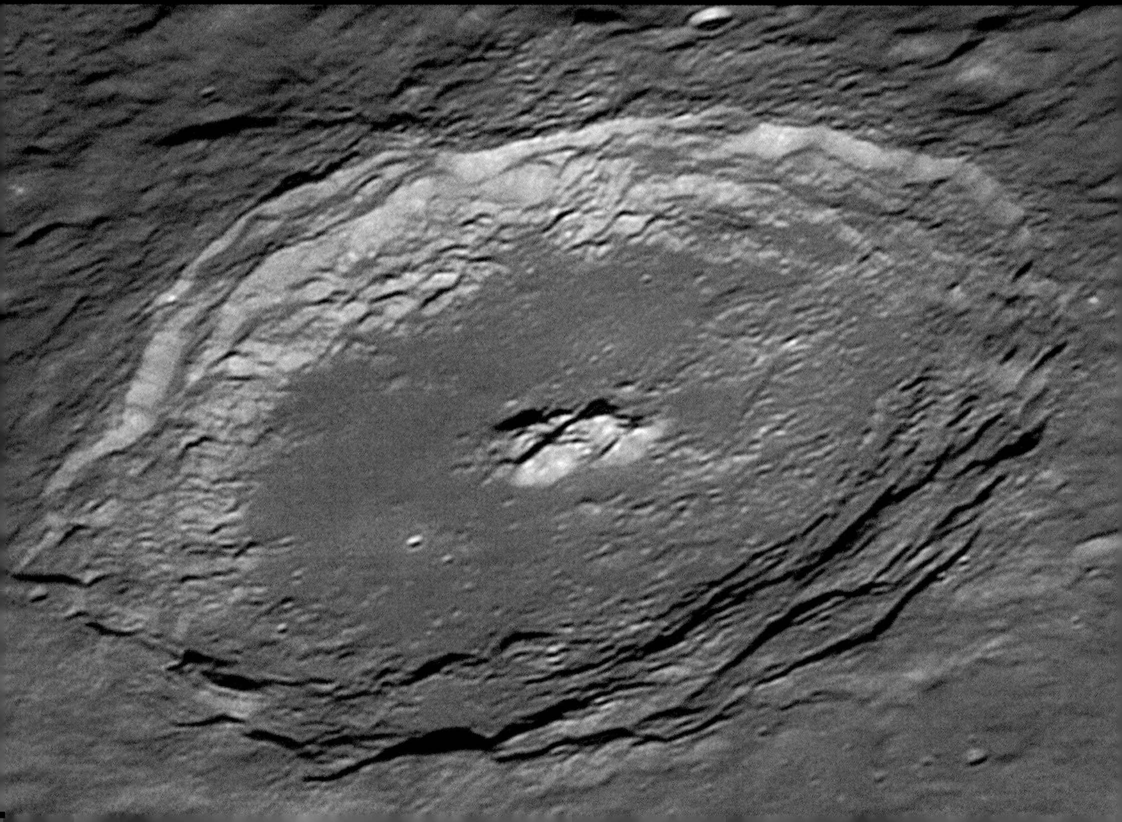

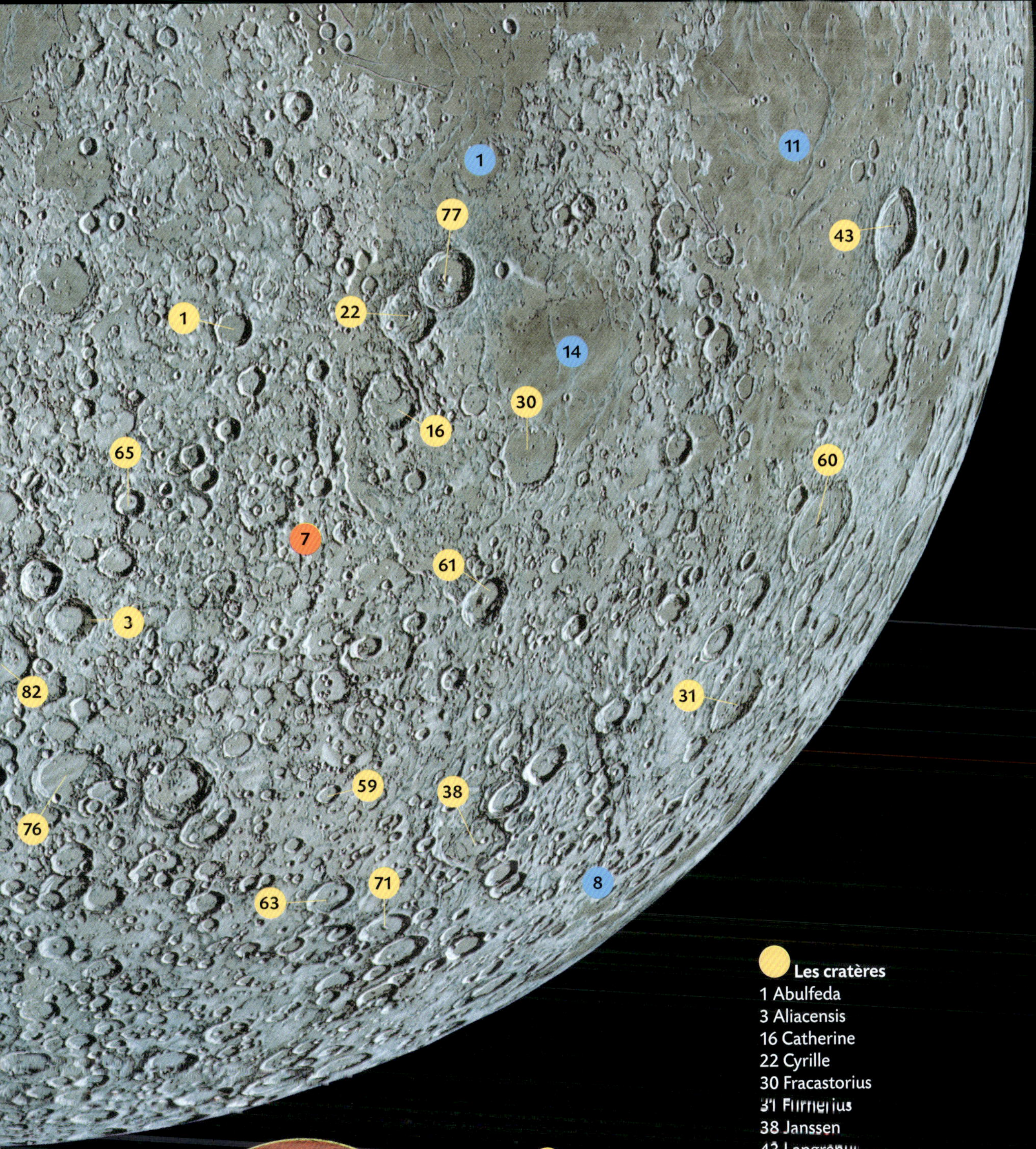

Les montagnes
7 Monts Altaï

Les mers
1 Golfe des Aspérités
8 Mer australe
11 Mer de la Fécondité
14 Mer du Nectar

Les cratères
1 Abulfeda
3 Aliacensis
16 Catherine
22 Cyrille
30 Fracastorius
31 Furnerius
38 Janssen
43 Langrenus
59 Nicolai
60 Petavius
61 Piccolomini
63 Pitiscus
65 Playfair
71 Rosenberger
76 Stöfler
77 Théophile
82 Walter

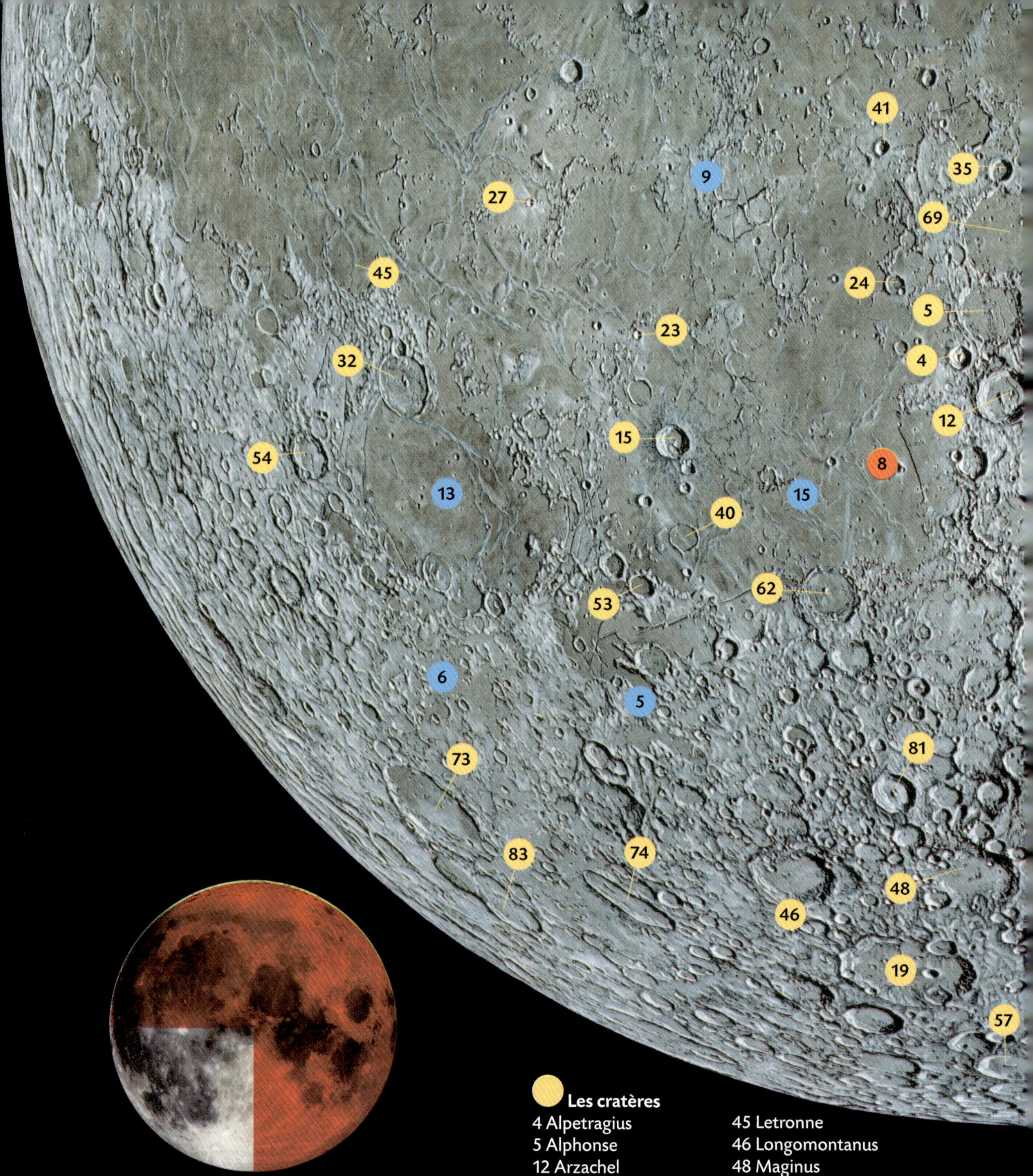

Les montagnes
8 Mur droit

Les mers
5 Lac de l'Effroi
6 Lac de la Perfection
9 Mer de la Connaissance
13 Mer des Humeurs
15 Mer des Nuées

Les cratères
4 Alpetragius
5 Alphonse
12 Arzachel
15 Boulliau
19 Clavius
23 Darney
24 Davy
27 Euclide
32 Gassendi
35 Herschel
40 Kies
41 Lalande
45 Letronne
46 Longomontanus
48 Maginus
53 Mercator
54 Mersenius
57 Moretus
62 Pitatus
69 Ptolémée
73 Schickard
74 Schiller
81 Tycho
83 Wargentin

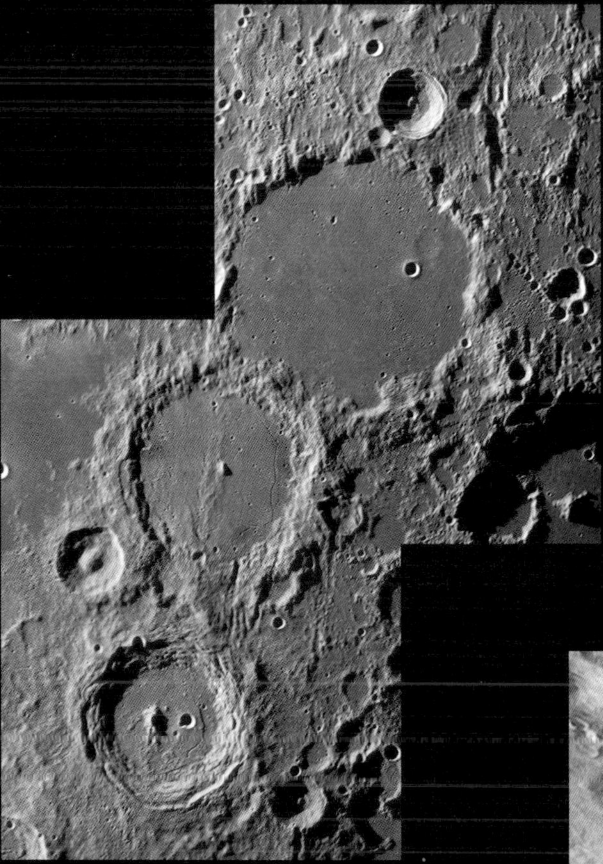

Ce trio remarquable est dominé par le cratère Ptolémée, large de 154 km et haut de 2 400 m. Il est bien visible aux jumelles lors du PQ ou 6 jours après la PL. Le fond très lisse de Ptolémée (en haut sur la photo) semble très sombre au PQ et au DQ. Les 2 autres cratères, Alphonse (au milieu) et Azarchel (en bas), mesurent 119 et 97 km.

Jeune cratère de 100 millions d'années, Tycho est entouré à la PL du plus grand système de raies de la Lune. Elles ont été formées par les débris éjectés par la météorite qui a creusé le cratère. Certaines de ces lignes mesurent plus de 1 000 km. Tycho est aussi un beau cratère de 85 km, régulier et profond, à observer au lendemain du PQ.

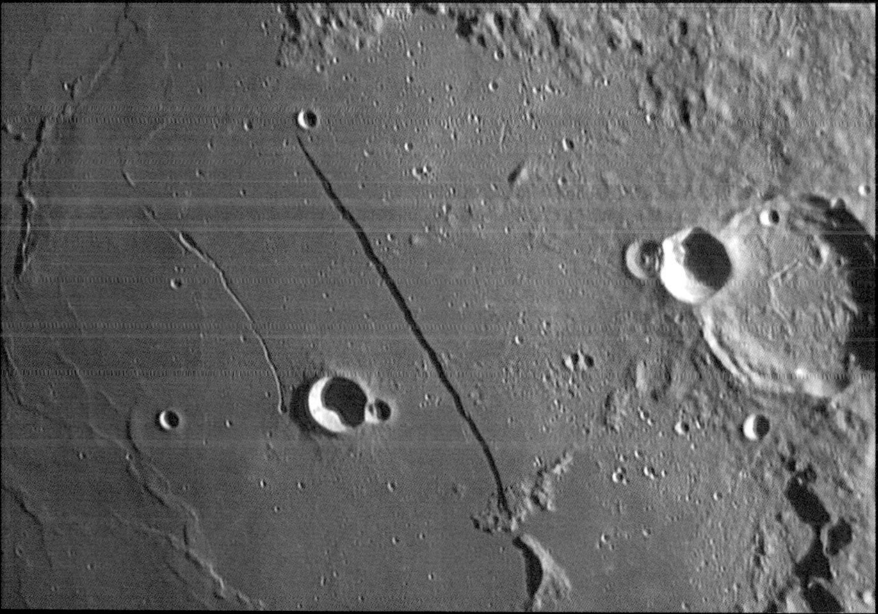

Haut de 300 m et s'étirant sur 110 km, le Mur droit est visible près du terminateur après le PQ. L'ombre projetée par le Soleil rasant lui donne une allure de muraille abrupte alors qu'il est en réalité en pente douce.

Les montagnes
2 Apennins
3 Carpates
5 Chaîne droite
6 Jura
9 Pico
10 Piton

Les mers
2 Golfe central
3 Golfe des Iris
4 Golfe Torride
16 Mer des Pluies
20 Océan des Tempêtes

Les cratères
6 Anaxagoras
7 Archimède
9 Aristarque
14 Bode
21 Copernic
26 Ératosthène
28 Euler
34 Hérodote
36 Hortensius
39 Kepler
42 Lambert
44 Lansberg
49 Mairan
51 Marius
56 Milichius
58 Mösting
64 Platon
68 Prinz
70 Reinhold
75 Stadius
78 Timocharis
79 Tobias Mayer

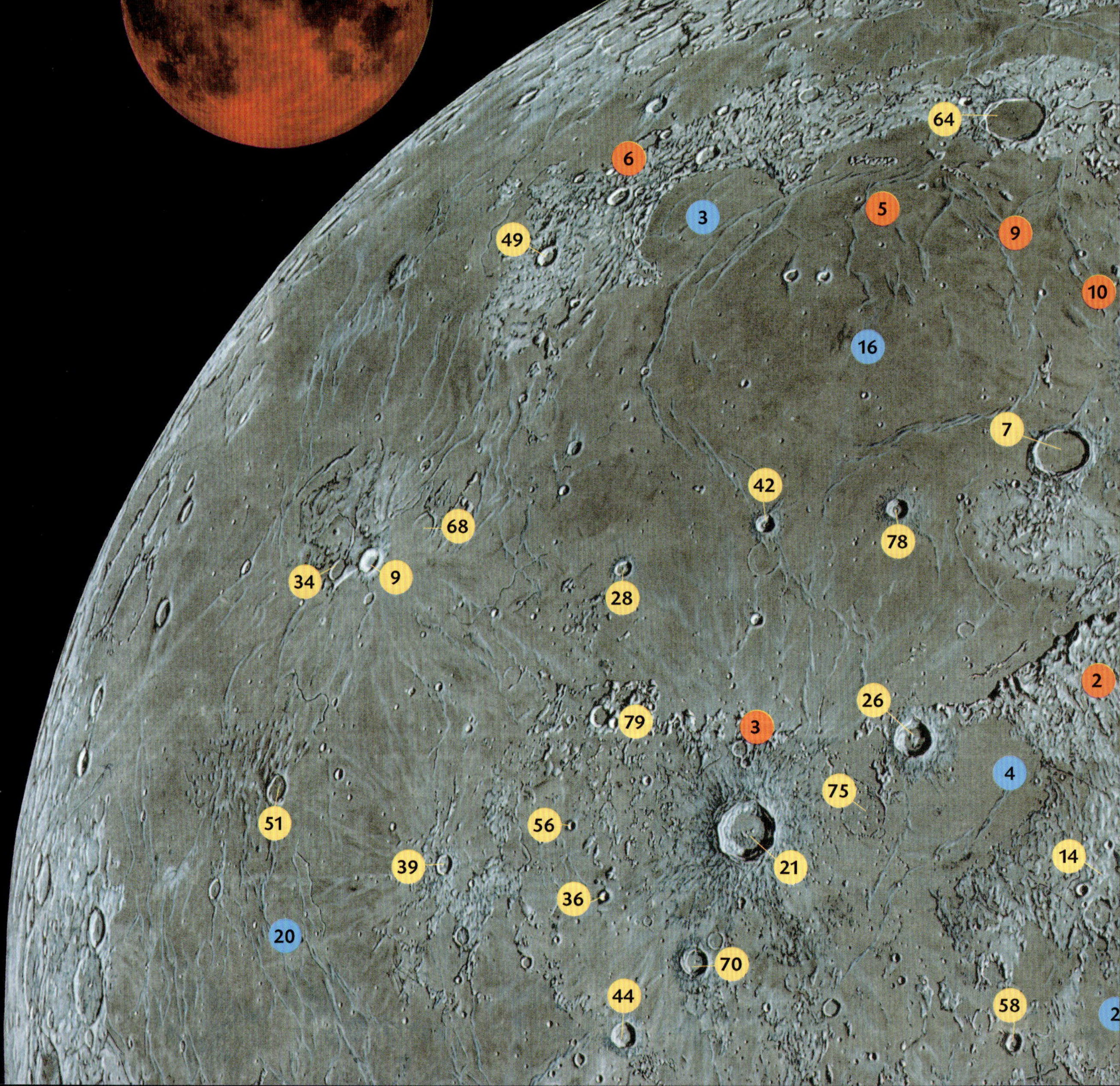

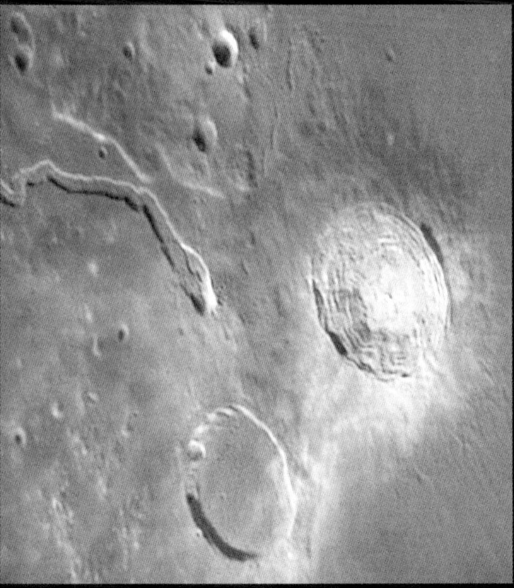

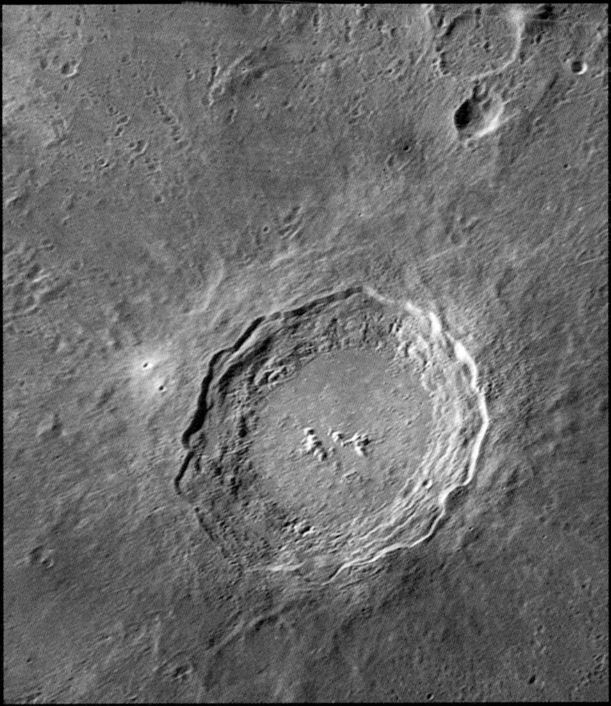

Facilement reconnaissable à l'œil nu, Aristarque est le plus brillant des grands cratères... si bien qu'on n'y voit généralement aucun détail ! Les débris résultant de l'impact d'une météorite recouvrent en partie son voisin, Hérodote. Au nord, la vallée de Schröter évoque un cobra, au télescope. À observer 4 jours après le PQ ou 3 jours avant le DQ.

Cratère de 93 km de diamètre situé au milieu de l'océan des Tempêtes, Copernic est facile à repérer. Surnommé le monarque de la Lune, il trône en plein centre. Sa muraille en gradins, haute de 4 km, entoure 3 pitons alignés sur 30 km. À la PL, les débris éjectés lors de la formation du cratère ont tracé de belles raies radiales.

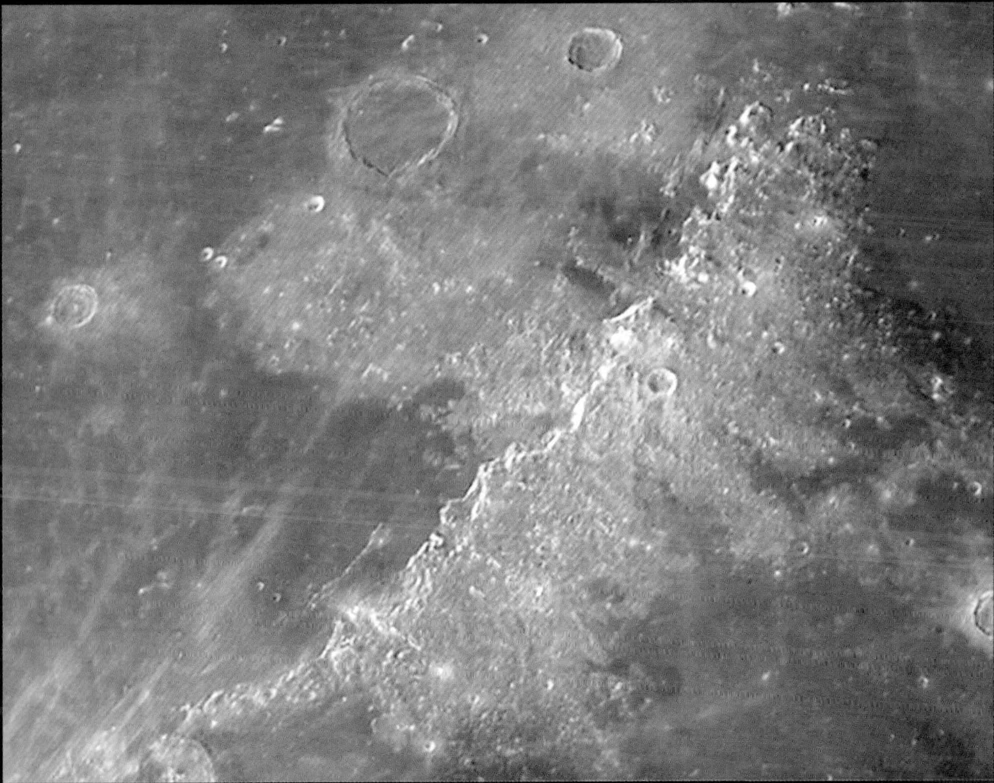

Très spectaculaire à observer au petit télescope, vers le PQ et DQ quand les ombres soulignent le relief, ces montagnes, les Appenins, bordent la mer des Pluies. La mission *Apollo 15* s'est posée au pied de cette chaîne. Le mont Huygens, au sud d'Archimède, culmine à 5 500 m.

Surnommé le lac noir, Platon est un cratère de 100 km qui reste très sombre même en plein Soleil. Très proche du pôle Nord, il est visible du PQ au DQ. Parfaitement circulaire, sa position lui donne un aspect plus ou moins ovale selon la libration (en latitude). Les ombres projetées par ses flancs sont spectaculaires

COPAIN DU CIEL

CAHIER PRATIQUE

Les métiers

Astronaute

Si tu rêves de frôler les planètes ou de voyager dans l'espace à bord de machines fantastiques, ce métier t'offrira la chance de vivre chaque jour ta passion ! Mais il nécessite des compétences intellectuelles et des capacités physiques de très haut niveau.

Un super-pilote
Il faut tout d'abord savoir piloter un engin, supporter la pression formidable du départ qui va jusqu'à 3 ou 4 g, c'est-à-dire, 3 ou 4 fois celle de la force de la gravité terrestre ! Ensuite, tu dois être capable de vivre et de travailler en apesanteur. Cela perturbe le sens de l'équilibre (c'est le mal de l'espace), la circulation sanguine (trop de sang remonte vers la tête) ; les muscles s'atrophient et les os se ramollissent en perdant leur calcium. Il est donc nécessaire d'être en bonne santé pour subir un entraînement physique éprouvant mais indispensable. Il faut également accepter des missions périlleuses. C'est pourquoi les astronautes sont souvent recrutés parmi les jeunes pilotes d'essai, habitués au danger.

Plusieurs noms pour un même métier
Tout dépend du pays de départ : les astronautes sont américains, les cosmonautes sont russes, les spationautes sont européens, et les taïkonautes chinois. Pourtant, tous voyagent dans des véhicules spatiaux, hors de l'atmosphère terrestre.

Astronome

Tu te poses toujours plein de questions sur le ciel, les planètes, les galaxies et l'univers ? Ce métier est fait pour toi !

Chercher…
Y a-t-il de l'eau sur cette planète ? Quelle est sa composition chimique ? D'où vient cette comète ? Pour trouver des réponses, l'astronome imagine des modèles mathématiques ou physiques qui prennent en compte la vitesse des astres, leur distance, leurs mouvements, leur masse, leur histoire. Cela devient vite très complexe et nécessite des études longues avec un excellent niveau dans les matières scientifiques. Mais ça marche : les astronomes Le Verrier et Adams avaient trouvé, par le calcul, la planète Neptune alors que personne ne l'avait vue !

Un métier de partage
En astronomie, comme dans la recherche en général, on partage ses découvertes et ses moyens. Au Chili, le VLT (*Very large telescope*) est piloté depuis l'Allemagne grâce à Internet. Cela permet aux astronomes de différents pays d'obtenir les images demandées directement sur leur ordinateur dans leur laboratoire et ils ne se déplacent au Chili que s'ils doivent y installer de nouveaux matériels.

Chacun son rayon !
Parmi les astronomes, l'astrophysicien explique les astres par les sciences physiques, le cosmologiste élabore les théories sur l'histoire de l'univers, tandis que le planétologue étudie la géologie des planètes.

Le technicien

Si tu es manuel ou si tu préfères « l'aspect pratique », choisis plutôt un métier technique. Des spécialistes de différents domaines interviennent pour mettre au point les fusées, les satellites, les instruments d'optique...

Pas d'espace sans technique

Sans les techniciens et leur précieux savoir-faire, pas d'aventure spatiale. Comment envoyer à des milliers de kilomètres de la Terre des fusées, des sondes spatiales, des satellites, sans utiliser les techniques de l'informatique et de l'électronique, sans connaître les principes de la résistance des matériaux, de l'énergie... ? Toutes ces technologies et bien d'autres sont indispensables pour mener à bien des projets ambitieux. C'est ainsi qu'une formation de technicien dans un IUT (Institut universitaire de technologie), même générale, peut se révéler utile. Tu pourras ensuite la compléter dans des écoles plus spécialisées dans la recherche scientifique ou les techniques spatiales.

Perfection exigée !

Le travail du technicien doit être parfait. Le moindre incident dans l'espace devient catastrophique. La plupart des satellites fonctionnent sans anicroche pendant 10 ans et plus, malgré les agressions multiples auxquels ils sont soumis (éruptions solaires, microméteorites, déchets spatiaux...).

L'animateur

Pour partager ta passion pour le ciel, exerce le métier d'animateur astronomie. Celui-ci n'enseigne pas, mais il transmet des savoirs au travers des activités de loisirs.

Toujours à l'écoute

À chaque fois qu'il intervient, l'animateur doit s'adapter aux groupes qu'il prend en charge. Il choisit avec soin sa manière de s'exprimer, le niveau de difficulté de son vocabulaire, les bons exemples, les anecdotes amusantes... tout en vérifiant que son public est intéressé. Il est donc capable d'intervenir dans des cadres très différents : centres de loisirs, centres de vacances, planétariums, musées, etc.

Pas toujours facile !

Plus le sujet est complexe, plus l'animateur doit faire preuve d'imagination et posséder des techniques : organiser une visite de musée, monter une exposition ou préparer des ateliers demande plus de compétences qu'il n'y paraît. Une bonne culture générale de base en sciences est précieuse mais n'est pas toujours suffisante. Pour mieux se préparer à ce métier, il existe une formation débouchant sur un brevet d'État d'animateur technicien de l'éducation populaire (BÉATÉP), avec une spécialité : activité scientifique et technique ; option : astronomie.

À savoir

A comme... amas

Amas globulaires visibles à l'œil nu

Objet	Diamètre (en min)*	Magnitude	Constellation
M 3	19	6,4	Chiens de Chasse
M 5	20	6,2	Serpent
M 4	23	6,4	Scorpion
M 13	23	5,7	Hercule
M 92	12	6,1	Hercule
M 22	17	5,9	Sagittaire
M 55	15	6,0	Sagittaire
M 15	12	6,0	Pégase
M 2	12	6,3	Aquarius

*1 degré = 60 minutes, 1 minute = 60 secondes

Amas ouverts visibles à l'œil nu

Objet	Diamètre (en min)*	Magnitude	Constellation
M34	18	5,5	Persée
NGC 1502	17	5,3	Girafe
M35	40	5,3	Gémeaux
NGC 2244	40	5,0	Licorne
NGC 2264	30	4,7	Licorne
M 41	30	5,0	Grand Chien
NGC 2353	20	5,3	Licorne
M 47	25	4,5	Puppis
NGC 2451	45	3,6	Puppis
M 48	30	5,3	Hydre
NGC 6383	6	5,5	Scorpion
M 6	25	5,3	Scorpion
M 7	60	3,2	Scorpion
NGC 6633	20	4,9	Ophiuchus
IC 4756	70	5,1	Serpent
M 39	30	5,2	Cygne
IC 1396	50	5,1	Céphée

*1 degré = 60 minutes, 1 minute = 60 secondes

C comme... constellations

Dans ce tableau, figurent les 88 constellations observables dans l'hémisphère Nord et dans l'hémisphère Sud. Pour celles de l'hémisphère Nord, la période de visibilité est indiquée. Certaines sont visibles toute l'année, d'autres apparaissent à une saison déterminée.

Nom français de la constellation	Nom en latin	Abrégé	Visibilité
Aigle	Aquila	Aql	Été
Andromède	Andromeda	And	Automne
Atelier du Sculpteur	Sculptor	Scl	Hémisphère Sud
Autel	Ara	Ara	Hémisphère Sud
Balance	Libra	Lib	Printemps
Baleine	Cetus	Cet	Automne
Bélier	Aries	Ari	Automne
Boussole	Pyxis	Pyx	Hémisphère Sud
Bouvier	Bootes	Boo	Printemps
Burin	Caelum	Cae	Hémisphère Sud
Caméléon	Chamaeleon	Cha	Hémisphère Sud
Cancer	Cancer	Cnc	Hiver
Capricorne	Capricornus	Cap	Été
Carène	Carina	Car	Hémisphère Sud
Cassiopée	Cassiopeia	Cas	Toute l'année
Centaure	Centaurus	Cen	Hémisphère Sud
Céphée	Cepheus	Cep	Toute l'année
Chevalet du Peintre	Pictor	Pic	Hémisphère Sud
Chevelure de Bérénice	Coma Berenices	Com	Printemps
Chiens de Chasse	Canes Venatici	CVn	Printemps
Cocher	Auriga	Aur	Hiver
Colombe	Columba	Col	Hémisphère Sud
Compas	Circinsus	Cir	Hémisphère Sud
Corbeau	Corvus	Crv	Printemps
Coupe	Crater	Crt	Printemps
Couronne Australe	Corona Australis	CrA	Hémisphère Sud
Couronne Boréale	Corona Borealis	CrB	Printemps
Croix du Sud	Crux	Cru	Hémisphère Sud

Nom français de la constellation	Nom en latin	Abrégé	Visibilité
Cygne	Cygnus	Cyg	Été
Dauphin	Delphinus	Del	Été
Dorade	Dorado	Dor	Hémisphère Sud
Dragon	Draco	Dra	Toute l'année
Écu de Sobieski	Scutum Sobiescianum	Sct	Été
Équerre	Norma	Nor	Hémisphère Sud
Éridan	Eridanus	Eri	Hiver
Flèche	Sagitta	Sge	Été
Fourneau	Fornax Chemica	For	Hémisphère Sud
Gémeaux	Gemini	Gem	Hiver
Girafe	Camelopardalis	Cam	Toute l'année
Grand Chien	Canis Major	CMa	Hiver
Grande Ourse	Ursa Major	UMa	Toute l'année
Grue	Grus	Gru	Hémipshère Sud
Hercule	Hercules	Her	Été
Horloge	Horologium	Hor	Hémipshère Sud
Hydre Femelle	Hydra	Hya	Printemps
Hydre Mâle	Hydrus	Hyi	Hémisphère Sud
Indien	Indus	Ind	Hémisphère Sud
Lézard	Lacerta	Lac	Automne
Licorne	Monoceros	Mon	Hiver
Lièvre	Lepus	Lep	Hiver
Lion	Leo	Leo	Printemps
Loup	Lupus	Lup	Hémisphère Sud
Lynx	Lynx	Lyn	Printemps
Lyre	Lyra	Lyr	Été
Machine Pneumatique	Antlia Pneumatica	Ant	Hémisphère Sud
Microscope	Microscopium	Mic	Hémisphère Sud
Mouche	Musca	Mus	Hémisphère Sud
Octant	Octans	Oct	Hémisphère Sud
Oiseau de Paradis	Apus	Aps	Hémisphère Sud
Ophiuchus ou Serpentaire	Ophiuchus	Oph	Été
Orion	Orion	Ori	Hiver
Paon	Pavo	Pav	Hémisphère Sud

Nom français de la constellation	Nom en latin	Abrégé	Visibilité
Pégase	Pegasus	Peg	Automne
Persée	Perseus	Per	Hiver
Petit Cheval	Equuleus	Equ	Été
Petit Chien	Canis Minor	CMi	Hiver
Petit Lion	Leo Minor	LMi	Printemps
Petit Renard	Vulpecula	Vul	Été
Petite Ourse	Ursa Minor	UMi	Toute l'année
Phénix	Phoenix	Phé	Hémisphère Sud
Poisson Austral	Piscis Autrinus	PsA	Hémisphère Sud
Poissons	Pisces	Psc	Automne
Poisson Volant	Volans	Vol	Hémisphère Sud
Poupe	Puppis	Pup	Hémisphère Sud
Réticule	Reticulum	Ret	Hémisphère Sud
Sagittaire	Sagittarius	Sgr	Été
Scorpion	Scorpius	Sco	Été
Serpent	Serpens	Ser	Printemps
Sextant	Sextans	Sex	Hémisphère Sud
Table	Mensa	Men	Hémisphère Sud
Taureau	Taurus	Tau	Hiver
Télescope	Telescopium	Tel	Hémisphère Sud
Toucan	Tucana	Tuc	Hémisphère Sud
Triangle	Triangulum	Tri	Automne
Triangle Austral	Triangulum Autrale	TrA	Hémisphère Sud
Verseau	Aquarius	Aqr	Automne
Vierge	Virgo	Vir	Printemps
Voiles	Vela	Vel	Hémisphère Sud

C comme... code

On utilise des codes pour éviter d'encombrer les cartes, les calendriers ou les almanachs.

Pour les phases de la Lune :

- nouvelle lune : NL ou ●
- premier quartier : PQ ou ☽
- pleine lune : PL ou ☺
- dernier quartier : DQ ou ☾

Pour les objets célestes :

- amas ouvert
- amas globulaire
- nébuleuse diffuse
- galaxie
- nébuleuse planétaire

É comme... étoiles

Étoiles doubles visibles

Les étoiles doubles sont très nombreuses dans le ciel. La plupart ne peuvent pas être distinguées séparément à l'œil nu : ce sont les « doubles optiques ».
Mais il en existe certaines que l'on peut voir en couple à l'œil nu ou aux jumelles : les « binaires vraies », présentées dans le tableau ci-dessous. Le cas le plus célèbre est le couple Mizar-Alcor, alcor signifiant le test en arabe, car elle servait à tester la vue de l'observateur ou la qualité du ciel.

Étoiles	Magnitudes	Séparation (en degrés, minutes et secondes)*
Mizar-Alcor	2,4 et 4,0	0° 11′ 48″
Alpha du Capricorne	3,6 et 4,2	0° 6′ 16″
Mu du Scorpion	3,1 et 3,6	0° 5′ 46″
Alpha de la Lyre	2,7 et 5,2	0° 3′ 51″
Epsilon de la Lyre	5,0 et 5,1	0° 3′ 30″
16,17 du Dragon	5,2 et 5,6	0° 1′ 30″
Nu du Dragon	5,0 et 5,0	0° 1′ 02″

* 1 degré = 60 minutes, 1 minute = 60 secondes

Étoiles variables

La plus célèbre est Algol, mais certaines étoiles très familières sont aussi des étoiles variables. C'est le cas de Bételgeuse, géante rouge, variable semi-régulière qui est sans doute la plus grosse étoile visible à l'œil nu. Elle varie de mag. – 0,1 à 1,5 sur une période d'environ 5,7 ans. Antares est aussi une géante rouge variable semi-régulière, mais elle ne varie que de 0,86 à 1,06. Du fait de sa position relativement isolée par rapport aux autres étoiles de même magnitude, sa variabilité est difficile à observer.

Alphabet grec (pour repérer la luminosité des étoiles)

Sur les cartes du ciel de ce livre, plus la tache d'une étoile est grande, plus sa luminosité l'est aussi. Les étoiles sont désignées par les astronomes par des lettres de l'alphabet grec, d'alpha à oméga, de la plus brillante à la moins brillante.

Exemple : α Ursa Minor, l'étoile la plus brillante de la constellation de la Petite Ourse est encore appelée Polaris ou l'étoile Polaire.

Lettre	Capitale	Minuscule
Alpha	Α	α
Bêta	Β	β
Gamma	Γ	γ
Delta	Δ	δ
Epsilon	Ε	ε
Dzêta	Ζ	ζ
Êta	Η	η
Thêta	Θ	θ
Iota	Ι	ι
Kappa	Κ	κ
Lamdba	Λ	λ
Mu	Μ	μ
Nu	Ν	ν
Xi	Ξ	ξ
Omicron	Ο	ο
Pi	Π	π
Rhô	Ρ	ρ
Sigma	Σ	σ
Tau	Τ	τ
Upsilon	Υ	υ
Phi	Φ	φ
Khi	Χ	χ
Psi	Ψ	ψ
Oméga	Ω	ω

Calendrier des principales pluies d'étoiles filantes

Constellation proche et nom des pluies	Date où il y en a le plus	Nombre d'étoiles par heure
Bouvier : les Quadrantides	4 janvier	40
Lyre : les Lyrides	22 avril	15
Verseau : les Eta Aquarides	5 mai	10
Verseau : les Delta Aquarides	29 juillet	25
Persée : les Perséides	12 août	50
Orion : les Orionides	21 octobre	25
Taureau : les Tauréides	3 novembre	10
Lion : les Léonides	18 novembre	5
Gémeaux : les Géminides	14 décembre	50
Grande Ourse : les Ursides	22 décembre	10

Les 21 étoiles les plus brillantes

Rang	Étoile	Constellation	Magnitude apparente
1	Sirius	Grand Chien	– 1,46
2	Canopus	Carène	– 0,72
3	Toliman	Centaure	– 0,35
4	Acturus	Bouvier	– 0,04
5	Véga	Lyre	0,03
6	Capella	Cocher	0,08
7	Rigel	Orion	0,12
8	Procyon	Petit Chien	0,38
9	Achernar	Éridan	0,46
10	Bételgeuse	Orion	0,5
11	Hadar	Centaure	0,61
12	Altaïr	Aigle	0,77
13	Aldébaran	Taureau	0,85
14	Alpha Crux	Croix du Sud	0,87
15	Antarès	Scorpion	0,96
16	Spica	Vierge	0,98
17	Pollux	Gémeaux	1,14
18	Fomalhaut	Poisson Austral	1,16
19	Deneb	Cygne	1,25
20	Bêta Crux	Croix du Sud	1,25
21	Régulus	Lion	1,35

Adresses utiles

Sites Internet des revues en kiosque

Ciel et Espace
www.cieletespace.fr
www.cieletespaceradio.fr : sur ce site, tu peux télécharger des centaines d'interviews et de chroniques passionnantes (chacune de 20 minutes environ) sur tout ce qui touche le ciel, pour les écouter sur ton ordinateur ou ton baladeur.

Revue de l'AFA (Association française d'astronomie).

Astronomie Magazine
www.astronomie-magazine.fr

L'Astronomie
www2.saf-lastronomie.com.
Revue de la SAF (Société astronomique de France).

Sites et revues en ligne

www.afanet.fr
Site de l'AFA, pour trouver un club ou un planétarium près de chez toi.

www.astrosurf.com
Le site *Astrosurf* héberge les sites personnels de milliers d'amateurs d'astronomie, des forums et une myriade d'informations, de photos, de logiciels gratuits, des éphémérides très complets, etc. Incontournable ! Une revue, *Astrosurf Magazine* est disponible sur ce site, par abonnement.

www.cidehom.com
Le site *Ciel des hommes* publie chaque jour une nouvelle photographie d'astronomie de la NASA, mais fournit aussi une carte du ciel interactive, des nouvelles de l'espace et de l'astronomie, la lettre de la NASA en français, un dictionnaire astronomique, une encyclopédie, et les réponses à toutes tes questions.

www.astrosurf.com/cielextreme
Ciel extrême est la revue en ligne des passionnés du « ciel profond ». Elle est hébergée sur *Astrosurf*.

www.obspm.fr
L'Observatoire de Paris dispose d'un service de renseignements destiné au public, qui comporte une liste de liens Internet très complète vers des sites en français et en anglais et de nombreuses pages pédagogiques.

Divers sites personnels :

www3.sympatico.ca/gervais.chouinard
Le superbe site de G. Chouinard contient des informations générales sur les objets du ciel profond, et surtout les différents catalogues d'objets du ciel commentés.

www.leguideduciel.net
G. Cannat est l'auteur du *Guide du ciel* qui paraît chaque année au mois de juin. Son site est une mine de renseignements pratiques.

www.nirgal.net
Le site de P. Labrot est le plus célèbre des sites sur Mars : 1 000 pages de texte et plus de 600 photos pour absolument tout savoir sur la planète rouge.

Informations sur les phénomènes astronomiques

AFA (Association française d'astronomie)
17, rue Émile-Deutsch-de-la-Meurthe
75014 Paris
Tél. : 01 45 89 81 44
Mail : ceespace@francenet.fr

SAF (Société astronomique de France)
3, rue Beethoven
75016 Paris
Tél. : 01 42 24 13 74
Mail : saf@calva.net

Météorologie
Tél. : 32 01
Prévisions pour la France, la montagne et la météo marine pour les 8 jours à venir.
www.meteoconsult.fr

Association nationale pour la protection du ciel et de l'environnement nocturne
www.anpcen.fr

Observatoires professionnels

Observatoire de Haute-Provence
04870 Saint-Michel-l'Observatoire
Tél. : 04 92 70 65 40
www.obs-hp.fr

Observatoire du plateau de Bure
05250 Saint-Étienne-en-Dévoluy
Tél. : 04 92 52 53 60
Mail : zacher@iram.fr

Observatoire de Nice
06000 Nice
www.oca.eu

Observatoire de la Côte d'Azur
06460 Caussols
Tél. : 04 93 40 54 54
www.oca.eu

Radiotélescope de Nançay
18330 Nançay
Tél. : 02 48 51 18 16
www.grandpublic.obspm.fr/visite

Observatoire de Besançon
25010 Besançon Cedex
Tél. : 03 81 66 69 00
http://theta.obs-besancon.fr

Observatoire de Bordeaux
33270 Floirac
Tél. : 05 57 77 61 00
www.obs.u-bordeaux.fr

Observatoire du pic du Midi
65200 Bagnères-de-Bigorre
www.picdumidi.com

Observatoire de Lyon
(demande de visite à faire sur le site ou par mail)
69230 Saint-Génis-Laval
Tél. : 04 78 86 85 34
www.obs.univ-lyon1.fr

Observatoire de Paris
75014 Paris
Tél. : 01 40 51 22 21
www.grandpublic.obspm.fr/visite

Observatoire de Meudon
92195 Meudon
Tél. : 01 45 07 75 30
www.grandpublic.obspm.fr/visite

Planétariums

Observatoire de Marseille
Association Andromède
13004 Marseille
Tél. : 04 13 55 21 55
www.andromede13.info

Planétarium de Bretagne
22560 Pleumeur-Bodou
Tél. : 02 96 15 80 30
www.planetarium-bretagne.fr

Planétarium de la Cité de l'espace
31506 Toulouse Cedex 5
Tél. : 0820 37 72 23
www.cite-espace.com

Planétarium Galilée
34000 Montpellier
Tél. : 04 67 13 26 26
www.planetarium-galilee.montpellier-agglo.com

Planétarium de Saint-Étienne
42100 Saint-Étienne
Tél. : 04 77 33 43 01
www.planetarium-st-etienne.fr

Ludiver, planétarium de la Hague
50460 Tonneville
Tél. : 02 33 78 13 80
www.ludiver.com

Planétarium de Villeneuve-d'Ascq
59650 Villeneuve-d'Ascq
Tél. : 03 59 73 96 00
www.forumdepartementaldessciences.fr

Planétarium de Strasbourg
67000 Strasbourg
Tél. : 03 68 85 24 50
Jardin-sciences@unistra.fr

Planétarium de Vaulx-en-Velin
69511 Vaulx-en-Velin
Tél. : 04 78 79 50 13
www.planetariumvv.com

Palais de la Découverte
75008 Paris
Tél. : 01 56 43 20 21
www.palais-decouverte.fr

Planétarium de la Villette
75930 Paris
Tél. : 01 40 05 70 00
www.cite-sciences.fr

Espace Mendès-France
86000 Poitiers
Tél. : 05 49 50 33 00
www.emf.fr

Quelques magasins de matériel d'astronomie

Paris et sa région

La Maison de l'Astronomie
33-35, rue de Rivoli
75004 Paris
Tél. : 01 42 77 99 55
www.maison-astronomie.com

Krys Astronomie
28, rue de Pologne
78100 St-Germain-en-Laye
Tél. : 01 34 51 91 40

Le Télescope
37, boulevard Beaumarchais
75003 Paris
Tél. : 01 42 77 39 84

En région

L'Astronome
32, rue du Gaillec
56100 Lorient
Tél. : 02 97 21 00 44
www.astronome.fr

La Clef des Étoiles
(Responsable : Sébastien Vauclair, Cosmodiff)
3, rue Romiguières
31000 Toulouse
Tél. : 05 61 22 58 55
www.laclefdesetoiles.com

Équinoxe
33, cours Lafayette
69006 Lyon
Tél. : 04 72 75 03 31

Galiléo
Espace Alexandra
359, rue Saint-Joseph
83400 Hyères
Tél. : 04 94 12 18 44

Opt. et Vision *Valbousquet*
6 bis, avenue de l'Esterel
06160 Juan-les-Pins
Tél. : 04 93 61 18 83
www.ovision.com

Optique *Unterlinden*
5, rue Jacques-Daguerre
68000 Colmar
Tél. : 03 89 24 16 05
www.optique-unterlinden.com

Réseau de magasins

Matériel Paralux
www.paralux.fr

Matériel Meade
www.meade.fr

Matériel Medas
www.medas.fr

Nature et Découvertes
www.natureetdecouvertes.com

Nos équipes ont vérifié le contenu des sites Internet mentionnés dans cet ouvrage au moment de sa réalisation et ne pourront être tenues pour responsables des changements intervenant après la parution du livre.

Glossaire

Altitude (Alt) : distance d'un astre par rapport à l'horizon.

Amas : quand les étoiles restent groupées tout près les unes des autres, elles forment des nuages très lumineux que l'on appelle des amas.

Amas globulaire : il s'agit d'un amas très dense, composé d'étoiles qui ne peuvent pas se séparer, liées entre elles par le phénomène de gravitation.

Amas ouvert : toutes les étoiles nées du même nuage de gaz (d'une nébuleuse diffuse) voyagent ensemble dans une même région du ciel. Elles forment alors ce qu'on appelle un amas ouvert.

Année-lumière : unité de longueur qui permet de mesurer les distances dans l'Univers. Une année-lumière est la distance que parcourt la lumière dans le vide, en 1 an, soit environ 9 500 milliards de kilomètres.

Astéroïde : entre Mars et Jupiter gravitent des millions d'astéroïdes. Le plus gros, Cérès, mesure 1 000 km de diamètre, mais la plupart ne sont que de gros rochers.

Atmosphère : couche de gaz, plus ou moins épaisse, qui enveloppe une planète ou un satellite.

Astrologie : astrologie signifie « discours des astres ». Les astrologues estiment traduire le message caché dans les mouvements des astres. Leurs prévisions sont regroupées dans les horoscopes.

Astronautes : Américains qui voyagent dans des véhicules spatiaux, hors de l'atmosphère terrestre.

Astronomie : l'astronomie est la science qui nomme les astres et décrit leurs mouvements.

Aurore polaire : phénomène lumineux qui se produit près des pôles d'une planète. Il est dû au vent solaire qui envoie des particules qui pénètrent dans la haute atmosphère d'une planète. Ce sont les aurores boréales au nord ou australes au sud.

Austral : se dit de tout ce qui se situe dans la partie sud du globe terrestre.

Azimut (Az) : distance d'un astre par rapport au sud.

Boréal : la moitié nord du globe est dite boréale.

Ceinture de Kuiper : cette région commence juste après l'orbite de Neptune et s'étend sur 20 milliards de kilomètres. Elle comprend plus de 70 000 planétoïdes de plus de 100 km de diamètre et des milliards de corps plus petits.

Chromosphère : mince anneau rosé qui donne sa couleur au Soleil. Elle n'est visible que pendant une éclipse totale.

Climat : ensemble de phénomènes météorologiques (température, pression atmosphérique, vents, précipitations, etc.).

Conjonction : la Lune et les planètes suivent l'écliptique, chacune à sa vitesse. Quand plusieurs astres sont sur une même ligne verticale, ils sont en conjonction.

Constellation : chaque constellation désigne une région du ciel, comme un pays sur une carte de géographie. Elle est caractérisée par un dessin géométrique remarquable auquel on a donné un nom. La plupart viennent des Babyloniens, l'une des plus anciennes civilisations humaines, il y a plus de 4 000 ans.

Cosmonautes : Russes qui voyagent dans des véhicules spatiaux, hors de l'atmosphère terrestre.

Couronne : couche de gaz très ténue qui diffuse la lumière de la photosphère. N'est visible que lors des éclipses.

Déclinaison : elle mesure la distance en degrés par rapport à l'équateur céleste (comme la latitude).

Écliptique : on appelle « plan de l'écliptique » la zone du ciel où se produisent les éclipses, c'est-à-dire quand la Lune passe entre le Soleil et la Terre. Vu de la Terre, l'écliptique est comme un anneau dessiné par le trajet que font le Soleil le jour et les planètes la nuit.

Effet de serre : augmentation de température due à des gaz qui emprisonnent la chaleur d'une planète.

Élongation : la distance angulaire entre le Soleil et un astre s'appelle l'élongation. Plus elle est proche du maximum (180°), plus l'astre est visible toute la nuit, car le plus éloigné du Soleil.

EMC (éjection de masse coronale) : énorme bulle de gaz brûlants éjectés de la couronne solaire.

Équinoxe : 2 fois par an, le jour est égal à la nuit, à la seconde près, c'est l'équinoxe, aux environs du 22 mars ou du 22 septembre. Entre 2 équinoxes de printemps, il y a 365 jours 5 h 48 min et 46 s.

Éruptions solaires : immenses jets de gaz montant jusqu'à 500 000 km de hauteur.

Étoile : astre composé de gaz, qui produit de l'énergie sous la forme de lumière et de chaleur.

Étoiles doubles : la plupart des étoiles ne sont pas « célibataires », mais font partie de couples célestes. Parfois, ce sont des illusions d'optique appelées « doubles optiques ».

Fuseaux horaires : zones où l'heure est la même du nord au sud. Ainsi, à intervalles réguliers, on avance (le plus souvent) d'une heure si on se déplace vers l'est.

Galaxie : énorme regroupement de milliards d'étoiles tournant ensemble dans l'espace.

Gravitation : force d'attraction qui s'exerce entre 2 corps de façon réciproque. C'est cette force qui maintient, par exemple, la Lune autour de la Terre.

Latitude : distance angulaire d'un point du globe par rapport à l'équateur. Elle est égale à zéro à l'équateur et à 90° à chacun des pôles. En France métropolitaine, elle varie de 42° à 52°.

Libration : la Lune, pour suivre la Terre, se balance légèrement de bas en haut et de gauche à droite : c'est la libration.

Lumière cendrée : parfois la Terre brille si fort qu'elle réussit à éclairer la partie de la Lune qui devrait rester sombre. Toute la Lune est alors visible, et seul un croissant est fortement éclairé. Ce phénomène assez rare s'appelle la lumière cendrée.

Magnétosphère : sorte de bouclier magnétique présent autour d'une planète et qui la protège du vent solaire.

Magnitude absolue : luminosité qu'auraient les étoiles si elles se trouvaient toutes à la même distance de la Terre (à 10 parsecs, soit 32,6 années-lumière). Cela permet de comparer les étoiles entre elles.

Magnitude apparente : mesure de la luminosité d'un corps céleste. Elle va de – 2 pour les étoiles les plus lumineuses à 27 pour les plus faibles, visibles uniquement avec les plus grands télescopes ; jusqu'à la magnitude 6, on peut les voir à l'œil nu.

Méridien : c'est une ligne imaginaire qui va du pôle Nord au pôle Sud. Tout le long de cette ligne, l'heure est la même.

Météore : phénomène lumineux que les corps solides engendrent en entrant dans l'atmosphère.

Météorite : fragment rocheux ou métallique d'origine extraterrestre qui pénètre dans l'atmosphère et tombe au sol.

Nébuleuse : nébuleuse vient du mot latin *nebula* qui signifie « nuage ». Une nébuleuse est donc un nuage de gaz et de poussières. Elle est obscure, diffuse ou planétaire.

Nuage d'Oort : à 10 000 milliards de kilomètres du Soleil, c'est la limite du système solaire. Là, des milliards de comètes glacées tournent dans la nuit intersidérale. Parfois, l'une d'elles commence un long voyage vers le centre du système solaire.

Orbite : trajet qu'une planète décrit autour du Soleil.

Photosphère : couche du Soleil, de 300 km d'épaisseur, qui nous envoie la lumière.

Photosynthèse : mécanisme chimique par lequel une plante transforme le dioxyde de carbone en sucre, grâce à l'énergie du Soleil.

Planète : astre solide ou gazeux qui tourne autour d'une étoile et n'émet pas de lumière par lui-même.

Planètes inférieures : celles qui sont plus près du Soleil que la Terre : Mercure et Vénus. Les autres sont les planètes supérieures.

Précession : changement d'orientation de l'axe d'un astre dû à l'influence de la gravité des astres proches.

Pulsar : astre très dense qui tourne très vite sur lui-même en balayant l'espace d'un puissant faisceau d'ondes (radio, rayons X, etc).

Quasars : ils sont très loin, très brillants, mais ne sont pas des étoiles. Ces astres encore méconnus sont sans doute des cœurs de galaxie dont le noyau est très actif.

Révolution : mouvement des planètes autour du Soleil.

Rotation : mouvement d'une planète tournant sur elle-même.

Saison : chacune des 4 divisions à peu près égales de l'année. C'est le temps que met la Terre pour parcourir la partie de son orbite comprise entre un équinoxe et un solstice (et *vice versa*).

Satellite : ce mot vient du latin et signifie « garde du corps ». Un satellite est un corps céleste qui « garde » une planète en gravitant autour d'elle. Il peut être naurel, comme la Lune, ou artificiel, comme le télescope spatial *Hubble*.

Solstice : jour le plus court (solstice d'hiver) ou le plus long (solstice d'été) de l'année. Correspond aux 2 positions extrêmes de la Terre sur son orbite. Les solstices sont inversés entre les 2 hémisphères.

Spationautes : Européens qui voyagent dans des véhicules spatiaux, hors de l'atmosphère terrestre.

Spectre : décomposition d'un rayonnement lumineux. L'arc-en-ciel montre le spectre de la lumière visible.

Supernova : lumière très forte produite par une étoile supergéante qui a épuisé son carburant ou par l'explosion violente d'une naine blanche.

Taches solaires : zones sombres où la température est plus basse. Leur durée de vie varie de quelques heures à plusieurs semaines.

Taïkonautes : Chinois qui voyagent dans des véhicules spatiaux, hors de l'atmosphère terrestre.

Temps universel (TU) : pour tous les habitants de la Terre, le temps universel est l'heure donnée par le Soleil quand on se trouve sur le méridien de Greenwich, en Angleterre. Cette heure sert de repère pour le monde entier.

Tropique : les tropiques sont des lignes imaginaires qui, sur la Terre, marquent l'endroit où le Soleil est exactement à la verticale, à midi, le jour du solstice. Lors du solstice d'hiver, c'est la constellation du Capricorne qui est haute dans le ciel à 12 h. Lors du solstice d'été, c'est la constellation du Cancer.

Trou noir : astre si dense qu'il dévore tout autour de lui.

Vent solaire : flux de particules très chaudes et très rapides émises par le Soleil.

Zodiaque : mot grec qui veut dire « ligne de vie ». Le zodiaque est la partie de la sphère céleste dans laquelle se croisent les planètes, le Soleil, la Lune. Dans cette bande de 8° environ, on trouve les 12 signes du zodiaque.

Index

I

J

K

L

M

N

O

P

R

S

T

U

V

Z

Crédits des illustrations et des photographies

Photographies

Ciel et Espace Photos :
P. 5 : ESA/J. Huart ; p. 8-9 : J.-L. Dauvergne ; p. 10 : A. Fujii ; p. 11 : J.-L. Dauvergne ; p. 12 NASA/DMS/PGSFC ; p. 14 : J.-L. Dauvergne ; p. 16 : J.-L. Dauvergne ; p. 17 (m) : J.-L. Dauvergne ; p. 18 : J.-L. Dauvergne ; p. 19 : J.-L. Dauvergne ; p. 20-21 : NASA; p. 22 : NASA/; p. 23 : S. Numazawa/ APB ; p. 26 (h) : F. Espenak ; p. 29 : Ciel et Espace Photos ; p. 30 (b) : A. Fujii ; p. 34 (fond) : P. Parviainen ; p. 38 : J.-P. Petit ; p. 53-54 : E. Aristidi ; p. 55 : ESA ; p. 59 : NASA ; p. 60 : Birnbaum ; p. 62 (hg + mh) : Birnbaum ; p. 62-63 (h) : Birnbaum ; p. 63 (mh + hd) : Birnbaum ; p. 64 (b) : J. Schedler ; p. 70-71 : C. Arsidi ; p. 72 : L. Bret ; p. 73 (h) : J.-L. Dauvergne ; p. 75 : NASA ; p. 76 : W. Higgins ; p. 77 : Jaxa/NHK ; p. 78 (b) : ESA/J. Huart ; p. 80 : NASA ; p. 82-83 : NASA/Hubble heritage team ; p. 85 : O. Hodasava ; p. 86 : J. Schedler ; p. 87 (h) : J. Schedler ; p. 87 (g) : ESO ; p. 87 (bd) : NASA/JPL/Caltech ; p. 89 (h) : NASA/ESA ; p. 89 (b) : NASA/JPL/Caltech ; p. 90 : AAO/D. Malin ; p. 91 (hg) : NASA/ESA ; p. 91 (mh) : Spitzer ; p. 91 (hd) : NASA ; p. 92 (h) : NASA/ESA ; p. 92 (b) : R. Gendler ; p. 93 (hd) : R. Gendler ; p. 93 (b) : Capella-Observatory ; p. 94 : Observatory Austria ; p. 95 : R. Gendler ; p. 96 (h) : E. Beaudoin ; p. 96 (b) : AAO/D. Malin ; p. 97 : NASA/ ESA ; p. 98 : J.-L. Dauvergne ; p. 99 (g) : J.-C. Cuillandre/ CFHT ; p. 100 (h) : J.-C. Cuillandre/CFHT ; p. 100 (bg + bd) : K. Crawford ; p. 101 (h) : ESO ; p. 101 (bg) : R. Gendler ; p. 101 (bd) : ESO/VLT/ FORS ; p. 104 : NASA ; p. 106 107 : B. et S. Fletcher ; p. 109 : C. Birnbaum ; p. 111 : B. et S. Fletcher ; p. 115 : D. R. ; p. 116 : Ciel et Espace Photos ; p. 120- 121 : R. Gendler ; p. 123 : N. Outters ; p. 125 : CFHT /J.-C. Cuillandre ; p. 126 : R. Gendler ; p. 131 (g) : AAO/ D. Malin ; p. 131 (d) : NASA/STSCI/CXC/RIT ; p. 134 (h) : J. Gleason ; p. 134 (b) : Capella-Observatory ; p. 137 : A. Fujii ; p. 139 : N. Outters ; p. 141 : NASA/ESA ; p. 144 : N. Outters ; p. 145 : NAO/AURA/NSF ; p. 149 : R. Gendler ; p. 153 (hg) : NASA/HHT ; p. 153 (hd) : AAO ; p. 153 (b) : E. Aristidi ; p. 154 (g) : A. Fujii ; p. 154 (d) : J. Lodriguss ; p. 155 : NASA/ Ciel et Espace ; p. 156-157 : Space channel ; p. 158 (h) : Ciel et Espace Photos ; p. 158 (b) : Royal Obs. of Edinburgh ; p. 159 (h) : D. R. ; p. 160 : Ciel et Espace Photos ; p. 161 : NASA ; p. 164 : S. Numazawa ; p. 165 : E. Martin ; p. 168-169 : NASA ; p. 173 (h + m) : NASA/JHUAPL/Carnegie Inst ; p. 175 : NASA ; p. 176 : JPL ; p. 177 : NASA/ JPL ; p. 180 (h + b) : USGS ; p. 181 : NASA/GSFC/ JPL/Mola Project ; p. 186 (h + b) : NASA/Ciel et Espace ; p. 187 (h + b) : NASA ; p. 189 (h) : ESA/D. Ducros ; p. 189 (b) : NASA/JPL/ SSI ; p. 190 (h) : NASA/JPL/SSI ; p. 190 (b) : NASA ; p. 192 : NASA ; p. 193 : USGS ; p. 194 (h) : A. Dagan ; p. 194 (b) : USGS ; p. 195 (h) : NASA ; p. 195 (b) : D. Florentz ; p. 196 (h) : E. Martin ; p. 196 (b) : A. Fujii ; p. 197 : ESO ; p. 198-199 : A. Fujii ; p. 200 : F. Espenak ; p. 201 : A. Cirou ; p. 202 : Fotosmith/R. Haag Collection ; p. 203 : Fotosmith/R. Haag collection ; p. 205-206 (m) : J. Lodriguss ; p. 206 (h) : J. Lodriguss ; p. 206 (b) : B. et S. Fletcher ; p. 207 (h) : A. Fujii ; p. 207 (m) : J. Schedler ; p. 207 (b) : NASA/ JPL ; p. 210 (h) : NASA ; p. 210 (b) : NASA/JPL ; p. 201-211 : NASA ; p. 211 (h) : JAVA ; p. 211 (m) : JAXA ; p. 212 : P. Carril ; p. 213 (h) : S. Numazawa ; p. 213 (b) : Space channel ; p. 214-215 : L. Bret ; p. 226 (h) : J.-L. Dauvergne ; p. 226 (m) : W. Higgins ; p. 226 (b) : D. Peach ; p. 227 (b) : L. Bret ; p. 228 (h) : C. Arsidi ; p. 228 (b) : D. Peach ; p. 229 (h) : L. Bret ; p. 230 (h) : L. Bret ; p. 231 (h) : W. Higgins ; p. 231 (m) : D. Peach ; p. 231 (b) : C. Arsidi ; p. 232 (b) : L. Bret ; p. 233 (hg) : D. Peach ; p. 233 (hd) : W. Higgins ; p. 233 (b) : C. Arsidi ; p. 234 : W. Higgins ; p. 237 : NASA.

Colibri :
P. 31 (m) : C. Simon ; p. 32 (h) : P. Ricard ; p. 37 : V. Renard ; p. 48 : A. Guerrier ; p. 54 (h) : A.-M. Loubsens ; p. 54 (b) : S. Bonneau ; p. 68 (g) : A. Trombini.

Corbis :
P. 13 : R. Morrell ; p. 30-31 (fond) : M. Gounot/Godong ; p. 36 : W. Grubitzsch/EPA ; p. 42-43 : J. Hawkes ; p. 51 : L. Psihoyos ; p. 65 (m) : T. Fox/Dallas morning news.

Leemage :
P. 17 (h) : AISA ; p. 34 (b) : AISA ; p. 45 : MAJNO ; p. 57 (b) : Heritage images ; p. 68 (d) : Imagestate ; p. 205 (d) : Photojosse.

Milan / D. Chauvet :
P. 15 ; p. 71 (h).

NASA :
P. 27 ; p. 32 (b) : SOHO/ESA/NASA ; p. 39 (h + m + b) : SOHO/ESA/NASA ; p. 57 (h) : ESA/NASA ; p. 78 (h) ; p. 79 (h + b) ; p. 81 (g + d) ; p. 93 (hg) ; p. 105 (h + b) ; p. 124 ; 128 (h + m) ; p. 138 ; p. 150 ; p. 179 ; p. 182 ; p. 183 (h + m) ; p. 205 (b) ; p. 227 (h) ; p. 229 (b) ; p. 230 (b) ; p. 232 (h) ; p. 236.

Illustrations

Isabelle Maroger
P. 5 ; p. 6-7 ; p. 11 ; p. 13 ; p. 15 ; p. 24-25 ; p. 27 ; p. 28 (b) ; p. 29 ; p. 31 , p. 32-33 ; p. 37 ; p. 40-41 ; p. 42 ; p. 43 ; p. 44 ; p. 45 (h) ; p 46-47 ; p. 51 ; p. 53 (md) ; p. 61 (hd + b) ; p. 63 (b) ; p. 65 ; p. 66 ; p. 67 ; p. 69 (d) ; p. 73 (b) ; p. 75 (h) ; p. 76 ; p. 77 ; p. 94 ; p. 99 (b) ; p. 103 (d) ; p. 108 (h) ; p. 110 111 ; p. 112-113 ; p.114 115 ; p. 116 (bg) ; p. 117 (md) ; p. 119 (h) ; p. 122 (bg) ; p. 123 (hg) ;

p. 125 (bd) ; p. 127 (m) ; p. 128 (hg) ; p. 130 (bg) ; p. 132 (h) ; p. 135 (b) ; p. 136 (h) ; p. 137 (m) ; p. 138 (b) ; p. 140 (h) ; p. 142 (b) ; p. 143 (b) ; p. 146 (h) ; p. 148 (b) ; p. 151 (b) ; p. 152 (b) ; p. 159 (b) ; p. 161 ; p. 162 163 (b) ; p. 166-167 ; p. 171 ; p. 177 ; p. 179 ; p. 185 (h) ; p.191 ; p. 193 (d) ; p. 202 ; p. 212 ; p. 217 (h) ; p. 218 (h) ; p. 220 (b) ; p. 223 (h) ; p. 224 (b) ; p. 225 (h) ; p. 235 ; p. 238 ; p. 242 ; p. 243 ; p. 244-245 ; p. 246 ; p. 247 ; p. 250.

Alexandre Roane
P. 12 (h) ; p. 14 (b) ; p. 17 (b) ; p. 19 (h + m) ; p.28 (h) ; p. 35 (m) ; p. 45 (h), p. 49 (b) ; p. 52-53 (m) ; p. 56 ; p. 60 (b) ; p. 63 (mg) ; p. 84 ; p. 88 ; p. 90 (b) ; p. 91 (b) ; p. 99 (md) ; p. 102-103 ; p. 162-163 ; p. 165 (h) ; p. 172 (bg) ; p. 172-173 (m) ; p. 174 (hg) ; p. 174-175 (m) ; p. 178 (mg) ; p. 178-179 (m) ; p. 184 (hg) ; p. 184-185 (m) ; p. 188-189 (m) ; p. 189 (m) : p. 192 (b) ; p. 192-193 (h + b) ; p.197 (h) ; 209 (h) ; p. 216-217 ; p. 252 ; p. 254.

André Boos
P. 23 (bg + bd) ; p. 209 (b).

Lydia Chatry
P. 95 (b).

Jean Grosson
P. 50.

Vincent Jagerschmidt
P. 73 (m) ; p. 74-75 ; p. 139 (h + m) ; p. 170 ; 201 (h).

Nathalie Locoste
P. 48 (b) ; p. 49 (h).

Couverture
Illustrations et photographies sont numérotées de haut en bas.
Illustrations de Jean-François Saada (pour l'illustration principale de la p. 1), Isabelle Maroger (pour les enfants), Alexandre Roane (1.1, 1.2, 1.4, 4g.2, 4g.6, 4g.9), V. Jagerschmidt (4g.8).
Photographies de Birnbaum/Ciel et Espace Photos : 1.3 ; J.-C. Cuillandre/CFHT/Ciel et Espace Photos : 1.5 ; AISA/Leemage : 4g.1 ; T. Fox/Dallas morning news/Corbis : 4g.4 ; D. R. : 4g.3, 4d.1 ; Milan/ D. Chauvet : 4g.5 ; L. Bret/Ciel et Espace Photos : 4g.7 ; S. Numazawa/Ciel et Espace Photos : 4d.2; NASA/ JPL/Caltech/Ciel et Espace Photos : 4d.3.

À lire aussi chez Milan

- *Activités pour découvrir le ciel et les planètes*, de M. Wendling, coll. « Accros de la nature ».
- *Astronomie*, de C. et J.-M. Masson, coll. « Carnets de terrain ».
- *L'Astronomie*, de A. Saillard, coll. « Copain Fiches ».
- *Atlas du ciel et de l'espace*, de R. Scagell.
- *L'Atlas Plus – Le ciel et l'espace*, de A. Lesterlin.
- *Ciel et espace, de A. Lesterlin*, coll. « Les grands docs ».
- *Comment envoyer son disciple sur la Lune*, de A. Planté-Bordeneuve, d'après Turk et de Groot, coll. « Léonard ».
- *Comètes et Météorites et La Planète Mars*, de A. Masson, *Étoiles et Planètes et L'Univers*, de C. et J.-M. Masson, *La Météo*, de O. Mandeix et E. Pichon, coll. « Carnets de nature ».
- *Extraterrestres*, de P. Hédelin.
- *J'observe le ciel*, coll. « Mes guides nature » et *Activités pour découvrir le ciel et les planètes*, coll. « Accros de la nature », de M. Wendling.
- *Mission Fusée*, de H. Nicholas, coll. « Mission ».

Malgré tout le soin apporté à cet ouvrage, des erreurs ont pu se glisser dans ses pages. Nous apprécierions que des lecteurs nous en fassent part pour que nous les corrigions lors d'une prochaine réédition.